Educação matemática:

pesquisa em movimento

Dados Internacionais de Catalogação na Publicação (CIP)
(Câmara Brasileira do Livro, SP, Brasil)

Educação matemática : pesquisa em movimento / Maria Aparecida Viggiani Bicudo, Marcelo de Carvalho Borba, (organizadores). -- 4. ed. -- São Paulo : Cortez, 2012.

Vários autores.
Bibliografia.
ISBN 978-85-249-1939-8

1. Matemática - Estudo e ensino 2. Pesquisa educacional I. Bicudo, Maria Aparecida Viggiani. II. Borba, Marcelo de Carvalho.

12-07346 CDD-510.7

Índices para catálogo sistemático:

1. Educação matemática 510.7

Maria Aparecida Viggiani Bicudo
Marcelo de Carvalho Borba
(Organizadores)

Antonio Carlos Carrera de Souza • Antonio Vicente Marafioti Garnica •
Claudemir Murari • Geraldo Perez • Irineu Bicudo • Lourdes de La Rosa Onuchic •
Marcelo de Carvalho Borba • Marcos Vieira Teixeira • Marcus Vinicius Maltempi •
Maria Aparecida Viggiani Bicudo • Maria Lucia Wodewotzki •
Miriam Godoy Penteado • Norma Suely Gomes Allevato • Ole Skovsmose •
Otavio Roberto Jacobini • Pedro Paulo Scandiuzzi • Romulo Campos Lins •
Rosa Lúcia Sverzut Baroni • Sergio Roberto Nobre • Ubiratan D'Ambrósio

Educação matemática:

pesquisa em movimento

4ª edição

EDUCAÇÃO MATEMÁTICA: PESQUISA EM MOVIMENTO
Maria Aparecida Viggiani Bicudo e Marcelo de Carvalho Borba (Orgs.)

Capa: aeroestúdio
Preparação de originais: Elisabeth Mattar
Revisão: Sandra G. Custódio
Composição: Linea Editora Ltda.
Coordenação editorial: Danilo A. Q. Morales

Direitos para esta edição
CORTEZ EDITORA
Rua Monte Alegre, 1074 – Perdizes
05014-001 – São Paulo – SP
Tel.: (11) 3864-0111   Fax: (11) 3864-4290
e-mail: cortez@cortezeditora.com.br
www.cortezeditora.com.br

Impresso no Brasil – outubro de 2012

Sumário

Prefácio

Educação Matemática: Pesquisa em Movimento é o segundo livro que traz as pesquisas produzidas, e em produção, pelos professores pesquisadores do Programa de Pós-Graduação em Educação Matemática do Instituto de Geociências e Ciências Exatas — IGCE, da Universidade Estadual Paulista — UNESP, *campus* de Rio Claro. São professores que, além de construírem conhecimento no âmbito da região de inquérito da Educação Matemática, formam pesquisadores ao orientar alunos de mestrado e de doutorado.

O primeiro livro, *Pesquisa em Educação Matemática: Concepções e Perspectivas*, foi organizado por Maria Aparecida Viggiani Bicudo e publicado pela Editora da UNESP, São Paulo, em 1999. Vendeu, até hoje, mais de 5000 exemplares, tendo sido veiculado em todo o território nacional e no exterior, influenciando a formação de professores de Matemática e de pesquisadores em Educação Matemática.

Após 5 anos de sua publicação, ao avaliarmos a produção do programa e preparando-nos para comemorar seus 20 anos de existência, consideramos oportuno apresentar os trabalhos desenvolvidos a partir da data de publicação do primeiro livro. Este, ao qual este prólogo se refere, intitula-se *Educação Matemática: Pesquisa em Movimento*. Diz do movimento efetuado pelo programa, à medida que professores saíram, outros foram incluídos e outros permaneceram. Todos, porém, *em movimento*, quer seja perseguindo temáticas e interrogações tratadas em 1999, quer seja modificando-as ou, no caso dos novos, inserindo as suas na história viva do programa.

Este livro traz 16 capítulos e este prefácio. Os textos apresentados revelam o diálogo científico mantido no programa pelos seus atores, professores e alunos e, em alguns casos, funcionários. Pretende ser uma retomada histórica do movimento da investigação e do modo de pensar do investigador. Em sua maioria, os artigos são escritos por um só autor. Porém, há dois elaborados em coautoria com doutorandos e um outro que é elaborado em conjunto por três docentes. Um capítulo é escrito por professor convidado, Ole Skovsmose, que desde 1994 é presença assídua no programa, participando de pesquisas, debates e publicações.

O *movimento* da pesquisa gera ambiguidades internas e inerentes a todo processo em ação: modifica, diferencia e mantém. Assim, o conjunto de textos que constituem os capítulos deste livro revelam convergências entre os assuntos tratados. Uma, que consideramos merecedora de destaque, diz respeito à diversidade do pensamento e da produção matemática: há respeito e busca pela compreensão das raízes da diversidade cultural. Encontram-se, nos textos, menções reiteradas e diferenciadas à Etomatemática. Outra, que também julgamos significativa, refere-se à preocupação, manifestada pelos autores, de ir além do feito e dos "fatos", buscando compreender o processo, e respectiva lógica, da produção do conhecimento matemático e do seu significado na ação de ensinar Matemática. O leitor, certamente, encontrará outros aspectos comuns aos textos e, também, diferenças que caracterizam o modo de pensar de cada autor.

No capítulo *Um Enfoque Transdisciplinar à Educação e à História da Matemática*, Ubiratan D'Ambrósio destaca a presença e importância da História da Matemática na Educação Matemática. Trabalha ideias de Etnociência e de Etnomatemática, propondo o *Programa de Etnomatemática*, por entender que sua riqueza se manifesta ao abordarem-se estudos de diversas formas de conhecimento, não ficando circunscrito às teorias e práticas matemáticas específicas da academia do mundo ocidental. Expõe sua compreensão ética dessa questão, tecendo articulações com a Educação Matemática.

Ole Skovsmose escreve *Matemática em ação*, contrapondo argumentos que afirmam ser a Matemática socialmente insignificante àqueles que revelam sua importância político-social. Sua postura é a de um educador matemático crítico que persegue o esclarecimento do significado da Matemática em assuntos político-econômico-governamentais cruciais às tomadas de decisões políticas de um governo, em uma sociedade específica, que afetam todos os habitantes do planeta e, em especial, os cidadãos daquela sociedade.

Peri Apodeixeos/De Demonstratione, de Irineu Bicudo, explicita os significados de *demonstração* presentes na produção do conhecimento da Matemática. Ao fazê-lo, de modo claro e rigoroso, descreve o que constitui uma teoria matemática. Além desses dois eixos importantes para o pensar a Matemática, aborda termos referentes à demonstração e ao teorema constantes na tradição do ensino dessa ciência.

Em *O Pré-Predicativo na Construção do Conhecimento Geométrico*, Maria Aparecida Viggiani Bicudo expõe importante tese referente à articulação do conhecimento não proposicional, ou pré-predicativo, como constitutivo do processo de produção do conhecimento, no caso específico, daquele usualmente tomado como geométrico. Expõe as ideias de Merleau-Ponty sobre o pré-predicativo e, ao referir-se à pesquisa efetuada com crianças do ensino fundamental e da educação infantil, esclarece a fala do corpo-próprio, exemplificando maneiras como o pré-predicativo se transforma em expressão, revelando compreensões. Esses exemplos facilitam o entendimento das ideias desenvolvidas pela autora.

Rômulo Campos Lins é autor de *Matemática, Monstros, Significados e Educação Matemática*, artigo que, por meio de metáforas, elucida questões relativas a significados e diferenças entre mundos culturalmente constituídos, como é o caso do "mundo da Matemática dos matemáticos" e o "mundo da Matemática do cotidiano vivido mundanamente". O autor trabalha a ideia de "monstros" e respectivos significados possíveis, trazendo para a Educação Matemática a proposta de aceitarmos olhar para os monstros e entender o que quer dizer, para cada um e culturalmente, sua monstruosidade.

Antonio Carlos Carrera de Souza é autor de *O Sujeito da Paisagem. Teias de Poder, Táticas e Estratégias em Educação Matemática e Educação Ambiental*. Apresenta ideias de autores importantes no cenário do mundo contemporâneo, dentre os quais Foucault, de modo que vai tecendo seu discurso articulador ao exercitar um diálogo com tais autores. Entende que a Educação Ambiental e a Educação Matemática podem possibilitar a criação de um dispositivo estratégico que desencadeie uma luta contra a pedagogia hegemônica, comumente praticada, hoje.

No capítulo *(Re)traçando Trajetórias, (Re)coletando Influências e Perspectivas: Uma Proposta em História Oral e Educação Matemática*, Antonio Vicente Marifioti Garnica situa a importância da história oral como um dos caminhos para o desenvolvimento de pesquisa qualitativa em Educação Matemática. Ao assumir que não é possível constituir a história, ele aponta a possibilidade de que alguma versão da História da Educação Matemática possa ser reconstituída por professores. Embora o autor negue a necessidade de regulamentos rígidos para fazer pesquisa, ele propõe que existam autorregulações feitas em conjunto pela comunidade de pesquisadores em Educação Matemática.

A Investigação Científica em História da Matemática e suas Relações com o Programa de Pós-Graduação em Educação Matemática é produção de um grupo de professores desse programa que investiga História da Matemática. São seus autores Rosa Lúcia Sverzut Baroni, Marcos Vieira Teixeira e Sergio Nobre. Apresenta uma visão geral de História, de História da Matemática e oferece um panorama do que está acontecendo no mundo em termos de História da Matemática.

O capítulo *Educação Matemática Indígena: A Constituição do Ser entre os Saberes e Fazeres*, de Pedro Paulo Scandiuzzi, apresenta uma discussão sobre Educação Indígena e Educação Matemática na qual propõe importantes temas para discussões políticas. Pergunta-se, e tece considerações pautadas em estudos efetuados em uma abordagem etnomatemática, qual deveria ser o modelo de educação adotado para trabalhar-se com populações indígenas. Ele contrasta suas propostas pedagógicas com outras desenvolvidas no país. O capítulo marca também a ampliação das pesquisas em Etnomatemática no Programa de Pós-Graduação da UNESP, Rio Claro-SP.

Claudemir Murari é o autor de *Espelhos, Caleidoscópios, Simetrias, Jogos e Softwares Educacionais no Ensino e Aprendizagem de Geometria*. Expõe sua preocupação com o ensino da Geometria e mostra como efetua suas pesquisas, que geram ao mesmo tempo o tratamento de temas geométricos importantes e a construção de material didático significativo, como caleidoscópios.

Lourdes de La Rosa Onuchic e Norma Suely Gomes Allevato são autoras de *Novas Reflexões sobre o Ensino-Aprendizagem de Matemática através da Resolução de Problemas*. Enfocam as reformas no século XX, mostrando o seu panorama teórico em uma perspectiva internacional. Especificam o que ocorre no Brasil e apresentam o modo pelo qual concebem e trabalham com resolução de problemas.

O Ensino de Estatística no Contexto da Educação Matemática é o título do capítulo apresentado por Maria Lucia L. Wodewotzki e Otavio Roberto Jacobini. Os autores apresentam uma síntese provisória das pesquisas feitas em Estatística no ensino de graduação, a maneira pela qual ela tem se tornado cada vez mais presente na Educação Matemática e como pode servir de recurso para uma criticidade da realidade social. O capítulo marca também o nascimento de um novo grupo de pesquisa vinculado a esta temática e ao Programa de Educação Matemática da Pós-Graduação em Educação Matemática da UNESP, Rio Claro-SP.

Prática Reflexiva do Professor de Matemática, de Geraldo Perez, aborda questões relevantes no cenário da formação do professor de Matemática, como: *por que a sugestão do professor agir também como pesquisador em sala de aula? O que significa desenvolver a cidadania por meio de aulas de Matemática?* Ao tratá-las, enfatiza a importância, e respectivo significado, da *formação de professor de Matemática* e, também, aponta o lugar central que a reflexão ocupa nessa formação.

No capítulo intitulado *Construcionismo: Pano de Fundo para Pesquisas em Informática Aplicada à Educação Matemática*, Marcus Vinicius Maltempi apresenta a visão construcionista de conhecimento, baseada em Seymour Papert e Jean Piaget. Mostra a relevância das Tecnologias da Informação e da Comunicação (TIC) no processo de *debugging* realizado pelo aluno. Afirma que ao construir, por exemplo, *home pages* e não obter resultados esperados, o aluno envolve-se com um processo de aprendizagem em que pode exercer autocontrole. Segundo o autor, o ciclo descrição-execução-reflexão-depuração-descrição também se apresenta como um modelo que facilita a construção de ambientes de ensino-aprendizagem construcionistas.

Miriam Godoy Penteado, em seu capítulo *Redes de Trabalho: Expansão das Possibilidades da Informática na Educação Matemática da Escola Básica* apresenta ao leitor o projeto *interlink*, cujo objetivo é criar oportunidades de novas conexões para o professor que está na escola. Essa rede, formada também por licenciandos em Matemática e por professores de universidades, organiza e desenvolve atividades para a sala de aula, utilizando recursos de informática. O projeto, que de modo semelhante é também realizado em outros países, apresenta uma alternativa para a implementação de mudanças de práticas educativas na escola básica.

Dimensões da Educação Matemática à Distância, de Marcelo de Carvalho Borba, aborda polêmicas sobre esse tema mantidas em ambientes acadêmicos, explicitando, com lucidez, as diferentes argumentações a favor e contra. Enfoca questões importantes para a investigação atual deste assunto, como a produção do conhecimento que ocorre em ambientes multimídia ao realizar-se a Educação Matemática. Levanta a presença da língua materna e sotaques nos diálogos mantidos via Internet, apontando a necessidade de pesquisarem-se as especificidades que essa presença acarreta ao processo da produção do conhecimento, podendo, inclusive, modificar sua constituição. Quatro dimensões são tratadas no referente a educação à distância: a institucional, a epistemológica, a da metodologia da pesquisa e a social.

Esperamos que o *Educação Matemática: Pesquisa em Movimento* expresse nosso pensar e permita ampliar nosso diálogo com a comunidade da Educação Matemática.

Maria Aparecida Viggiani Bicudo
Marcelo de Carvalho Borba
Rio Claro, janeiro de 2004

Um enfoque transdisciplinar à Educação e à História da Matemática

*Ubiratan D'Ambrósio**

1. Uma explicação para o presente capítulo

Este capítulo envereda por reflexões pouco comuns em textos de Educação Matemática. Propõe grande ênfase na História da Matemática na educação, reconhecendo que a construção do currículo é um esforço para a apresentação de conceitos e técnicas que, ao longo da história, mostraram-se relevantes para o ser humano na sua busca de instrumentos, materiais e intelectuais, para lidar com as circunstâncias mais variadas. Assim, tecemos considerações sobre o conhecimento matemático e sua presença na história da humanidade. Examinando os avanços recentes das ciências da mente, da epistemologia, da história e da política, o capítulo aborda o ciclo integrado de geração, organização e difusão do conhecimento matemático, e as implicações sobre o instrumento de consolidação do modelo de civilização que realiza o ciclo. Ao propor o ciclo integrado do conhecimento, o enfoque do capítulo difere dos tratamentos tradicio-

---

* Professor do Programa de Pós-Graduação em Educação Matemática da UNESP, campus de Rio Claro-SP.

nais, nos quais as teorias de cognição privilegiam a geração e aquisição do conhecimento, enquanto a epistemologia e a história se dedicam, respectivamente, à organização intelectual e social do conhecimento, deixando à política a sua difusão, que inclui a educação.

As questões que dão origem a este enfoque foram abordadas no capítulo "A História da Matemática: Questões Historiográficas e Políticas e Reflexos na Educação Matemática", publicado no livro *Pesquisa em Educação Matemática*: Concepções & Perspectivas, organizado por Maria Aparecida Viggiani Bicudo, São Paulo: Editora Unesp, 1999, p. 97-115.

No curso dos cinco anos que decorreram desde a redação do trabalho citado, registraram-se inúmeros progressos na área, particularmente no Brasil. Foi realizado o III Seminário Nacional de História da Matemática, em Vitória, ES, de 28 a 31 de março de 1999, quando foi fundada a Sociedade Brasileira de História da Matemática: SBHMat; o IV Seminário Nacional de História da Matemática, em Natal, RN, de 8 a 11 de abril de 2001; e o V Seminário Nacional de História da Matemática, em Rio Claro-SP, de 13 a 16 de abril de 2003. As atas desses eventos e os minicursos publicados, juntamente com a criação de duas novas revistas, *Revista Brasileira de História da Matemática* e *História e Educação Matemática*, ambas sob o patrocínio da SBHMat, são evidências do crescente interesse na área.[1]

A História da Matemática no Brasil tem íntima relação com a Etnomatemática, que teve, igualmente, grande desenvolvimento nestes últimos anos. O 1º Congresso Brasileiro de Etnomatemática realizou-se em 2000, na Universidade de São Paulo, e o 2º Congresso Brasileiro de Etnomatemática terá lugar em 2004, em Natal. Em 2001, realizou-se, em Ouro Preto, o 2º Congresso Internacional de Etnomatemática. O primeiro havia sido realizado em Sevilha, em 1997. A produção científica, mostrada nesses eventos e no grande número de teses e dissertações defendidas, revela uma postura histórica e pedagógica muito abrangente.[2]

O Programa Etnomatemática se destaca pelos aspectos abrangentes a uma teoria do conhecimento. Esses aspectos são o reflexo do momento atual de exame crítico do paradigma dominante, que remonta ao século

---

1. Visite o *site* da Sociedade Brasileira de História da Matemática para conhecer suas atividades: http://ns.rc.unesp.br/sbhmat.

2. Para anais do 1ºCBEm, um elenco de teses e dissertações, e outras informações, visite o *site* http://www2.fe.usp.br/~etnomat.

XVII, e da busca de novos paradigmas para explicar a realidade, em todas as suas dimensões: *individual*, que inclui o imaginário; *social*, que inclui o cultural; *planetária*, que inclui a natureza; *cósmica*, que serve de suporte às religiões. O questionamento do paradigma dominante intensifica-se a partir da transição do século XIX para o século XX.[3] Neste trabalho comentarei aspectos teóricos que dão suporte ao Programa Etnomatemática, particularmente na sua dimensão histórica.[4]

A percepção e as explicações para todas essas dimensões dependem, essencialmente, do contexto sociocultural-natural, e demandam uma postura transdisciplinar e transcultural na análise do conhecimento. As implicações pedagógicas são óbvias e se manifestam nas tendências educacionais identificadas como multiculturalismo e interdisciplinaridade. Essas tendências demandam uma visão mais ampla de história, tentando identificar as origens emanadas do povo para a produção do conhecimento, portanto, baseada em leituras multiculturais de narrativas perdidas, esquecidas ou eliminadas. Esse enfoque começa a ganhar espaço na História da Matemática.[5]

2. Dinâmica cultural dos encontros e o multiculturalismo

A sociedade, e em particular a educação, passa por grandes transformações. Essas transformações são resultado de uma nova geopolítica e dos grandes questionamentos sobre o conhecimento dominante, que se mostra insuficiente para lidar com a complexidade do mundo atual. Hoje falamos em educação bilíngue, em medicinas alternativas, no diálogo inter-religioso. São relações entre diferentes culturas, no sentido amplo. Isto é, cultura nas concepções antropológica e epistemológica. Nesta últi-

---

3. Ver Ubiratan D'Ambrósio, Teoria da Relatividade, o Princípio da Incerteza. In: Guinsburg, J. (Org.). *O Expressionismo*. São Paulo: Editora Perspectiva, 2002. p. 103-120.

4. Ver Ubiratan D'Ambrósio, *Etnomatemática. Elo entre as Tradições e a Modernidade*. Belo Horizonte: Editora Autêntica, 2001.

5. Ver a base teórica para essa proposta em Ubiratan D'Ambrósio: A Historiographical Proposal for Non-Western Mathematics. In: Selin, Helaine (Ed.). *Mathematics across Cultures. The History of Non-Western Mathematics*. Dordrecht: Kluwer Academic Publishers, 2000. p. 79-92.

ma, é muito importante o sentido dado por C. P. Snow, na sua polêmica conferência de 1959, em que discute a polarização entre as culturas humanística e científica que permeia a sociedade. A conferência deu origem ao livro *The Two Cultures*, que se tornou um clássico na teoria do conhecimento.[6] Essencialmente, procura-se examinar várias culturas, em ambas as concepções, e tentar entender as relações entre elas, ou seja, a *dinâmica cultural* dos encontros de culturas. Isso leva ao que vem sendo chamado *multiculturalismo*, cuja presença na educação está se evidenciando em todo o mundo.

As profundas transformações nos sistemas de comunicação, de informatização, de produção e de emprego, são resultados da mundialização e, consequentemente, dão origem à globalização e ao multiculturalismo. Os reflexos na geração e aquisição de conhecimento são evidentes.

Um resultado esperado dos sistemas educacionais é a aquisição e produção de conhecimento. Isso ocorre fundamentalmente a partir da maneira como um indivíduo percebe a realidade nas suas várias manifestações:

- uma realidade individual, nas dimensões sensorial, intuitiva, emocional, racional;
- uma realidade social, que é o reconhecimento da essencialidade do outro;
- uma realidade planetária, o que mostra sua dependência do patrimônio natural e cultural e sua responsabilidade na sua preservação;
- uma realidade cósmica, levando-o a transcender espaço e tempo e a própria existência, buscando explicações e historicidade.

As práticas *ad hoc* para lidar com situações problemáticas surgidas da realidade são o resultado da ação de conhecer. Isto é, o conhecimento é deflagrado a partir da realidade. Conhecer é saber e fazer.

A geração e o acúmulo de conhecimento em uma cultura obedece a uma forma de coerência. Há, como dizia J. Kepler (1571-1630), no *Harmonia Mundi*, 1618, uma comunalidade de ações, a qual se manifesta naqui-

6. C. P. Snow, *As Duas Culturas e uma Segunda Leitura*. São Paulo: Edusp, 1995.

lo que seria chamado o espírito do tempo (*zeitgeist*), fundamental na filosofia de F. Hegel (1770-1831).

Essa comunalidade de ações caracteriza uma cultura. Ela é identificada pelos seus sistemas de explicações, filosofias, teorias e ações e pelos comportamentos cotidianos. Tudo isso se apoia em processos de comunicação, de quantificação, de classificação, de comparação, de representações, de contagem, de medição, de inferências. Esses processos se dão de maneiras diferentes nas diversas culturas e se transformam ao longo do tempo. Eles sempre revelam as influências do meio e se organizam com uma lógica interna, se codificam e se formalizam. Assim nasce o conhecimento.

3. Etnociência e Etnomatemática

Procuramos entender o conhecimento e o comportamento humanos nas várias regiões do planeta ao longo da evolução da humanidade, naturalmente reconhecendo que o conhecimento se dá de maneira diferente em culturas diferentes e em épocas diferentes. Em meados da década de setenta propus um programa educacional, com esse objetivo, que denominei Programa Etnomatemática. Embora o Programa Etnomatemática sugira ênfase na Matemática, é um estudo da evolução cultural da humanidade no seu sentido amplo, a partir da dinâmica cultural que se nota nas manifestações matemáticas, mas também artísticas, religiosas, tecnológicas e científicas. Esclareço que não se deve confundir manifestações matemáticas com Matemática no sentido acadêmico, estruturada como uma disciplina. Sem dúvida, a Matemática acadêmica é importante, mas de acordo com o eminente matemático Roger Penrose, ela representa uma área muito pequena da atividade consciente, que é praticada por uma pequena minoria de seres conscientes, para uma fração muito limitada de sua vida consciente. O mesmo se pode dizer sobre a ciência acadêmica em geral.

Em essência, o Programa Etnomatemática é uma proposta de teoria do conhecimento, cujo nome foi escolhido por aproximações etimológicas que têm sido explicitadas em inúmeros trabalhos. Refutações a essas explicações etimológicas têm sido frequentes, o que é de se esperar. Mas insisto no abuso etimológico que me permite definir, em um curto parágrafo, meu conceito de Etnomatemática: *techné* (*tica* = técnicas e artes), *etno* (culturas e sua diversidade) e *máthema* (ensinar = conhecer, entender, explicar), ou, numa ordem mais interessante, *etno* + *matema* + *tica*. Podemos, igualmente, falar em um programa Programa Etnociência, lembrando que ciência vem do latim *scio*, que significa saber, conhecer. Portanto, é claro que os Programas Etnomatemática e Etnociência se complementam. Na verdade, na acepção que proponho, eles se confundem.

Embora esses programas necessitem conhecer as ideias matemáticas e científicas de outras culturas, isto é, de estudos etnográficos e antropológicos, é muito importante notar que, na minha concepção, Etnomatemática e Etnociência vão muito além dos estudos etnográficos. Chamo a atenção para o fato de que o enfoque etnográfico, quando desvinculado de uma reflexão histórica e filosófica, pode conduzir a visões distorcidas das práticas de outras culturas, ignorando o embasamento teórico dessas práticas, aproximando a Etnomatemática e a Etnociência a folclore e crendices. Corre-se o risco de reforçar a arrogância do saber acadêmico sobre saberes populares, reforçando iniquidades.

O Programa Etnomatemática, como eu proponho, repousa sobre uma análise das diferentes teorias e práticas matemáticas em diversos ambientes culturais. Naturalmente, as práticas pedagógicas são intrínsecas a essas diferentes teorias e práticas. Talvez o primeiro a chamar a atenção para este fato tenha sido o eminente algebrista japonês Yasuo Akizuki:

> As filosofias e as religiões orientais são de uma natureza muito distinta daquelas do Ocidente. Eu posso, portanto, imaginar que pode haver diferentes tipos de pensamento mesmo em matemática. Assim, eu penso que nós não podemos nos limitar a aplicar diretamente os métodos que são atualmente considerados na Europa e na América como os melhores, mas devemos estudar propriamente a educação matemática na Ásia. Tal estudo poderia provar ser de interesse e valor para o Ocidente tanto quanto para o Oriente.[7]

A concepção de Akizuki se aproxima muito de um programa abrangente, como o Programa Etnomatemática atual, que vai além das reflexões

7. Yasuo Akizuki, Proposal to I.C.M.I. *L'Enseignement Mathématique*, v. 2, n. 5, p. 289, 1959.

específicas sobre Matemática e sua história. O Programa Etnomatemática reconhece o caráter de a Matemática ocidental, emanada das civilizações da antiguidade mediterrânea (egípcia, babilônica, judaica, grega e romana), ser a espinha dorsal da civilização moderna. Mas vai além, reconhecendo o fato de as ideias matemáticas serem intrínsecas à mente humana.[8] A riqueza do Programa Etnomatemática se manifesta ao se abordar o estudo de diversas formas de conhecimento, não apenas de teorias e práticas matemáticas.

O ponto de partida é o exame da história das ciências, das artes, das religiões e de outras formas de conhecimento de várias culturas. É, portanto, necessário uma postura externalista, o que significa procurar as relações entre o desenvolvimento das disciplinas científicas, das escolas artísticas, das doutrinas religiosas e o contexto sociocultural em que tal desenvolvimento se deu. Uma filosofia de história básica para o programa repousa sobre alguns historiadores do primeiro quarto do século XX, particularmente Oswald Spengler (1880-1936) e os fundadores da escola dos *Annales*, Marc Bloch (1886-1944) e Lucien Febvre (1878-1956).

Ao reconhecer que o momento social está na origem do conhecimento, o programa, que é de natureza holística, procura compatibilizar cognição, história e sociologia do conhecimento e epistemologia social, num enfoque interdisciplinar e intercultural.

4. A questão do conhecimento

O enfoque holístico à história do conhecimento consiste essencialmente de uma análise crítica da geração e produção de conhecimento, da sua organização intelectual e social e da sua difusão. No enfoque disciplinar, essas análises se fazem desvinculadas, subordinadas a áreas de conhecimento muitas vezes estanques: ciências da cognição, epistemologia, ciências e artes, história, política, educação, comunicações.

8. Estudos ainda incipientes indicam que esse caráter intrínseco é também notado em mentes de outras espécies, particularmente primatas.

Considerando que a percepção de fatos é influenciada pelo conhecimento, ao se falar em história do conhecimento estamos falando da própria história do homem e do seu *habitat* no sentido amplo, isto é, da Terra e mesmo do Cosmo. Mas não há como falar da Terra e do Cosmo desligados da visão que o próprio homem criou e tem da Terra e do Cosmo. A ciência moderna, ao propor "teorias finais", isto é, explicações que se pretendem definitivas sobre a origem e a evolução das coisas naturais, esbarra numa postura de arrogância.

A *transdisciplinaridade* é um enfoque holístico ao conhecimento que se apoia na recuperação das várias dimensões do ser humano para a compreensão do mundo na sua integralidade.[9]

O enfoque transdisciplinar substitui a arrogância do pretenso saber absoluto pela humildade da busca incessante, evita comportamentos incontestados e soluções finais e, portanto, tem como consequência respeito, solidariedade e cooperação.

Lembremos que variantes da postura disciplinar têm sido propostas desde, praticamente, as primeiras sistematizações disciplinares. As disciplinas dão origem a métodos específicos para conhecer objetos de estudo bem definidos.

A multidisciplinaridade procura reunir resultados obtidos mediante o enfoque disciplinar, como se pratica nos programas de um curso escolar.

A interdisciplinaridade, muito procurada e praticada hoje em dia, sobretudo nas escolas, transfere métodos de algumas disciplinas para outras, identificando assim novos objetos de estudo. Já havia sido antecipada em 1699 por Fontenelle, Secretária da Academia de Ciências de Paris, quando dizia que

> Até agora a Academia considera a natureza só por parcelas [...] Talvez chegará o momento em que todos esses membros dispersos [as disciplinas] se unirão em um corpo regular; e se são como se deseja, se juntarão por si mesmas de certa forma.[10]

A transdisciplinaridade vai além das limitações impostas pelos métodos e objetos de estudos das disciplinas e das interdisciplinas.

---

9. Ubiratan D'Ambrósio, *Transdisciplinaridade*. São Paulo: Editora Palas Athena, 1997.

10. B. de Fontenelle, *Histoire de l'Académie des Sciences*. 1699, p. xix.

O processo psicoemocional de geração de conhecimentos, que é a essência da criatividade, pode ser considerado em si um programa de pesquisa, e pode ser categorizado através de questionamentos como:

1. Como passar de práticas *ad hoc* a modos de lidar com situações e problemas novos e a métodos?
2. Como passar de métodos a teorias?
3. Como proceder da teoria à invenção?

Explicitando o que já foi dito acima, essas perguntas envolvem os processos de:

- geração e produção de conhecimento;
- sua organização intelectual;
- sua organização social;
- sua difusão;

que são normalmente tratados de forma isolada, como disciplinas específicas: ciências da cognição (geração de conhecimento), epistemologia (organização intelectual do conhecimento), história, política e educação (organização social, institucionalização e difusão do conhecimento).

O método chamado moderno para se conhecer algo, explicar um fato e um fenômeno, baseia-se no estudo de disciplinas específicas, o que inclui métodos específicos e objetos de estudo próprios. Esse método pode ser traçado a Descartes e serviu de base para o reducionismo que emergiu nessa época. Logo, esse método se mostrou insuficiente e, já no século XVII, surgiram tentativas de se reunir conhecimentos e resultados de várias disciplinas para o ataque a um problema. O indivíduo deve procurar conhecer mais coisas para conhecer melhor. As escolas praticam essa multidisciplinaridade, que hoje está presente em praticamente todos os programas escolares.

Uma figura metafórica permite pensar as disciplinas como canais de televisão ou programas de processamento em computadores. É necessário sair de um canal ou fechar um aplicativo para poder abrir outro. Isso é a multidisciplinaridade. O hipertexto vai além e, a partir do Windows 95, a grande inovação é poder trabalhar com vários aplicativos, criando novas possibilidades de criação e utilização de recursos. A interdisciplinaridade corresponde a isso. Não só justapõe resultados, mas mescla métodos e, consequentemente, identifica novos objetos de estudo.

A interdisciplinaridade teve um bom desenvolvimento no século XIX e deu origem a novos campos de estudo. Surgiram a neurofisiologia, a físico-química, a mecânica quântica. Inevitavelmente, essas áreas interdisciplinares foram criando métodos próprios e definindo objetos próprios de estudo. Surgiram então especialistas em áreas interdisciplinares e essas áreas se tornaram novas disciplinas. Passaram a mostrar as mesmas limitações das disciplinas tradicionais.

É oportuno falarmos de cultura. Há muitos escritos e teorias, fortemente ideológicos, sobre o que é cultura. Conceituo *cultura* como o conjunto de mitos, valores, normas de comportamento e estilos de conhecimento compartilhados por indivíduos vivendo num determinado tempo e espaço.

Ao longo da história, as maneiras de lidar com tempo e espaço foram se transformando. A comunicação entre gerações e o encontro de grupos com culturas diferentes criam uma dinâmica cultural e não podemos pensar numa cultura estática, congelada em tempo e espaço. Essa dinâmica é lenta e o que percebemos na exposição mútua de culturas é uma subordinação, e algumas vezes até mesmo destruição, de uma das culturas em confronto ou, em alguns casos, a convivência multicultural. Naturalmente, a convivência multicultural representa um progresso no comportamento das sociedades, conseguido somente após violentos conflitos. Agora, não sem problemas, o multiculturalismo ganha espaço na educação.

Enquanto os instrumentos de observação (aparelhos — *artefatos*) e de análise (conceitos e teorias — *mentefatos*) eram mais limitados, o enfoque interdisciplinar se mostrava satisfatório. Mas com a sofisticação dos novos instrumentos de observação e de análise, que se intensificou em meados do século XX, constata-se que o enfoque interdisciplinar se tornou insuficiente. A ânsia por um conhecimento total, por uma cultura planetária, não poderá ser satisfeita com as práticas interdisciplinares. Da mesma maneira, o ideal de respeito, solidariedade e cooperação entre todos os indivíduos e todas as nações não pode ser realizado somente com a interdisciplinaridade.

Não nego que o conhecimento disciplinar, e consequentemente o multidisciplinar e o interdisciplinar, são úteis e importantes, e continuarão a ser ampliados e cultivados, *mas* somente poderão conduzir a uma visão plena da realidade se forem subordinados ao conhecimento transdisciplinar. A educação está caminhando, rapidamente, em direção a uma educação transdisciplinar.[11]

O enfoque transdisciplinar ao conhecimento tem como ponto de partida o próprio conceito de vida.

5. O fenômeno vida

Ao longo da sua história o *homo sapiens sapiens* tem acumulado meios de sobrevivência e de transcendência, que constituem o acervo de conhecimentos da humanidade. Esses se manifestam como modos de fazer e sistemas de explicações e que respondem a necessidades e indagações sobre os fatos básicos da realidade: o *indivíduo*, o *outro(s)/sociedade* e a *natureza* (imediata, planetária e cósmica). Meu ponto de partida é assumir a *essencialidade mútua* desses fatos. O fenômeno vida, resultado da sua integralidade, é representado, metaforicamente, pelo *triângulo da vida*.

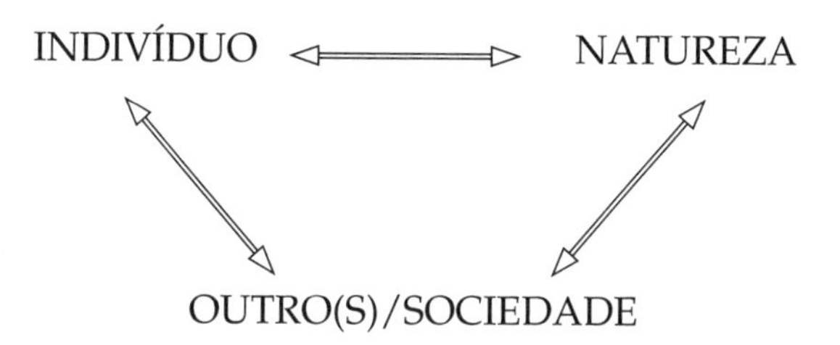

Vida é a realização desse ciclo. A existência de cada indivíduo, que se identifica com sua autonomia na busca de sobrevivência, é a ativação desse ciclo. A interrupção de qualquer dessas conexões interrompe a vida.

---

11. Ubiratan D'Ambrósio. *Educação para uma Sociedade em Transição*. Campinas: Papirus Editora, 1999.

A essencialidade mútua se manifesta nas conexões:

indivíduo ⇔ realidade
para sobrevivência do indivíduo

indivíduo ⇔ outro/sociedade
para continuidade da espécie

sociedade ⇔ natureza
para sobrevivência da espécie

que são necessárias para o fenômeno vida.

Os mecanismos fisiológicos e ecológicos são a resposta das várias espécies à resolução das relações presentes no triângulo da vida. Como disse acima, a quebra de qualquer das conexões determina o fim da espécie. E nenhum dos três elementos existe sem os outros. Talvez a natureza possa continuar sem alguma espécie. Mas será a mesma?[12]

Com o aparecimento da espécie humana surgiram intermediações entre esses fatos:

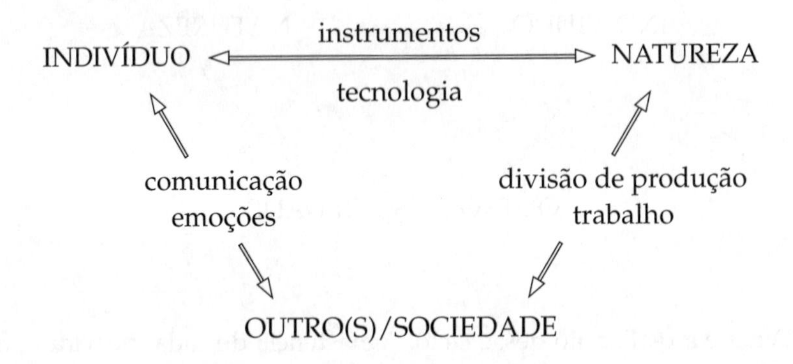

12. O gorila mestre Ismael tem, na parede do seu escritório, um quadro com a pergunta "Com o fim da humanidade haverá esperança para o gorila?" e, no reverso, a pergunta: "Com o fim do gorila haverá esperança para a humanidade?". Veja a bela fábula de Daniel Quinn, *Ismael. Um Romance sobre a Condição Humana*. São Paulo: Editora Fundação Peirópolis, 1998.

As intermediações criadas pela espécie humana relacionam indivíduo, sociedade e natureza, isto é:

instrumentos e tecnologia
entre indivíduos e natureza

comunicação e emoções
entre indivíduo e outro(s)/sociedade

produção e divisão de trabalho
entre sociedade e natureza

A realização dessas intermediações se dá pela comunicação e pelo conhecimento. O conhecimento, gerado por cada indivíduo, tem várias dimensões: sensorial, intuitiva, emocional, mística, racional. Uma vez gerado, um fenômeno típico da individualidade, ele é compartilhado com outros e com a sociedade em geral, graças ao sofisticado instrumento de comunicação desenvolvido pela espécie humana, que é um fenômeno típico da alteridade. Assim, o conhecimento, que resulta de uma mescla de individualidade e alteridade, é compartilhado pelo grupo e se torna, assim, um fato social.

O conhecimento que se desenvolveu a partir das culturas mediterrâneas se caracteriza por ter aprofundado uma percepção do cosmo, do planeta e da natureza, que vê os seres humanos como uma espécie privilegiada. Esse conhecimento acarreta um comportamento ditado por privilégios e por mecanismos de cooptação associados a esses privilégios.

Ao longo da história, o conhecimento originado nas culturas mediterrâneas foi, gradativamente, eliminando as dimensões sensorial, intuitiva, emocional e mística. A sua dimensão racional impôs-se como a característica por excelência do ser humano. O conhecimento com maior ênfase no intuitivo foi identificado com as artes, o místico e o emocional com as religiões, e o sensorial com o empirismo. Os vários corpos de conhecimento, estruturados segundo a dimensão racional, passaram a ser denominados ciências, que acabou sendo identificada com conhecimento. As demais dimensões comparecem no que são chamadas as tradições, e são, via de regra, encaradas com conotações negativas.

O flanco vulnerável da racionalidade científica foi exposto de forma mais flagrante justamente pela ciência identificada como o padrão dessa racionalidade, que é a Matemática. Na busca de se procurar fundamentar o conhecimento matemático e a sua geração, na transição do século XIX para o século XX, o intuicionismo de Luitzen E. J. Brower (1881-1966), proposto em 1906, contrapõe-se ao logicismo de Bertrand Russell (1872-1970) e ao formalismo de David Hilbert (1862-1943), rejeitando justamente o *tertium non datur* (lei do terceiro excluído), sobre o qual se funda grande parte do pensamento matemático.[13] Uma nova ciência da cognição começou então se delinear.

Igualmente atingida foi a visão de um universo newtoniano com o surgimento das mecânicas quântica e relativística, a partir de Max Planck (1858-1947) e Albert Einstein (1879-1955) e com as formulações de Niels Bohr (1885-1962) e Werner Heisenberg (1901-1976).[14] Fundamentalmente atingida foi a percepção de uma realidade determinista e a linearidade nela implícita, obedecendo a relações de causa-efeito. Abriu-se assim o caminho para a teoria geral dos sistemas e teorias do caos e da complexidade e para uma nova visão do universo.

Não menos atingida foi a visão de homem, com a percepção da essencialidade do outro no reconhecimento do seu próprio eu. Os trabalhos pioneiros de Sigmund Freud (1856-1939) sobre a histeria abriram o caminho para uma nova ciência da mente e do comportamento.

O homem começa, então, a se reconhecer como uma entidade individual, social, planetária e cósmica, a partir das novas visões de cognição, da mente e comportamento, e do cosmo.

A civilização ocidental tem privilegiado o existencial e o factível e construído sistemas de conhecimento visando à sua sobrevivência. Criaram-se as intermediações mencionadas acima, que deram origem às ciências e à consequente tecnologia. Mas, paradoxalmente, a sobrevivên-

13. Para uma síntese, ver o verbete "Foundations of Mathematics" no excelente *Encyclopedic Dictionary of Mathematics*, the Mathematical Society of Japan, editado por Shôkichi Iyanaga e Yukiyosi Kawada, tradução revista por Kenneth O. May, Cambridge: The MIT Press, 1980, p. 549.

14. Para uma síntese, ver o verbete "quantum" no *Dictionary of the History of Science*, editado por W. F. Bynum; E. J. Browne e Roy Porter. Princeton: Princeton University Press, 1984.

cia do indivíduo e da espécie, representada pelo triângulo da vida, se sente ameaçada justamente pelas intermediações criadas pela espécie.

As próprias ciências e a tecnologia, hoje chamada tecnociência, criaram os instrumentos que possibilitam antever o perigo de extinção da espécie. A alternativa de uma espécie modificada, que tem sido contemplada na ficção, é hoje uma possibilidade.

Pergunta-se: Por que esse roteiro na busca do conhecimento ocidental chegou a perspectivas tão assustadoras? Pura e simplesmente, por que o caminho da humanidade não tem tido sucesso? As próprias ciências reconhecem sua insuficiência para responder a essas questões básicas e para encontrar um novo caminho.

Vamos encontrar, metaforicamente, essa conclusão num dos mais importantes resultados científicos do século XX, mais uma vez justamente na ciência que, como dissemos acima, tem sido apontada como a representante por excelência do racionalismo ocidental, a Matemática. Kurt Gödel (1906-1978) mostrou em 1931 que é impossível provar a consistência de um sistema formal utilizando somente argumentos que podem ser formalizados no sistema.[15] É necessária a busca de outros caminhos. O que teria causado o desvio de uma promessa de grandes realizações para a ameaça de extinção?

A busca de sobrevivência, existente em todas as espécies vivas, com o homem se dá com intermediações, que conduzem naturalmente à busca de explicações que resultam das possibilidades dessas intermediações. Ir além do presente, do imediato, e buscar explicações e a superação do momento, da própria existência, é a transcendência, característica da espécie humana. Sobreviver se dá no presente, que é a interface de passado e futuro. Transcender é mergulhar no passado e incursionar no futuro. Daí se originam os sistemas de explicação — história e religiões — e os sistemas de divinação e de predição — oráculos e ciências. Tudo se integra nas religiões e nas ciências, que transcendem tempo, e nas comunicações e nas artes, que transcendem tempo e espaço. Obviamente, transcender tempo e espaço são complementares. Portanto, as comunicações, as religiões, as artes e as ciências, que representam estilos de conhecimento, andam juntas, não se separam.

---

15. Op. cit. na nota 12, p. 550.

6. Sobre criatividade e criatividade matemática

O triângulo da vida implica, em vista da essencialidade no relacionamento do indivíduo com os fatos da natureza, vivos e não vivos, que cada indivíduo é *inconcluso*. O ser/indivíduo humano é o único que tem consciência da sua inconclusão, e busca transcender sua inconclusão através da utilização de fatos que ele encontra e da criação de novos fatos.

O indivíduo, como criador/autor, tem sua obra, que é o fato novo, realizado somente através do outro, agora como observador. A obra, isto é, o fato novo criado pelo indivíduo, é igualmente inconclusa. Sua existência depende, igual e solidariamente, do criador e do observador.

O outro (observador) não se resume apenas no próximo e no parecido. Inclui também o distante e o diferente. Os fatos criados são, assim, coletivizados e organizados como *cultura*.

Criatividade é a capacidade do ser humano de realizar essas conexões. O resultado da criatividade são novos fatos, isto é, obras que se incorporam à realidade. Desses novos fatos, alguns, os chamados *artefatos*, são acessíveis a outros pelos sentidos, em especial a comunicação, enquanto outros, chamados *mentefatos*, são acessíveis somente quando reificados.

Recorremos a um recurso gráfico semelhante ao triângulo da vida, no qual as conexões são relações de essencialidade.

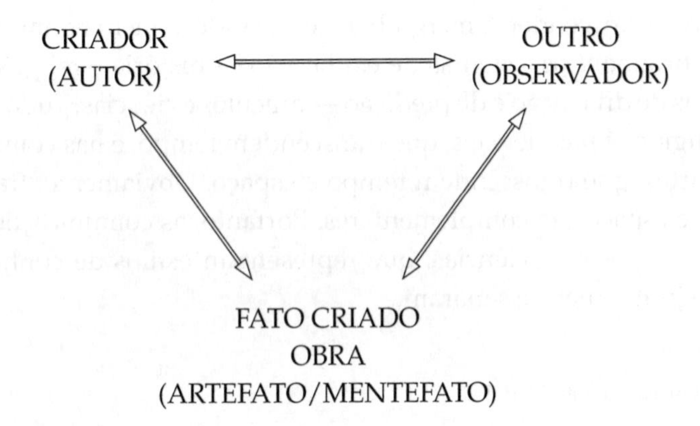

Mais uma vez, a importância está nos três componentes e nas relações entre eles. A metáfora do triângulo é conveniente, pois a definição de um triângulo depende de seis elementos.

A criatividade, como expressa metaforicamente pelo triângulo, é intrínseca ao ser humano. O busílis é como realizar as conexões. A metodologia de pesquisa para se entender as conexões repousa principalmente sobre depoimentos individuais.

Embora seja verdade que a realização das conexões exige alguma disciplina comunicativa, isso é mais presente na música e na Matemática.

Um projeto, intitulado *How Mathematicians Work* [*Como os Matemáticos Trabalham*], foi proposto pelo *IMA — Institute of Mathematics and its Applications* — da Inglaterra. A pesquisa foi baseada em algumas questões que são, basicamente, as seguintes:

1. Somos capazes de medir criatividade matemática?
2. São os criativos matemáticos diferentes de outros criativos?
3. Que papéis têm verdade e erro nas práticas matemáticas?
4. A Matemática é vista pelos que a praticam como uma técnica, uma arte, ou algo *sui generis?*
5. Podem aspectos cognitivos e afetivos da Matemática serem ensinados ou são simplesmente aprendidos? e que são esses aspectos?
6. Que assistência pode-se esperar na criação, aprendizado e aplicações da Matemática?
7. Por que alguém decide ser matemático?
8. A Matemática é produzida individualmente ou socialmente?
9. As medidas dessa produção diferem de outras medidas de produção? Como?
10. É possível aquilatar a qualidade dessa produção? Como?

Essas dez perguntas constituem, em si, um importante projeto de pesquisa, que pode ser conduzido em diversos ambientes e tratando das várias subáreas da Matemática.[16]

16. A tese de doutorado de Adriana César de Mattos Marafon, intitulada *A Vocação Matemática como Reconhecimento Acadêmico*, na Faculdade de Educação da Unicamp, 2001, aborda algumas dessas questões.

Há, sem dúvida, especificidades para a criatividade matemática, sobretudo associadas ao reconhecimento social do fato matemático. A Matemática procura escapar de ambiguidades e contradições. Uma das melhores reflexões que conheço sobre o que é criatividade matemática devo a Ennio De Giorgi, um dos grandes matemáticos do século XX. Em 1996, poucos meses antes de sua morte, ele concedeu a Michelle Emmer uma entrevista em que diz:

> Eu penso que a origem da criatividade em todos os campos é aquilo que eu chamo a capacidade ou disposição de sonhar: imaginar mundos diferentes, coisas diferentes, e procurar combiná-los de várias maneiras. A essa habilidade — muito semelhante em todas as disciplinas — você deve acrescentar a habilidade de comunicar esses sonhos sem ambiguidade, o que requer conhecimento da linguagem e das regras internas a cada disciplina.[17]

Também o eminente matemático Stephen Smale se refere à especificidade da criatividade matemática, ao mesmo tempo que alerta para o que seria valorizar a Matemática, uma questão de base no que chamamos a sociologia da Matemática. Smale diz:

> Matemática é mais como arte que as demais ciências. A matemática tende a ser correta. Mas também a matemática tende a ser irrelevante. Há um grande risco de a matemática se preocupar com coisas que são corretas, mas não são importantes.[18]

7. Conclusão

Lamentavelmente, a Educação Matemática e a História da Matemática vêm sendo praticadas como mera transmissão de técnicas e de nomes, fatos e datas, respectivamente. A proposta aqui apresentada, que coincide

---

17. Michele Emmer, Interview with Ennio De Giorgi. *Notices of the AMS*, v. 44, n. 9, p. 1097--1101, October 1997.

18. In: Casacuberta, C.; Castellet, M. (Eds.). *Mathematical Research Today and Tomorrow, Viewpoints of Seven Field Medalists*. Berlin: Springer-Verlag, 1992. p. 88-89.

com as tendências mais recentes da educação, dá ênfase à criatividade, que é responsável pela emergência de ideias novas, e à análise crítica da evolução do conhecimento matemático ao longo da história. Sem essa análise crítica do processo histórico, a criação de novas teorias e práticas, respondendo à complexidade do mundo moderno, pode ser pouco eficiente e, sobretudo, conduzir a equívocos.

Matemática em ação*

*Ole Skovsmose***

Tradução: Antonio Olimpio Junior***

1. Matemática: Irrelevante?

É verdadeira a proposição de que a Matemática não tem relevância social? Ou seria verdadeira a que afirma que a Matemática provê um recurso crucial para transformações sociais?

Em *A Mathematician Apology*, Hardy discute a utilidade da Matemática e sua conclusão geral é: "Se conhecimento útil é (...) o conhecimento que, provavelmente agora ou num futuro próximo, contribuirá para o conforto material da humanidade de modo que a mera satisfação intelectual seja irrelevante, então a maior parte da Matemática Superior é inútil" (Hardy, 1967, p. 135). Não obstante, poderia a Matemática causar algum dano? Hardy afirma: "(...) um verdadeiro matemático tem sua consciência

---

* Traduzido do original em inglês *"Mathematics in Action"*.

** Department of Education and Learning, Aalborg University, Langagervej 8, DK-9220 Aalborg East, Denmark. E-mail: osk@learning.auc.dk.

*** Doutorando do Programa de Pós-Graduação em Educação Matemática da Unesp de Rio Claro. O tradutor agradece a Mónica Ester Villarreal, Maria Aparecida Viggiani Bicudo e Marcelo de Carvalho Borba pela leitura e sugestões concernentes à versão preliminar da tradução.

limpa; nada há para se contrapor a qualquer mérito que seu trabalho possa ter; a Matemática é (...) uma atividade 'inofensiva e inocente'" (Hardy, 1967, p. 140-141). Nas páginas finais do livro, ele extrai algumas conclusões sobre seu próprio trabalho em Matemática: "Nunca fiz nada 'útil'. Nenhuma descoberta minha fez, ou provavelmente fará, direta ou indiretamente, para o bem ou para o mal, a menor diferença para as amenidades do mundo" (Hardy, 1967, p. 150). Hardy nos dá uma visão da Matemática (pura) como um empreendimento intelectual que não pode ser julgado por seus efeitos na sociedade pela simples razão de que tais efeitos não existem. De acordo com sua interpretação, a Matemática é *irrelevante* no sentido de que esta não causa qualquer impacto na estruturação do desenvolvimento social.[1]

Contrastemos, agora, esta perspectiva, com a seguinte afirmação de D'Ambrósio em *Cultural Framing of Mathematics Teaching and Learning*: "Nos últimos cem anos temos presenciado enormes avanços no conhecimento da natureza e no desenvolvimento de novas tecnologias. (...) Apesar disso, este mesmo século tem nos mostrado um comportamento humano abominável. Meios de destruição em massa nunca vistos, insegurança, novas doenças terríveis, fome injustificável, abuso de drogas e decadência moral são equiparados somente por uma destruição irreversível do meio ambiente. Uma grande parte deste paradoxo tem a ver com a ausência de reflexões e de considerações sobre valores na academia, particularmente nas disciplinas científicas, tanto na pesquisa quanto na educação. A maioria dos meios para se alcançar essas maravilhas e, também, esses horrores da ciência e da tecnologia tem a ver com os avanços na Matemática" (D'Ambrósio, 1994, p. 443). De forma incisiva, D'Ambrósio afirma que a Matemática está situada no núcleo do desenvolvimento social. Seu papel é crucial e, portanto, deve ser considerado na interpretação de uma vasta gama de fenômenos sociais. Contudo, este papel é também indeterminado,[2] na medida em que as conquistas da tecnologia

---

1. Muitos estudos têm revelado a ocorrência de uma estruturação social da Matemática. Neste capítulo, entretanto, eu me concentrarei no processo inverso: o impacto social que a Matemática pode ter.

2. O uso que faço de "indeterminado" pode ser similar ao conceito de "indecidibilidade", que Torfing (1999, p. 62-66), dentro do quadro conceitual da Teoria do Discurso, usa para falar da "indecidibilidade estrutural do social".

e da ciência, incluindo-se a própria Matemática, podem se traduzir tanto em maravilhas quanto em horrores. O que pode ser feito por meio da Matemática não é predeterminado por sua natureza ou por sua essência. Trazer a Matemática à ação é um empreendimento arriscado.

Apesar disso, o que dizem as teorias sociais mais abrangentes sobre a questão da Matemática ser, de fato, irrelevante ou crucial para o desenvolvimento social? Naturalmente, nenhuma resposta simples é encontrada, mas se estudarmos trabalhos como *The Constitution of Society and Social Theory and Modern Sociology*, de Giddens, não encontraremos sequer uma referência à Matemática.[3] Surpreendentemente, ela também não é citada no abrangente estudo *The Information Age I-III*, de Castells, onde encontramos uma ampla descrição da sociedade em rede. Tampouco é mencionada em Gibbons et al. (1994) ou em Nowotny, Scott e Gibbons (2001), onde a sociedade "modo 2", caracterizada por uma nova forma de produção de conhecimento, é discutida. Já Lyotard (1984) recorre, embora não por sua relevância social, à Matemática, na discussão da condição pós-moderna. Assim, julgada pelo silêncio sobre a matéria nestes trabalhos, a concepção de Matemática em muitas teorizações sociais parece ser efetivamente aquela proposta por Hardy: o impacto social desta ciência é irrelevante. Em outras palavras, não há razão para se considerar a Matemática no escopo da interpretação de questões sociais.

Discutirei a seguir como a Matemática em Ação pode ser interpretada como uma parte integrada ao planejamento tecnológico e à tomada de decisões, e como ela, ao operar como tecnologia, ocupa um papel no desenvolvimento social que não pode ser ignorado pelas teorizações sociais.[4] Pelo desenvolvimento da noção de Matemática em Ação, tentarei mostrar que a Matemática é relevante, sendo tanto crucial quanto indeterminada para o desenvolvimento sociotecnológico. Incluirei vários aspectos na noção de tecnologia: os artefatos (sejam eles um carro, um computador,

---

3. Veja também, por exemplo, Giddens (1990, 1998) e Habermas (1984, 1987).

4. A expressão "Matemática em Ação" é inspirada pelo título do livro de Latour, *Science in Action*. Entretanto, enquanto Latour observa cientistas e engenheiros através da sociedade, eu tento observar a Matemática na sociedade. Em outros contextos, tenho desenvolvido essa ideia em termos de *poder formatador* (*formatting power*) da Matemática. Veja, por exemplo, Skovsmose (1994). Embora a Matemática que estou considerando não seja "pura" no sentido de Hardy, certamente ela também não é "trivial".

ou qualquer outro dispositivo) e as estratégias de ação (um plano de produção ou qualquer outro elemento resultante do "desenvolvimento de sistemas" — a *taylorização*[5] é um exemplo clássico). Assim, a tecnologia recorre a conhecimentos, técnicas, artefatos, estruturas organizacionais, recursos econômicos e prioridades — todos interligados em sistemas de fabricação e *design*.[6] Visando enfatizar este amplo conceito de tecnologia, escolherei, às vezes, usar o termo sociotecnologia.

Acho que uma compreensão da Matemática em Ação é importante para o desenvolvimento social e isso se transforma num desafio à teorização social. Além disso, entendo que uma tal compreensão configura um desafio à Filosofia da Matemática, no sentido de que esta tem que lidar com a incerteza conectada a tal forma de ação. Finalmente, creio que tal incerteza revela a necessidade de reflexão e crítica sobre qualquer forma de atividade matemática, e isso se torna um desafio à Educação Matemática. Nas observações finais deste capítulo retornarei a essas questões. Entretanto, antes que nos adiantemos demais, temos que desenvolver a ideia de Matemática em Ação. Farei isso em três etapas: primeiramente, considerando a reflexividade; em seguida, mostrando alguns exemplos da Matemática em Ação; finalmente, resumirei o que a referida ação poderia incluir apontando para três de seus aspectos.

2. Reflexividade

Em *Reflexive Modernization*, Beck, Giddens e Lash apresentam (em capítulos escritos individualmente por cada autor) uma discussão sobre modernização. De acordo com Beck, deparamo-nos agora com "a possibilidade da (auto)destruição criativa de toda uma era: a da sociedade industrial. O 'agente' desta destruição criativa não é a revolução ou a

---

5. Processo pelo qual os métodos e técnicas de trabalho foram cientificamente estudados por administradores com o objetivo de decompô-los em tarefas eficientes e especializadas enquanto se removia as habilidades e responsabilidades anteriormente exercidas pelos trabalhadores (Cohen, R.; Kennedy, *Global Sociology*. London: MacMillan, 2000. p. 380). (N.T.)

6. Para uma discussão da noção de tecnologia, veja, por exemplo, Ihde (1993); e Grint; Woolgar (1997).

crise, mas a vitória da modernização ocidental" (Beck et al., 1994, p. 2). Na realidade, não parece possível identificar qualquer agente específico responsável por esta criatividade. E Beck continua: "Esta nova fase, por meio da qual o progresso pode se transformar em autodestruição, onde uma modernização solapa e modifica a outra, é a que eu chamo de fase de modernização reflexiva" (ibidem, p. 2). Assim, não se trata de mudanças radicais que ocorrem como resultantes de certa disfunção crítica da modernidade. Beck não segue a variante de análise de Marx pela qual "o capitalismo é o seu próprio coveiro"; em vez disso, ele acha que são "as vitórias do capitalismo que produzem uma nova forma social" (ibidem, p. 2). Desta maneira, esta nova forma social nasce dentro de estruturas sociais existentes. A modernização reflexiva inclui uma mudança não planejada da sociedade industrial que se harmoniza com as ordens econômicas e políticas vigentes. Não obstante, a modernização reflexiva rompe os contornos da sociedade industrial e abre "caminhos para uma outra modernidade", ou seja, haverá uma nova sociedade mesmo não ocorrendo uma revolução.

Se quisermos compreender a dinâmica do desenvolvimento social, não devemos procurar esta compreensão no interior das instituições que o representam. Os mecanismos de reflexividade contornam as instituições democráticas e operam como parte do subconsciente social. Este problema é significativo para a Sociologia: "A ideia de que a transição de uma era social para outra poderia ocorrer de maneira acidental e apolítica, contornando todos os foros de decisões políticas, as linhas de conflitos e as controvérsias partidárias, contradiz a autocompreensão democrática desta sociedade tanto quanto as convicções fundamentais de sua sociologia" (Beck, 1994, p. 3). Beck indica, portanto, que a Sociologia não tem sido capaz de apreender os princípios básicos da reflexividade.

O mesmo autor introduz a noção de "sociedade de risco", que "designa uma fase de desenvolvimento da sociedade moderna na qual os riscos sociais, políticos, econômicos e individuais tendem, de maneira crescente, a escapar das instituições de monitoração e proteção da sociedade industrial" (Beck, 1994, p. 5).[7] A sociedade de risco é simbolizada por fatos como o desastre de Chernobyl, as crises financeiras, a poluição

---

7. Veja também Beck (1992, 1995a, 1995b, 1999); Franklin (Ed.) (1998).

de alimentos etc. De acordo com Beck: "A sociedade se tornou um laboratório onde não existe absolutamente ninguém na chefia" (Beck, 1998, p. 9). Neste retorno da incerteza, um novo quadro da vida social é estabelecido. A sociedade de risco é, todavia, formada por elementos básicos da sociedade industrializada. "Pode-se virtualmente dizer que as constelações da sociedade de risco são produzidas porque as certezas da sociedade industrial (...) dominam o pensamento e a ação de pessoas e de instituições nesta sociedade. A sociedade de risco não é uma opção que se pode escolher ou rejeitar no curso de disputas políticas. Ela surge na continuidade dos processos de modernização autonomizados que são cegos e surdos a seus próprios efeitos e suas próprias ameaças" (ibidem, p. 5-8). A sociedade industrial acumula seus próprios produtos, incluindo-se seus efeitos e efeitos colaterais, e, eventualmente, este processo a conduz a uma nova forma. Em particular, devido à "certeza", a sociedade industrial produz riscos que transformam a sociedade industrial numa sociedade de risco. Mas como entender a natureza e os processos que levam ao surgimento de novas estruturas de risco?

E sobre a Matemática? Ao consultarmos o índice de *Reflexive Modernization*, constatamos: nenhuma referência a ela. Encontramos, no entanto, a seguinte proposição no capítulo de Beck: "os riscos se exibem com a Matemática" (1994, p. 9).[8] Em *Reflexive Modernization* esta sentença é relegada a uma observação passageira. Se a modernização reflexiva pode ser discutida e analisada em profundidade sem qualquer referência à Matemática, então esta deve ser irrelevante para o desenvolvimento social e, em consequência, para a teorização social. Quero, no entanto, ilustrar que não é este o caso. Tentarei mostrar que o recente desenvolvimento da sociedade industrializada — estabelecendo uma modernização reflexiva, uma sociedade de risco, uma sociedade "modo 2", uma sociedade em rede, e uma sociedade pós-moderna — é ligado a um desenvolvimento alimentado matematicamente. Para simplificar meu argumento, focarei, primeiramente, o vocabulário apresentado por Beck. A Matemática faz parte da "certeza" que transforma a sociedade industrial numa sociedade de risco. Desta maneira, entendo que a Matemática em Ação faz parte dos

8. Em outras partes de seu trabalho, Beck se refere à Matemática. Veja, por exemplo, Beck (1995b, p. 20-22) onde ele fala sobre o cálculo de riscos. Veja também a discussão sobre "perigos" em Beck (1995a, p. 73-110).

processos sociotecnológicos que, ao produzirem efeitos e efeitos colaterais, transformam a sociedade e caracterizam a modernização reflexiva. Em outras palavras, acho que a modernização reflexiva somente pode ser apreendida se nos tornarmos conscientes das formas que a Matemática em Ação pode assumir.

3. Exemplos de Matemática em Ação

Valendo-me de alguns exemplos tentarei ilustrar como a Matemática pode ser atuante como elemento de planejamentos tecnológicos e de processos de decisão, e como ela se torna parte da própria tecnologia. Quero ilustrar como a Matemática em Ação configura a cena para nossas atividades diárias. A Matemática está em funcionamento, embora sem que as pessoas que com ela operam ou que por ela são afetadas estejam cientes disso (nem, talvez, os sociólogos que estudam tais fenômenos).

Modelos de Sistemas de Reservas de Passagens: Nosso primeiro exemplo de Matemática em Ação é o que Clements descreve em "*Why Airlines Sometimes Overbook Flights.*" O autor não afirma que seu modelo se refere a algum efetivamente usado na realidade (tais modelos são "segredos comerciais"), mas certamente é similar a alguns deles. Estratégias para a criação de sistemas de reservas de passagens podem ter sido desenvolvidas consideravelmente desde que Clements construiu seu modelo; não obstante, ele ilustra vários dos aspectos fundamentais da Matemática em Ação.[9]

As companhias aéreas deliberadamente fazem reservas de passagens acima da capacidade de seus voos!? Por quê? Obviamente visando a maximizar seus lucros, ou, posto mais suavemente, visando a assegurar que os preços das passagens sejam mantidos a um valor razoável. É essencial tentar evitar voos com aviões vazios por causa dos custos associados a viagens com aeronaves cheias ou vazias, que são aproximadamente os

9. O modelo de Clements tem sido discutido também por Hansen; Iversen; Troels-Smith (1996).

mesmos. Os salários ou horas trabalhadas de pilotos e de outros membros da cabine de comando não dependem do avião estar cheio ou vazio. As despesas com serviço de bordo podem diferir, mas este é um custo marginal. Uma aeronave cheia pode consumir um pouco mais de combustível se comparada a uma quase vazia mas esta diferença é igualmente pequena. Esses dados indicam claramente que voar com uma aeronave vazia é uma operação custosa para qualquer companhia aérea. Uma boa estratégia comercial deve tentar prevenir tais operações.

Em cada partida é quase certo que alguns dos passageiros que fizeram suas reservas antecipadamente não compareçam para o embarque. Aos passageiros que pagam tarifa cheia normalmente é permitido alterar o dia e/ou horário de embarque sem custos adicionais. Tal prerrogativa também é direito daqueles que, tendo pagado a mesma tarifa, chegam atrasados para a partida. Desta forma, parece possível alocar reservas em número superior à capacidade dos voos. Naturalmente deve haver um limite para tais benefícios na medida em que a companhia é obrigada a compensar os clientes que não puderem embarcar quando o número de passageiros exceder o esperado. Além disso, deve ser considerado que a probabilidade de um passageiro não comparecer para o embarque depende, por exemplo, do destino, da hora do dia, do dia da semana e, como veremos, do tipo de sua passagem.

Todos esses dados podem ser incorporados a um modelo matemático contendo parâmetros como o custo de se disponibilizar um voo, a tarifa paga por cada passageiro, a capacidade da aeronave, o número de passageiros alocados ao voo, os custos de não embarcar passageiros com reserva confirmada, a probabilidade de um passageiro com reserva não comparecer, os excedentes gerados por um voo etc.[10] Com base no modelo torna-se possível planejar o *overbooking*[11] de tal forma que o ganho seja maximizado. Uma informação essencial óbvia é a probabilidade p de um passageiro com reserva confirmada não se apresentar para o embarque. Se p é igual a zero, então não há motivo para um tal planejamento, mas se p é maior que zero então podemos desenvolver uma estratégia para o

10. Para mais detalhes, veja Clements (1990, p. 325).

11. Prática difundida principalmente pelas companhias aéreas de aceitar um número de reservas superior ao número de assentos da aeronave. (N.T.)

overbooking. O valor real de p para voos específicos pode ser estimado por meio de registros estatísticos associados a voos anteriores. Desta maneira, o grau de *overbooking* pode ser ajustado de acordo com um conjunto de parâmetros relevantes. Por exemplo, no último voo noturno de Copenhague a Londres este grau se mantém menor que o do voo da tarde, porque, no primeiro caso, a compensação por se reter um passageiro deve incluir os respectivos custos de hospedagem.

Este exemplo ilustra como a Matemática pode servir como base para o planejamento e tomada de decisões. O princípio tradicional: "Não venda mais passagens do que o número de assentos da aeronave" é substituído por outro mais complexo: "Venda passagens em número superior à capacidade do voo, mas o faça de tal maneira que o ganho seja maximizado, considerando a quantia a ser paga ao passageiro como compensação, o destino, a hora da partida, o dia da semana e os efeitos de longo prazo decorrentes de eventuais impedimentos de embarque de passageiros com reservas confirmadas". Este novo princípio não pode ser criado ou operado sem a Matemática. Sua complexidade pressupõe que técnicas matemáticas sejam aplicadas "condensando-as" em um sistema de reservas de passagens. O princípio ilustra o que, em geral, pode ser chamado de plano de ação baseado na Matemática.

Um modelo matemático de sistema de reservas não visa apenas a "descrever" uma determinada situação — neste caso, padrões de reservas, cancelamentos e *no show*.[12] A Matemática não fornece somente um "retrato" da realidade na forma que é sugerida por várias filosofias da Modelagem Matemática. Na verdade, muitas descrições da Matemática como linguagem assumem uma perspectiva teórica como "imagem" a propósito de como a Matemática poderia se relacionar com realidades não matemáticas. Desta maneira, tais descrições embarcam na metafísica do *Tractatus Logico-Philosophicus* de Wittgenstein. Todavia, ao ser a Matemática comparada à linguagem, a teoria do "ato de fala", como sugerido por Austin e Searle, convida à questão: O que é, de fato, "feito" por meio da Matemática? Esta pergunta introduz a ideia de relativismo linguístico: Que visão de mundo é proporcionada por uma linguagem específica? Aplicada à linguagem da Matemática, a questão se torna: Que visões de

---

12. Evento caracterizado por um passageiro com reserva confirmada que não comparece para o embarque. (N.T.)

mundo estão disponíveis por meio da Matemática? Ou: como o mundo é construído, de acordo com a Matemática?[13] Um modelo de sistema de reservas de passagens não descreve apenas alguns princípios para a ordenação de filas de passageiros. Ele, na verdade, estabelece novos tipos de filas. Desta maneira, pode gerar situações onde algumas pessoas são, repentinamente, obrigadas a refazerem seus planos de viagem. A Matemática torna-se parte de uma técnica.

Uma compreensão adequada das ações praticadas no processo de venda de passagens não será possível, a menos que atentemos para a existência de um modelo responsável pela sistematização das reservas. Que interpretação devemos fazer quanto à exclamação da agente da companhia aérea que se dirige ao passageiro impedido de embarcar da seguinte forma: "Oh, lamento, mas infelizmente estamos com um problema no sistema..."? Como seria uma interpretação sociológica desta situação particular? Sem que estejamos conscientes da existência de um modelo subjacente, a explicação da funcionária poderia parecer plausível: certamente deve ter havido algum problema com o computador. Mas essa explicação não captura a racionalidade fundamental da situação. Em muitos casos, a decisão de barrar um passageiro no momento do embarque não decorre de uma falha no computador. Em vez disso, tal constrangimento é uma consequência muito bem calculada do fato de o passageiro em questão ter se tornado um desvio estatístico da norma esperada. Se quisermos interpretar o episódio, precisamos entender como a Matemática opera nos bastidores. Esta é uma dentre muitas outras situações nas quais modelos matemáticos facilitam a tomada de decisões. O exemplo do *overbooking* não é o único entre os planos de ação baseados na Matemática. Ao contrário, ele pode ser visto como paradigmático em qualquer gerenciamento (complexo) de negócios. A Matemática torna-se parte da linguagem de gerenciamento tanto quanto da linguagem de execução. Sem estarmos conscientes da Matemática envolvida, explicações sociológicas de tais situações tornar-se-ão supérfluas, para não dizer enganosas. Para mim, a Sociologia deve estar ciente da existência de planos de ação baseados na Matemática a fim de que possa tornar-se apta a interpretar toda uma vasta gama de fenômenos sociais.

---

13. Veja Austin (1962, 1970) e Searle (1969).

ADAM (Annual Danish Aggregated Model):[14] A Matemática certamente está envolvida no gerenciamento econômico de grande escala. Isto pode ser ilustrado pelo modelo ADAM, utilizado pelo governo dinamarquês assim como por outras instituições (privadas ou públicas).[15] Uma das principais finalidades do ADAM é promover "o raciocínio experimental" na economia política. Desse modo, o ADAM provê uma base para a tomada de decisões políticas. Algumas dessas bases fornecem prognósticos econômicos. Uma outra — talvez a mais importante aplicação do modelo — é sua capacidade de simular diferentes cenários. O raciocínio experimental tenta focar a seguinte questão: Se um conjunto de decisões fosse tomado e as circunstâncias econômicas se desenvolvessem de determinada maneira, o que aconteceria? Implicações de um dado cenário podem ser investigadas pela comparação das aplicações do modelo a diferentes conjuntos de valores dos parâmetros em questão. Desta maneira, torna-se possível observar as implicações de uma ação política sem ter que primeiramente realizá-la (pelo menos esta é a suposição). Naturalmente, este raciocínio é básico na política. Entretanto, ao apoiar-se neste modelo o discurso político muda porque o raciocínio experimental ao qual ele se refere adquire uma nova autoridade. O raciocínio experimental pode ajudar a descobrir que iniciativas econômicas específicas são "necessárias" para se atingir determinados objetivos econômicos dentro de, digamos, um limite de tempo definido ("necessário" certamente deve ser colocado entre aspas uma vez que tal necessidade está vinculada ao espaço de possibilidades produzidas pelo modelo).

Conforme enfatizado por seus criadores, a qualidade dos cenários produzidos pelo modelo depende da precisão das estimativas das variáveis que fundamentam os cálculos. Obviamente, devemos lembrar que tal qualidade depende também da qualidade do próprio modelo. De que consiste, então, um modelo como o ADAM? De uma quantidade absurda de equações! Estas equações podem ser sumarizadas de diferentes formas: possivelmente, uma delas é agregá-las em sete grupos envolvendo: demanda de bens, oferta de bens, mercado de trabalho, preços, transportes e impostos, balanço de pagamentos e rendimentos. De fato, o ADAM pode ser considerado como

14. Modelo Agregado Anual Dinamarquês. (N.T.)

15. O ADAM é apresentado em Dam (1986) e Dam (Ed.) (1996). Para um exame crítico do ADAM, veja Dræby, Hansen e Jensen (1995).

um conjunto de submodelos visando a determinados aspectos da economia dinamarquesa. Seu sistema de equações é construído ao redor de diferentes tipos de variáveis exógenas e endógenas. O valor de uma variável exógena é determinado externamente ao modelo; a população da Dinamarca é um exemplo de uma tal variável. Para estimar a taxa de desemprego ou a relação emprego/desemprego este número é essencial. Variáveis endógenas são aquelas determinadas pelo próprio modelo, e muitas variáveis que parecem exógenas em algum de seus componentes são determinadas por outros elementos do modelo, de modo que no ADAM, quando considerado em sua totalidade, elas se tornam endógenas.

Quando tais sistemas de equações são construídos e aceitos, o raciocínio político experimental pode ser posto em prática. O problema é, de certo, como apresentar tal raciocínio. Obviamente, a estrutura detalhada do modelo não pode ser apresentada nem tão pouco apreendida em discussões políticas reais. Uma possibilidade é deixar que o raciocínio experimental assuma a forma particular de uma Análise de Multiplicadores. Suponhamos que a equação $y = f(x_1, ..., x_n)$ pertença ao modelo. Se a variável x_1 for multiplicada por um certo fator c, o resultado será $y_c = f(cx_1, ..., x_n)$. Calculando-se $d = y_c/y$, podemos afirmar que quando a entrada x_1 é multiplicada por c, o resultado global será multiplicado pelo fator d. Questões envolvendo Análise de Multiplicadores são levantadas por toda parte em discussões políticas. Por exemplo, se o governo implementasse uma política financeira expansiva e aumentasse a demanda pública, que efeitos tal política teria na taxa de desemprego? Em particular, se o governo aumentasse a demanda pública em 5%, em quanto o desemprego diminuiria? Uma Análise de Multiplicadores forneceria uma estimativa.

O ADAM certamente não está apenas fornecendo uma descrição de algum recorte da realidade socioeconômica. Ele também impõe certos pressupostos teóricos sobre esta realidade. Tomadas em conjunto, o ADAM "exibe características que são tipicamente keynesianas" (Dam, 1986, p. 31). Assim, a escolha das equações básicas que constituirão a "alma" do modelo não reflete somente uma determinada realidade econômica; ela também prescreve uma percepção particular dos assuntos econômicos. O referido modelo fornece um novo exemplo de plano de ação baseado na Matemática. Por ser um recurso indutor de ações, o modelo torna-se parte da realidade econômica e chega a dominar esta realidade numa extensão tal que as conexões econômicas por ele assumidas estabelecem conexões na vida real. O ADAM foi criado pela Matemática, mas ganhou vida própria. E, como todos nós sabemos, ele não está sozinho; uma enorme variedade de modelos matemáticos têm sido desenvolvidos.[16] Os seres humanos tornam-se parte de uma realidade estruturada por princípios econômicos formulados em termos matemáticos. Observamos o mesmo fenômeno associado ao modelo de sistema de reservas de passagens: o modelo matemático torna-se parte de uma realidade social.

Muitos outros modelos: A Matemática não influencia apenas a face econômica da nossa realidade. Em 1995, o *Danish Council of Technology*[17] (Teknologirådet) publicou o relatório *Magt og Modeller* (Poder e Modelos), onde se discutia o aumento da utilização de modelos computacionais na tomada de decisões políticas. O relatório cita 60 modelos que cobrem as seguintes áreas: economia, ambiente, tráfego, pesca, defesa e população. Os modelos são desenvolvidos e utilizados na Dinamarca[18] tanto pelo setor público quanto por instituições privadas.

Os autores do referido relatório enfatizam que a tomada de decisões políticas concernentes a uma ampla gama de assuntos sociais é intimamente

---

16. O *Institute for Learning and Research Technology, Bristol University*, tem disponibilizado um modelo de Economia Virtual *on-line* baseado no modelo do Tesouro: "Os usuários podem experimentar políticas (...) O programa oferece um extensivo *feedback* sobre como seria a *performance* da economia nos próximos dez anos se tais políticas fossem realmente implementadas. Os usuários também podem ver o impacto de suas políticas sobre uma amostra de famílias (*Newsletter*, University of Bristol, 22 April 1999). O modelo Economia Virtual pode ser acessado em www.bized.ac.uk/virtual/economy.

17. Conselho Dinamarquês de Tecnologia. (N.T.)

18. Os autores são Kongshøj Madsen, Andersen, Søndergaard, Emerek, Frost, Lübcke, Viborg Andersen e Ask Clausen. Além do ADAM, os modelos econômicos referidos no *Magt og Modeller* incluem: o SMEC (Simulation Model of the Economic Council), que opera numa forma similar ao ADAM, mas é usado em primeiro lugar pelo Conselho Econômico; GEMIAE (General Equilibrium Model of the Institute of Agricultural Economics), que enfatiza os aspectos econômicos relacionados à agricultura; GESMEC (General Equilibrium Simulation Model of the Economic Council); HEIMDAL (Historically Estimated International Model of the Danish Labour Movement), que enfatiza o relacionamento nórdico; MONA (Model Nationalbank), que é usado pelo Danmarks Nationalbank como uma ferramenta de prognóstico e análise; e MULTIMOD (Multi-region Econometric Model). Os modelos ambientais referidos em *Magt og Modeller* incluem: ARMOS (Areal Multiphase Organic Simulator For Free Phase Hydrocarbon Migration and Recovery); HST3D, que fornece simulação de calor, de transporte de solutos em sistemas tridimensionais de fluxo de águas subterrâneas. Entre os modelos relacionados à defesa está o SUBSIM (Small Unit Battle Simulation Model).

conectada à aplicação de tais modelos. Também enfatizam que este movimento pode corroer as condições para a vida democrática: Quem constrói os modelos? Que aspectos da realidade são neles incluídos? Quem tem acesso a eles? Os modelos são confiáveis? Quem está apto a controlar esses modelos? Em que sentido é possível fraudar um modelo? Se tais questões não forem esclarecidas de maneira adequada, os valores da democracia tradicional podem estar ameaçados. Como ilustração deste problema, farei um sumário com os comentários do relatório ligados ao tráfego e questões ambientais. Nestes casos, os modelos são frequentemente usados para subsidiar decisões que não podem ser modificadas, tais como, digamos, a construção de uma ponte ligando as duas maiores ilhas dinamarquesas. Decisões concernentes ao tráfego são quase que exclusivamente baseadas em modelos desenvolvidos por companhias privadas. Não é usual desenvolver mais que um modelo para representar uma determinada situação. Finalmente, acontece que modelos são usados para legitimar decisões *de facto*, no sentido de que uma construção-modelo fornece números e figuras para justificar uma decisão já tomada.

Beck afirma que o processo de reflexividade que produz uma sociedade de risco ocorre fora do controle democrático e que ela elude a sociologia contemporânea. O uso extensivo da Modelagem Matemática como discutido no *Magt og Modeller* dá um exemplo que ilustra essa constatação. Como obter acesso democrático à tomada de decisões que emprega processos de Modelagem Matemática? As condições para a vida democrática podem ser corroídas pela disseminação de planos de ação baseados na Matemática.[19] Torna-se, portanto, difícil ignorar o papel da Matemática se quisermos estabelecer uma discussão sociológica sobre as condições para a democracia no que concerne à natureza do desenvolvimento tecnológico.

4. Três Aspectos da Matemática em Ação

Muitas interpretações diferentes da Matemática têm sido particularmente interessantes nos processos de abstração. Assim, a abstração refle-

19. Para uma discussão de como a Matemática pode influenciar diferentes esferas da prática, veja, por exemplo, Dorling e Simpson (Eds.) (1999), e Porter (1995).

xiva desempenha um papel especial na epistemologia genética de Jean Piaget. Preocupações similares com as abstrações fazem parte de ambos os construtivismos, social e radical. Ao falar da Matemática em Ação, eu me concentro no processo inverso: em entender como as abstrações matemáticas são projetadas na realidade. Ao usarmos a Matemática como uma base do *design* tecnológico, nós trazemos à realidade um dispositivo tecnológico concebido por meio da própria Matemática. Primeiramente, ele existe no mundo da Matemática; posteriormente é trazido à realidade por meio de uma construção real. Um "ato de fala" matemático foi concretizado. Vejo tais atos fazendo parte de (quase) qualquer ação sociotecnológica. A Matemática em Ação torna-se parte de nosso ambiente.

Imaginação tecnológica: Visando a especificar aspectos deste ato particular, vamos considerar a noção de "imaginação sociológica" que expressa uma capacidade de separar o que é necessário do que é contingente e, portanto, passível de mudança. Um fato não é apenas um fato mas é também uma necessidade (social), quando é impossível imaginar sua ausência. Se considerarmos uma cultura onde um processo específico de trabalho é praticado de uma maneira particular (talvez obedecendo a algumas tradições cerimoniais), e nenhuma alternativa a esta abordagem é identificada (no interior da referida cultura), então este processo pareceria ser uma necessidade (cultural). A existência de uma imaginação que descreve alternativas para uma situação real estabelece um diferencial. Neste caso, o fato é "reduzido a" um fato contingente. A necessidade experienciada revela-se como uma ilusão quando uma nova alternativa é concebida. Este é o poder da imaginação sociológica: um dado social foi identificado como disponível para mudar.[20]

Um processo de *design* inclui a identificação e a análise de situações hipotéticas e a Matemática contribui fornecendo material para a construção de tais situações. Por meio da Matemática podemos representar algo não ainda realizado e, portanto, podemos identificar alternativas tecnológicas para uma dada situação. A Matemática provê uma forma de liberdade tecnológica abrindo um espaço de situações hipotéticas. Por exemplo,

---

20. A importância da imaginação sociológica tem sido enfatizada por Wright Mills (1959) e repetida por Giddens (1986).

por meio da Matemática é possível imaginar novas formas de encriptação mesmo antes que tais formas sejam construídas.[21] Neste sentido, a Matemática torna-se um recurso para a imaginação tecnológica e, portanto, para os processos de planejamento tecnológico, incluindo-se aí o plano de ação baseado na Matemática. Entretanto, como veremos, as atraentes qualidades associadas à imaginação sociológica não são simplesmente transpostas para a imaginação tecnológica. É importante que tenhamos isso em mente.

O espaço aberto pela imaginação tecnológica certamente pode conter situações hipotéticas que não são acessíveis pelo senso comum. Um quadro teórico matemático nos fornece novas alternativas. Por exemplo, quando se estabelece um modelo de sistema de reservas de passagens, é possível criar esquemas especiais de tarifas — e no momento não há falta de ofertas especiais — vinculadas a uma variedade de condições para cancelamentos. Assim, o modelo evidencia a importância da criação de determinados grupos de passageiros em relação aos quais se torna simples a predição de probabilidades de *no show*. Visando à elaboração de um planejamento mais detalhado, é essencial ter um modelo de sistema de reservas de passagens — assim como outros modelos — disponível. De fato, qualquer política de preços elaborada — relacionada a companhias aéreas, companhias de telecomunicações, agências de viagem etc. — é baseada na experimentação com modelos matemáticos. De maneira similar, o conjunto de equações do ADAM constitui situações hipotéticas que possibilitam experimentos de pensamento político; isto significa conceituar detalhes de uma situação que não são passíveis de identificação pelo senso comum.

Sob outro aspecto, o espaço de situações hipotéticas pode ser bastante limitado; uma imaginação tecnológica pode ser uma imaginação restrita. Assim, o ADAM não suporta experimentos que sejam contraditórios às prioridades políticas nele instaladas em termos de suas equações básicas. Quando uma imaginação tecnológica é comunicada via Matemática, existe a possibilidade desta fornecer um espaço extremamente particular de situações hipotéticas. Interesses políticos e econômicos podem se expressar no conjunto de alternativas tecnológicas que são estabelecidas

---

21. Veja Skovsmose; Yasukawa (2002).

como bem definidas matematicamente. Assim, a Matemática, como parte de uma imaginação tecnológica, pode interagir com outras estruturas de poder. Conforme mencionado anteriormente — no que se refere aos modelos de planejamento de tráfego —, o conjunto de alternativas estabelecido pela Matemática pode ser tão limitado que a modelagem, na verdade, servirá como uma legitimação de uma decisão *de facto*. Por fornecer uma, e somente uma, alternativa, esta parecerá uma necessidade dentro do espaço de situações hipotéticas fornecidas pelo modelo. Esta situação contribui para estabelecer credibilidade à afirmação política de que uma determinada decisão é uma decisão "necessária".

Assim, o primeiro aspecto da Matemática em Ação diz respeito à imaginação tecnológica. *Por meio da Matemática é possível estabelecer um espaço de situações hipotéticas na forma de alternativas (tecnológicas) para uma situação presente. Entretanto, este espaço pode conter sérias limitações.* A imaginação tecnológica não é desenhada apenas com base em recursos matemáticos; ela também fornece uma combinação de capacidades analíticas com estruturas de poder, interesses e prioridades. Estudos inspirados em Foucault focalizam intensamente a interação entre poder e conhecimento. Acho que a Matemática em Ação provê um *locus* importante para esta interação que precisa ser explorado em detalhe.

Raciocínio hipotético: A Matemática nos dá a possibilidade do raciocínio hipotético, ao qual me remeto para analisar as consequências de um cenário imaginário. Por meio da Matemática parecemos ser capazes de investigar detalhes particulares de um *design* ainda não realizado. Desta maneira, a Matemática constitui um importante instrumento para experimentos de pensamento. Graças ao ADAM é possível pôr em prática raciocínios hipotéticos relacionados à política econômica. Este raciocínio é *contrafactual*[22] já que lida com simulações da forma "*p* implica *q*". Uma representação de *p* é fornecida pelo ADAM em termos de equações que incluem os valores dos parâmetros relevantes. O raciocínio hipotético pode então trabalhar com uma situação particular "realizada" pelo

22. Literalmente, countrafactual (*counterfactual*) significa contrário aos fatos. O termo *pensamento contrafactual* refere-se a um conjunto de cognições envolvendo a simulação de alternativas para eventos factuais passados ou presentes. (N.T.)

referido modelo. Algumas conclusões do raciocínio hipotético podem daí ser simplificadas e expressas em termos de multiplicadores, que são facilmente incluídos na discussão política usual. Sem o raciocínio hipotético baseado na Matemática, a discussão política assumiria um formato completamente diferente, pois perderia uma grande parte da assim chamada "precisão". O raciocínio hipotético representa um elemento essencial na análise baseada na Matemática de implicações *particulares* decorrentes de ações *particulares*.

O poder do raciocínio hipotético é demonstrado pelo nível de detalhamento sob o qual a situação hipotética é especificada. Entretanto, o raciocínio hipotético apoiado na Matemática também produz uma armadilha ao investigar detalhes representados somente dentro de uma construção matemática específica e relacionada a uma dada alternativa. Além disso, o raciocínio hipotético real é limitado pelo fato de que o próprio raciocínio é fundado na Matemática. Como o ADAM claramente ilustra, a fraqueza do raciocínio hipotético está em que as decisões tomadas com base neste raciocínio vão operar em situações da vida real não apreendidas pelo referido modelo. Desta maneira, quando achamos q atraente e p é realizado, vemos que o raciocínio hipotético apoiado no ADAM não opera diretamente no contexto da vida real. A situação hipotética p é uma situação imaginária criada somente pelo modelo e não precisa ter muito em comum com qualquer situação real. O problema no raciocínio hipotético é causado pela "lacuna" entre a realidade virtual construída pelo modelo e a "complexidade da vida".

O segundo aspecto da Matemática em ação refere-se ao raciocínio hipotético: *por meio da Matemática é possível investigar detalhes particulares de uma situação hipotética, mas a Matemática causa também uma severa limitação no raciocínio hipotético*. Isto significa que a qualidade dos experimentos de pensamento baseados na Matemática pode ser altamente problemática.

Realização: Quando uma alternativa é escolhida e *realizada*, nossos ambientes mudam. Qual é a natureza desta nova situação? A questão aqui pode ser ilustrada pelo ADAM e também por muitos modelos microeconômicos. Como já enfatizado, o modelo que estrutura os sistemas de reservas de passagens das companhias aéreas não é apenas uma descrição do que ocorre quando passagens são reservadas e compradas. Quando introduzido, o modelo se torna parte da realidade dos passageiros. E a história continua: as seguradoras oferecem seguros para passagens canceláveis. Elas precisam, portanto, de um modelo que determine a probabilidade de um passageiro "certo" se tornar um *no show*. Nesse sentido, modelos criam modelos, e uma camada de Matemática vai se formando sobre a outra, penetrando em nossa realidade social.

Tymoczko resumiu este ponto da seguinte maneira: "Os negócios não apenas utilizam teorias matemáticas já existentes para facilitar uma atividade que, em princípio, é independente de tais aplicações matemáticas (embora isto possa ser feito). Os negócios não poderiam existir em sua forma histórica sem alguma Matemática. Certamente não podemos imaginar uma economia moderna operando sem a Matemática e então, de repente, tornando-se mais eficiente devido à introdução da Matemática!" (Tymoczko, 1994, p. 330). Que a Matemática se torna parte da realidade é um fenômeno geral. Em sua palestra no 7º ICME (Congresso Internacional de Educação Matemática) em Quebec, Tymoczko citou o relacionamento entre a Matemática e a guerra. Sua tese era que ambas estavam relacionadas de forma íntima. Podemos falar sobre a guerra moderna como constituída pela Matemática. Não no sentido de que a Matemática seja a causa da guerra, mas não podemos imaginar uma guerra moderna ocorrendo sem a Matemática como uma parte integrada. A mesma proposição pode ser feita se nós, em vez de guerra ou negócios, falarmos sobre viagens, gerenciamento, comunicação, arquitetura, seguros, marketing etc. Nas suas formas atuais tais tipos de fenômenos sociais são modulados, senão constituídos, pela Matemática.[23]

Sempre que falamos sobre *design* baseado na Matemática, devemos lembrar que a situação realizada não precisa ter muito em comum com a situação hipotética apresentada e investigada em termos matemáticos. Qualquer *design* tecnológico tem implicações não identificadas pelo raciocínio hipotético. Este é um problema básico relacionado a qualquer tipo de investigação baseada na Matemática de "contrafactuais". Quando p é representado por uma visão baseada na Matemática, e as implicações de p, identificadas por um raciocínio hipotético q, são entendidas como atraentes, a efetiva realização de p poderá, contudo, implicar pesadas

23. Veja, por exemplo, Højrup; Booss-Bavnbek (1994).

surpresas. Por meio da Matemática, podemos apreender somente as consequências que podem ser formuladas matematicamente. Não é surpresa que o raciocínio hipotético baseado na Matemática possui pontos cegos, atrás dos quais podem se esconder efeitos colaterais importantíssimos de uma determinada invenção tecnológica. Quando implementados, esses efeitos podem emergir de uma forma dramática, fazendo sentido a observação de Beck de que a sociedade se transformou em um laboratório onde não há ninguém na chefia. Os riscos emergem da lacuna entre o raciocínio baseado na Matemática relacionado às situações hipotéticas e as funções reais da realização contextualizada. A certeza se transforma em risco.

Apesar disso, a realização mantém a Matemática como um elemento operacional. Neste sentido, passamos a viver num ambiente produzido pela integração de uma realidade virtual suportada pelo modelo e uma realidade já construída. Por exemplo, muito da tecnologia da informação é materializada em "pacotes". Tais pacotes podem ser instalados, podem operar com outros pacotes e eles contêm a Matemática como um ingrediente definidor. Em particular, a pesquisa de Hardy tem feito uma contribuição significativa para a área da criptografia, que lida com a questão da "confiança" e da segurança da comunicação eletrônica. O conhecimento sobre a distribuição dos números primos e sobre a eficiência de algoritmos matemáticos é essencial para estimar a probabilidade de se garantir a privacidade. Também neste caso a Matemática se torna inseparável de outros aspectos da sociedade.[24]

Isso nos traz ao terceiro aspecto da Matemática em Ação no que concerne à realização: *a Matemática modula e constitui uma vasta gama de fenômenos sociais e assim se torna parte da realidade.* Como mencionado, a Modelagem Matemática tem sido discutida como se o modelo fornecesse uma "imagem" mais ou menos acurada de uma parte da realidade.[25] Entretanto, por meio da Matemática, nos tornamos envolvidos na fabricação de nossa realidade vivida. A Matemática não é simplesmente uma linguagem descritiva; ela também serve como um discurso para a execu-

---

24. Para uma discussão dos fundamentos matemáticos para "confiança" e segurança nas transmissões eletrônicas de informação, veja Skovsmose; Yasukawa (2002).

25. Para discussões de modelagem relacionadas à Educação Matemática, veja, por exemplo, Blum; Niss (1991); Blum et al. (Eds.) (1989); Blum; Niss; Huntley (Eds.) (1989); Niss; Blum; Huntley (Eds.) (1991); e Lange et al. (Eds.) (1993).

ção. Ela se torna a própria execução. Acompanhando a Teoria do Discurso como, por exemplo, a apresentada por Torfing (1999), torna-se impossível separar a Matemática de uma realidade estruturada por um discurso matemático. A Matemática em Ação opera como um discurso por meio do qual constituímos e elaboramos nossa "realidade".[26] Isso traz uma nova perspectiva para discussão da Modelagem Matemática.

Postos em conjunto, os três aspectos da Matemática em Ação nos dizem: (1) Com a Matemática apoiando uma imaginação tecnológica, é possível estabelecer um espaço de situações hipotéticas na forma de possíveis alternativas (tecnológicas) para uma situação presente. Entretanto, este espaço pode conter sérias limitações, na medida em que o conjunto construído por uma situação hipotética pode representar interesses econômicos ou outras prioridades. (2) Por meio da Matemática na forma de raciocínio hipotético é possível investigar detalhes particulares de uma situação hipotética, mas este raciocínio pode também incluir limitações e, portanto, incluir incertezas para a justificação das escolhas tecnológicas. (3) Como parte da realização de tecnologias, a Matemática em si torna-se parte da realidade e inseparável de outros aspectos da sociedade.

Sendo parte desse processo, a Matemática está posicionada no centro do desenvolvimento social e da produção de maravilhas tanto quanto de horrores.

5. Considerações finais

Como conclusão, afirmo que estar ciente da Matemática em Ação como sendo relevante (crucial e indeterminada) traz um desafio à teorização social, à Filosofia da Matemática e à Educação Matemática: (1) Acho problemático quando, dentro de um quadro conceitual de teorização social, não se lida, em específico, com os diferentes papéis possíveis de diferentes tipos de conhecimento. Para mim, isto parece um pré-requisito para a compreensão da "sociedade do conhecimento", "sociedade da

26. O significado da Teoria do Discurso para a discussão de Matemática, Educação Matemática e Modelagem Matemática me foi apontado por Rasmus Hedegaard Nielsen.

aprendizagem" e outros tantos construtos sociológicos. Acho que a Matemática em Ação desafia a teorização social na medida em que isto representa uma forma particular de conhecimento em ação. (2) Entendo que a Matemática em Ação é parte das técnicas, do *design* e da fabricação de qualidades muito diferentes e com diferentes qualidades sociopolíticas. A Matemática em Ação é indeterminada e, portanto, traz consigo uma incerteza. Não há essência na Matemática (representando, digamos, a racionalidade pura), que traga determinadas qualidades para as ações baseadas na Matemática. Acho que esta incerteza representa um desafio fundamental à Filosofia da Matemática. (3) Entendo que um dever de reflexão e de crítica emerge dessa incerteza e isto cria um desafio à Educação Matemática.

Consideremos, agora, os três desafios individualmente.

Desafiando a teorização social: Em seu estudo "The Information Society", Bell enfatiza que "informação e conhecimento teórico são os recursos estratégicos da sociedade pós-industrial tanto quanto a combinação de energia, recursos e tecnologia das máquinas foram os agentes transformadores da sociedade industrial" (Bell, 1980, p. 545). Em seu impressionante trabalho *The Information Age: Economy, Society and Culture I-II-III,* Castells desenvolve e modifica essa ideia. Ele descreve conhecimento e informação como "elementos críticos em todos os modos de desenvolvimento, já que o processo de produção é sempre baseado em algum nível de conhecimento e de processamento da informação" (Castells, 1996, p. 17). Tais proposições são certamente cruciais para a completa compreensão da era da informação. Entretanto, o significado dessas proposições se apoia em uma especificação do que pode ser compreendido como informação e como conhecimento. Castells adiciona uma nota de rodapé nesta parte do seu texto: "Para o propósito de clareza deste livro, acho necessário fornecer uma definição de conhecimento e informação, mesmo que um tal gesto de satisfação intelectual introduza uma dose de arbitrariedade no discurso, como os cientistas sociais que têm se empenhado nessa questão bem o sabem". Seguindo essas preliminares, ele caracteriza o conhecimento como um conjunto de proposições organizadas que incluem alguma espécie de justificação e que é transmitido aos outros. "Informação" ele descreve como um conceito mais amplo do que conhecimento. É claro que Castells não toma este gesto intelectual seriamente e também não aplica essa definição, de maneira profunda, posteriormente em seu trabalho. Em vez disso, ele deixa "conhecimento" e "informação" como conceitos nebulosos ao longo de todo seu estudo sobre a era da informação (estou certo de que Castells notou isto), mas acho que é essencial fazer uma especificação mais forte da noção de conhecimento, de forma a se obter uma compreensão mais profunda de alguns dos processos sociais básicos da era da informação (e eu temo que Castells não tenha notado isto).

Mantendo-se a discussão sobre conhecimento e informação em nível geral, torna-se difícil o levantamento de questões sobre os papéis específicos dos tipos de conhecimento na construção de novas tecnologias. Desta forma, a ideia da Matemática sendo irrelevante no que tange aos assuntos sociais, torna-se incorporada à discussão sociológica da era da informação. Entretanto, não acho simplesmente que qualquer tipo de conhecimento ou informação opera como "recurso estratégico". Ao contrário, acho que tipos particulares de conhecimento operam de formas particulares como recursos para o desenvolvimento e para as tecnologias de realização. Assim, o uso de "conhecimento" e "informação" como *dummies*[27] obstruem a possibilidade de uma interpretação do desenvolvimento social. Beck enfatizou que a sociedade de risco é produzida porque as certezas da sociedade industrial dominam através da ação. Como tenho tentado argumentar, este fenômeno está relacionado aos planos de ação baseados na Matemática e, em particular, à aplicação da Matemática na investigação de "contrafactuais". Para mim, um desafio básico para a teorização social é apreender a natureza e o escopo da Matemática em Ação. Concebo isto como uma condição para qualquer interpretação adequada dos processos básicos que provocam a modernização reflexiva e para a interpretação de como a "certeza" se transforma em estruturas de risco que crescem livremente e que nos acompanham ao futuro.

Um ponto principal no que concerne à economia baseada no conhecimento é que ela não opera como as formas clássicas da economia.[28] Por exemplo, não é determinada pelo consumo e investimento de forma di-

---

27. Objetos que são produzidos para parecerem algo real e ocuparem o lugar deste algo real. (N.T.)

28. Veja, por exemplo, Gibbons, et al. (1994); e Archibugi; Lundvall (Eds.) (2001).

reta. O volume de conhecimentos não pode ser medido como o volume de investimentos. Há uma grande imprecisão conectada a esta economia. Minha posição é que não faz sentido tentar conceituar implicações do conhecimento e desenvolvimento do conhecimento sem referências mais específicas aos tipos de conhecimento envolvidos. Acho que a Matemática em Ação representa um significativo fator econômico que se torna aberto a considerações de oferta e demanda. Em particular, a imaginação tecnológica baseada na Matemática pode ser crucial para conceituar novas possibilidades para o *design* e fabricação. Entendo essa imaginação como um importante fator econômico. O raciocínio hipotético torna-se essencial para o julgamento do que realizar e, acompanhando os pontos cegos deste raciocínio, novas estruturas de risco podem emergir. Finalmente, a realização inclui técnicas matemáticas, por exemplo, na forma de algoritmos colocados em operação naqueles "pacotes", por meio dos quais construímos e reconstruímos a sociedade em rede. Em resumo, a Matemática em Ação se encaixa em qualquer esquema da dinâmica oferta-demanda e, por unificar o poder e o conhecimento, deve ser considerada em qualquer teorização social.

Desafiando a Filosofia da Matemática: De acordo com a Filosofia da Matemática clássica o pensamento matemático é um modelo do pensamento humano. Seguindo a "condição moderna" e o espírito do Iluminismo, a razão pode ser interpretada como um recurso poderoso para o progresso.[29] Razão, na forma da Ciência e da Matemática, representa "um bem último". A Filosofia da Matemática clássica é baseada em tais pressupostos e, em grande parte, ela tem tratado das possibilidades de identificar o que a certeza poderia significar e em que sentido poderia ser obtida ou pelo menos abordada dentro do domínio da Matemática.

Entretanto, a glorificação da rainha das ciências não pode mais ser o objeto de todas as filosofias da Matemática. A ambiguidade no funcionamento do raciocínio é bem revelada pela Matemática em Ação. A razão, na forma da Matemática, não representa um ideal epistemológico que poderia servir como modelo para outras ciências e outros modos de pensamento. Tampouco representa o recurso inquestionável para ações so-

---

29. Para uma discussão da noção de "progresso", veja Bury (1955) e Nisbet (1980).

ciotecnológicas. A Matemática em Ação não demonstra qualidades universais atraentes. A Matemática e a razão em geral não podem mais ser consideradas como portadoras confiáveis do progresso. Qualquer forma de Matemática em Ação tem que ser acompanhada por reflexões e considerações ao lidar com o conteúdo e o escopo da imaginação tecnológica, com os possíveis pontos cegos do raciocínio hipotético e com os impactos sociais das tecnologias baseadas na Matemática. Entretanto, não há uma plataforma bem definida a ser encontrada no que se refere a tais reflexões e considerações. Em vez disso, uma filosofia da Matemática tem que operar sobre um abismo. Estamos posicionados numa situação *aporética*.[30] Isto significa um desafio não apenas para a Filosofia da Matemática.

O *aporismo*, enquanto uma filosofia da Matemática, reconhece que a "razão pura" em termos da Matemática pode se transformar numa "razão desastrosa"[31]. O *aporismo* vê a Matemática como elemento essencial no desenvolvimento social e tecnológico ao mesmo tempo em que reconhece que a presença da Matemática não fornece qualquer garantia de uma "qualidade" particular deste desenvolvimento. Maravilhas misturam-se a horrores e isso se transforma em incertezas no que diz respeito à construção de nosso futuro. Entendo esta incerteza como um desafio principal à Filosofia da Matemática. Em vez de tentar apreender a certeza, uma filosofia da Matemática poderia tentar apreender o que a incerteza poderia significar no que diz respeito à razão, à racionalidade e, em particular, à Matemática em Ação.

Desafios à Educação Matemática: A incerteza com respeito à Matemática em Ação demanda reflexão e crítica, e isso representa um desafio à Educação Matemática. Isto significa que a Educação Matemática não pode simplesmente servir como uma "embaixatriz" da Matemática, visando trazê-la aos estudantes ou facilitando sua construção por estes. A Educação Matemática deve também tratar com uma forma de conhecimento

30. Conflituosa. (N.T.)

31. A palavra grega *aporia* se refere a "estar sem direção" ou "estar perdido". No presente contexto *aporia* se refere à incerteza básica em se identificar o papel da racionalidade, tal como exercitado pela Matemática em Ação. O aporismo foi apresentado por Skovsmose (1998, 2000); veja também Fitz Simon (2002) para uma discussão adicional dessa noção. A relevância da noção *aporia* me foi apontada por Irineu Bicudo.

que, como parte de um empreendimento tecnológico, cria maravilhas e horrores.

A Educação Matemática fornece uma introdução às formas de conhecimento que são parte de muitas tecnologias e técnicas. Não apenas na forma de padrões avançados de *design* e fabricação, mas para uma variedade de tecnologias e de técnicas da vida cotidiana. É um desafio para a Educação Matemática prover não apenas acesso a este recurso tecnológico poderoso, mas também conduzir qualquer Matemática em Ação pela reflexão e pela crítica. Que tipos de alternativas são abertos por uma imaginação tecnológica? Existem limitações numa determinada imaginação tecnológica baseada na Matemática? Como são desenvolvidas as análises das implicações das propostas tecnológicas? O que pode ter sido desconsiderado ou omitido? Como a Matemática, *de facto*, se põe em operação em assuntos tecnológicos e em nossa vida quotidiana? Reflexão e crítica podem lidar com os três aspectos apontados da Matemática em Ação. Certamente existem muitos outros. Não há uma forma simples para se tratar com uma situação aporética. Para o caso deste desafio ser enfrentado pela Educação Matemática, falarei em Educação Matemática Crítica.[32]

Acho que o dever da Educação Matemática não é apenas ajudar os estudantes a aprender certas formas de conhecimento e de técnicas, mas também convidá-los a refletirem sobre como essas formas de conhecimento e de técnicas devem ser trazidas à ação. Tais reflexões podem lidar com confiabilidade e responsabilidade.[33] Assim, é importante tornar possível aos estudantes considerarem a confiabilidade da Matemática posta em ação. Os cálculos são razoáveis? Algo foi desconsiderado quando números e figuras relevantes foram identificados? Há algo que a Matemática não pôde apreender? É importante considerar os limites da Matemática em Ação. E, finalmente, torna-se importante considerar que a Matemática é posta em ação por alguém e é operada em um certo contexto. Isto levanta a questão do significado para alguém do agir responsavelmente no tratamento de figuras e números (o que deve ser mais ou menos confiável?). Não há respostas simples para tais questões. Mas a Educação Matemática

32. Para uma discussão sobre Educação Matemática Crítica, veja, por exemplo, Skovsmose (1994, 2001).

33. Para uma discussão detalhada sobre confiabilidade e responsabilidade com referência à Educação Matemática Crítica veja Alrø; Skovsmose (2002).

não pode ignorá-las caso se disponha a enfrentar o desafio provocado pela Matemática em Ação.

Agradecimentos

Gostaria de agradecer a Morten Blomhøj, Leone Burton, Dick Clements, Anna Chronaki, Tony Cotton, Arne Juul, Miriam Godoy Penteado, Sal Restivo, Susan Robertson, Paola Valero e Keiko Yasukawa pelos comentários e sugestões visando ao aprimoramento da versão inicial deste trabalho.

O presente capítulo é uma versão revisada do texto "Mathematics in Action: A Challenge for Social Theorising", apresentado no Encontro Anual do Canadian Mathematics Education Study Group, University of Alberta, Canadá, no período de 25 a 29 de maio de 2001. Veja Simmt e Davis (Eds.): *Proceedings: 2001 Annual Meeting, Canadian Mathematics Education Study Group, Groupe Canadien d'Étude en Didactique des Mathématique*, University of Alberta.

Bibliografia

ALRØ, H.; SKOVSMOSE, O. *Dialogue and Learning in Mathematics Education: Intention, Reflection, Critique*. Dordrecht, Boston, London: Kluwer Academic Publishers, 2002.

ARCHIBUGI, D.; LUNDVALL, B.-Å. (Eds.). *The Globalizing Learning Economy*. Oxford: Oxford University Press, 2001.

AUSTIN, J. L. *How to Do Things with Words*? Oxford: Oxford University Press, 1962.

______. Other Minds. In: AUSTIN, J. L. *Philosophical Papers* 2. ed. Oxford: Oxford University Press, 1970. (Publicado pela primeira vez em 1946.)

BECK, U. *Risk Society: Towards a New Modernity*. London: SAGE Publications, 1992. (Primeira publicação alemã em 1986.)

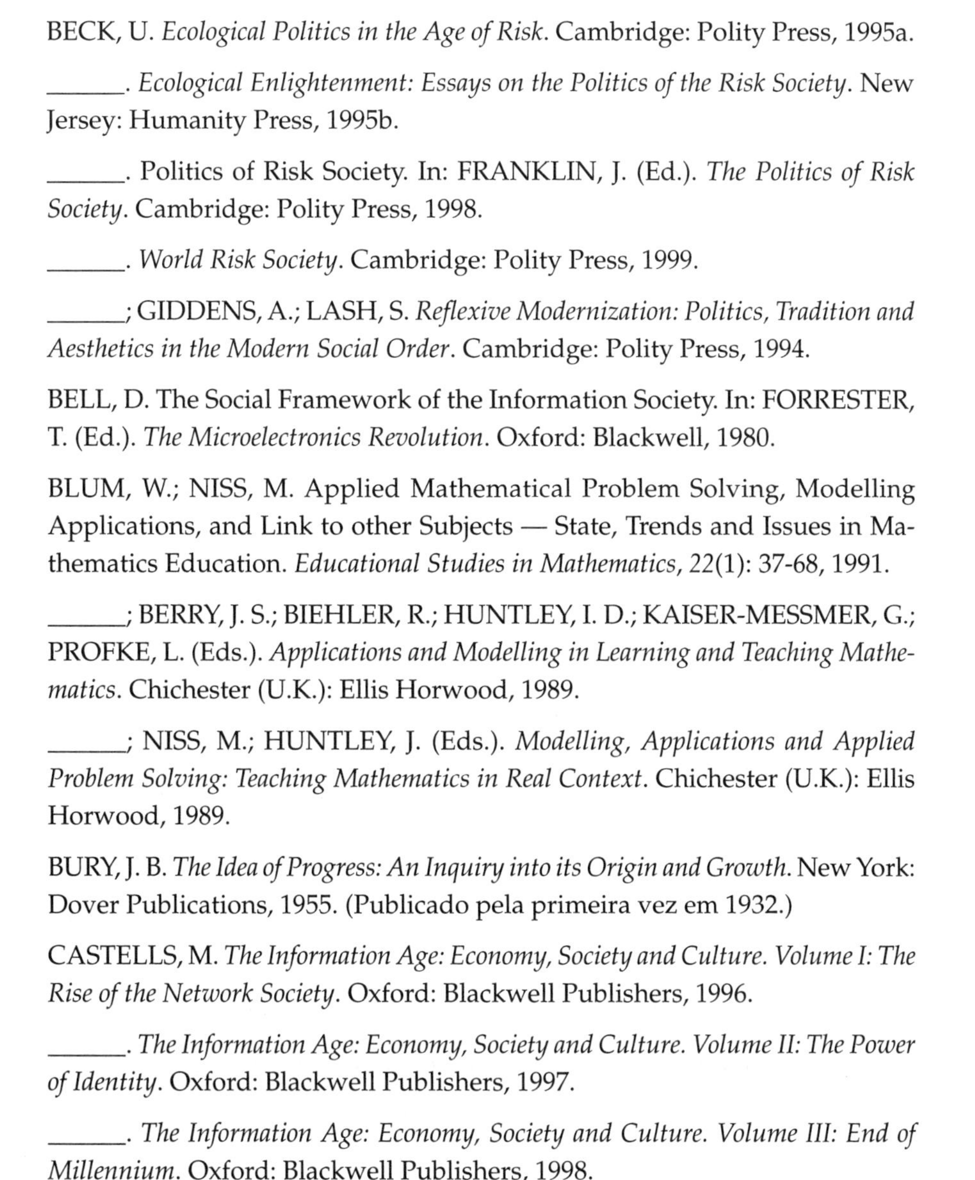

BECK, U. *Ecological Politics in the Age of Risk*. Cambridge: Polity Press, 1995a.

______. *Ecological Enlightenment: Essays on the Politics of the Risk Society*. New Jersey: Humanity Press, 1995b.

______. Politics of Risk Society. In: FRANKLIN, J. (Ed.). *The Politics of Risk Society*. Cambridge: Polity Press, 1998.

______. *World Risk Society*. Cambridge: Polity Press, 1999.

______; GIDDENS, A.; LASH, S. *Reflexive Modernization: Politics, Tradition and Aesthetics in the Modern Social Order*. Cambridge: Polity Press, 1994.

BELL, D. The Social Framework of the Information Society. In: FORRESTER, T. (Ed.). *The Microelectronics Revolution*. Oxford: Blackwell, 1980.

BLUM, W.; NISS, M. Applied Mathematical Problem Solving, Modelling Applications, and Link to other Subjects — State, Trends and Issues in Mathematics Education. *Educational Studies in Mathematics*, *22*(1): 37-68, 1991.

______; BERRY, J. S.; BIEHLER, R.; HUNTLEY, I. D.; KAISER-MESSMER, G.; PROFKE, L. (Eds.). *Applications and Modelling in Learning and Teaching Mathematics*. Chichester (U.K.): Ellis Horwood, 1989.

______; NISS, M.; HUNTLEY, J. (Eds.). *Modelling, Applications and Applied Problem Solving: Teaching Mathematics in Real Context*. Chichester (U.K.): Ellis Horwood, 1989.

BURY, J. B. *The Idea of Progress: An Inquiry into its Origin and Growth*. New York: Dover Publications, 1955. (Publicado pela primeira vez em 1932.)

CASTELLS, M. *The Information Age: Economy, Society and Culture. Volume I: The Rise of the Network Society*. Oxford: Blackwell Publishers, 1996.

______. *The Information Age: Economy, Society and Culture. Volume II: The Power of Identity*. Oxford: Blackwell Publishers, 1997.

______. *The Information Age: Economy, Society and Culture. Volume III: End of Millennium*. Oxford: Blackwell Publishers, 1998.

CLEMENTS, D. Why Airlines Sometimes Overbook Flights. In: HUNTLEY, I. D.; JAMES, D. J. G. (Eds.). *Mathematical Modelling: A Source Book of Case Studies*. Oxford: Oxford University Press, 1990.

DAM, P. U. The Danish Macroeconomic Model ADAM: A Survey. *Economic Modelling*, p. 31-52, january, 1986.

DAM, P. U. (Ed.) *ADAM: A Model of the Danish Economy*. Copenhagen: Danmarks Statistik, *March 1995*, 1996.

D'AMBRÓSIO, U. Cultural Framing of Mathematics Teaching and Learning. In: BIEHLER, R.; SCHOLZ, R. W.; STRÄSSER, R.; WINKELMANN, B. (Eds.). *Didactics of Mathematics as a Scientific Discipline*. Dordrecht: Kluwer Academic Publishers, 1994.

DORLING, D.; SIMPSON, S. (Eds.) *Statistics in Society: The Arithmetic of Politics*. London: Arnold, 1999.

DRÆBY, C.; HANSEN, M.; JENSEN, T. H. *ADAM under figenbladet: Et kig på en samfundsvidenskabelig matematisk model*. Roskilde: IMFUFA, Roskilde University Centre, 1995.

FITZSIMON, G. E. *What Counts as Mathematics? Technologies of Power in Adult and Vocational Education*. Dordrecht, Boston, London: Kluwer Academic Publishers, 2002.

FRANKLIN, J. (Ed.) *The Politics of Risk Society*. Cambridge: Polity Press, 1998.

GIBBONS, M.; LIMOGES, C.; NOWOTNY, H.; SCHWARTZMAN, S.; SCOTT, P.; TROW, M. *The New Production of Knowledge: The Dynamics of Science and Research in Contemporary Societies*. London: Sage Publications, 1994.

GIDDENS, A. *The Constitution of Society*. Cambridge: Polity Press, 1984.

______. *Sociology: A Brief but Critical Introduction*. 2. ed. Houndsmills: Macmillan, 1986.

______. *Social Theory and Modern Sociology*. Cambridge: Polity Press, 1987.

______. *The Consequences of Modernity*. Cambridge: Polity Press, 1990.

______. *The Third Way: The Renewal of Social Democracy*. Cambridge: Polity Press, 1998.

GRINT, K.; WOOLGAR, S. *The Machine at Work: Technology, Work and Organization*. Cambridge: Polity Press, 1997.

HABERMAS, J. *The Theory of Communicative Action I-II*. London and Cambridge: Heinemann and Polity Press, 1984, 1987. (Primeira publicação alemã em 1981.)

HANSEN, N. S.; IVERSEN, C.; TROELS-SMITH, K. *Modelkompetencer: Udvikling og afprøvning af et begrebsapparatur*. Roskilde: IMFUFA, Roskilde University Centre, 1996. (Em dinamarquês.)

HARDY, G. H. *A Mathematician's Apology*. Cambridge: Cambridge University Press, 1967. (Publicado pela primeira vez em 1940.)

IHDE, D. *Philosophy of Technology: An Introduction*. New York: Paragon House Publishers, 1993.

HØJRUP, J.; BOOSS-BAVNBEK, B. On Mathematics and War: An Essay on the Implications, Past and Present, of the Military Involvement of the Mathematics Sciences for their Development and Potentials. In: HØJRUP, J. *Im Measure, Number and Weight: Studies in Mathematics and Culture*. Albany: State University of New York Press, 1994.

LANGE, J. de; HUNTLEY, I.; KEITEL, C.; NISS, M. (Eds.). *Innovation in Maths Education by Modelling and Applications*. Chichester (U.K.): Ellis Horwood, 1993.

LATOUR, B. *Science in Action*. Cambridge (USA): Harvard University Press, 1987.

LYOTARD, J.-F. *The Post-Modern Condition: A Report on Knowledge*. Manchester: Manchester University Press, 1984. (Primeira publicação francesa em 1979.)

NISBET, R. A. *History of the Idea of Progress*. New York: Basic Books, 1980.

NISS, M.; BLUM, W.; HUNTLEY, I. (Eds.). *Teaching of Mathematical Modelling and Applications*. Chichester (U.K.): Ellis Horwood, 1991.

NOWOTNY, H.; SCOTT, P.; GIBBONS. *Re-Thinking Science: Knowledge and the Public in an Age of Uncertainty*. Cambridge: Polity Press, 2001.

PORTER, T. M. *Trust in Numbers: The Pursuit of Objectivity in Science and Public Life*. Princeton: Princeton University Press, 1995.

SEARLE, J. *Speech Acts*. Cambridge: Cambridge University Press, 1969.

SKOVSMOSE, O. *Towards a Philosophy of Critical Mathematical Education*. Dordrecht: Kluwer Academic Publishers, 1994.

______. Aporism: Uncertainty about Mathematics. *Zentralblatt für Didaktik der Mathematics, 98*(3): 88-94, 1998.

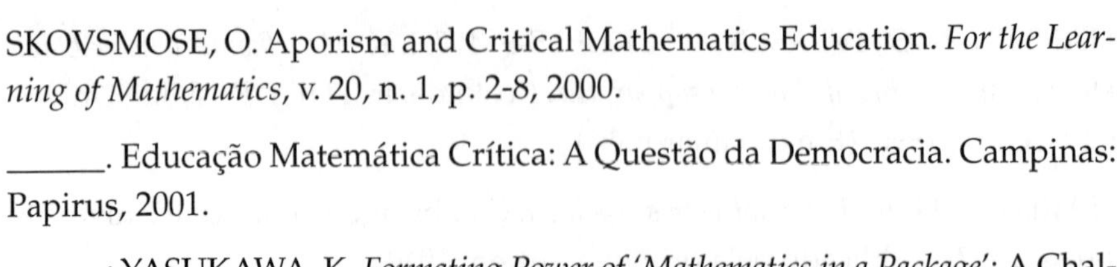

SKOVSMOSE, O. Aporism and Critical Mathematics Education. *For the Learning of Mathematics*, v. 20, n. 1, p. 2-8, 2000.

______. Educação Matemática Crítica: A Questão da Democracia. Campinas: Papirus, 2001.

______; YASUKAWA, K. *Formating Power of 'Mathematics in a Package'*: A Challenge for Social Theorising? Copenhagen, Roskilde, Aalborg: Centre for Research in Learning Mathematics, Danish University of Education, Roskilde University Centre, Aalborg University, 2002.

TEKNOLOGIRÅDET. *Magt og modeller: Om den stigende anvendelse af edb-modeller i de politiske beslutninger*. Copenhagen: Teknologirådet, 1995. (Em dinamarquês.)

TORFING, J. *New Theories of Discourse: Laclau, Mouffe and Zizek*. Oxford: Blackwell Publishers, 1999.

TYMOCZKO, T. Humanistic and Utilitarian Aspects of Mathematics. In: ROBITAILLE, D. F.; WHEELER, D. H.; KIERAN, C. (Eds.). *Selected Lectures for the 7th International Congress on Mathematical Education*. Sainte-Foy: Les Presses De L'Université Laval, 1994.

WITTGENSTEIN, L. *Tractatus Logico-Philosophicus*. German text with an English translation *en regard* by C. K. Ogden. London: Routledge, 1992. (Primeira edição alemã em 1921.)

WRIGHT MILLS, C. *The Sociological Imagination*. Oxford: Oxford University Press, 1959.

Peri apodeixeos/de demonstratione

*Irineu Bicudo**

1. Introdução

Parece, sem qualquer sombra de dúvida, que tanto a Matemática egípcia quanto a babilônia — esta, sabemos hoje, graças ao magnífico trabalho do grande historiador da matemática Otto Neugebauer, bem mais refinada do que aquela — tinham a experiência como critério de verdade. Observação, ensaio e erro parecem ser as características do método dominante. Não se encontra nelas qualquer ideia que possa ser ligada a uma demonstração.

Os gregos herdaram, assim nos diz a tradição, o conhecimento matemático desses povos. Mas, em um período qualquer, nas múltiplas voltas do tempo, depois de recebida tal herança, o caleidoscópio das coisas passou a exibir uma nova figura, e aquilo que satisfazia egípcios e babilônios já não contemplava a exigência grega. Assim, com os matemáticos da Grécia, a razão suplanta a "empeiria" como critério de verdade, tornando-se a Matemática uma ciência dedutiva.

Como acontece com inúmeros fenômenos culturais, as causas dessa transformação por que passou a Matemática perderam-se nas dobras de

* Professor do Programa de Pós-Graduação em Educação Matemática da Unesp, campus de Rio Claro-SP.

um passado remoto. Cada tentativa de reencontrá-las tece-se de conjecturas mais ou menos consubstanciadas em testemunhos, quase sempre duvidosos, de épocas bem menos recuadas. E o historiador, então, assemelha-se a um equilibrista que andasse em corda bamba, presa a dois altíssimos polos distantes, sem ter por baixo a rede protetora que lhe amorteça a possível queda. Esse é o risco que assume ao tratar de encaixar os cubos certos que fazem gravuras na história, com os poucos fragmentos que o tempo, esse deus voraz, não consumiu.

2. Como se Organiza a Matemática

Descrevamos, de modo sumário, o que constitui uma teoria matemática.

Ao desenvolver sua ciência, a missão do matemático consiste em *definir* os *conceitos* do ramo em questão, isto é, *definir* seus *objetos matemáticos* e em *demonstrar* as *propriedades* que esses conceitos possuam, ou as *relações* que tais objetos satisfaçam. Ora, definir um conceito significa explicá-lo em termos de outros conceitos já definidos, e demonstrar uma proposição que enuncie uma relação entre os objetos matemáticos considerados é argumentar por sua validade, usando as regras de inferência fornecidas pela *lógica (dos predicados de primeira ordem com igualdade)*, a partir de proposições anteriormente demonstradas. Desse modo, um certo conceito, digamos, c_O, é definido em termos dos conceitos, digamos, c_1, c_2, ..., c_n, todos eles já definidos. Portanto, cada um desses conceitos, c_1, c_2, ..., c_n, foi definido em termos de outros conceitos, estes já definidos "e assim por diante". Por exemplo, em álgebra, em geral, o conceito de *grupo* é definido como um *monoide* em que todo *elemento* seja *invertível*, ou seja, o conceito de "grupo" é explicado em termos dos conceitos de "monoide" e de "elemento invertível". Por sua vez, um *monoide* é definido como um *semigrupo* com *elemento identidade*; um *semigrupo*, como um *conjunto* (não vazio) com uma *lei de composição associativa* e "assim por diante". De modo análogo, para provarmos uma proposição, digamos, P_o, usamos as proposições, digamos, P_1, P_2, ..., P_n, já demonstradas. E, na demonstração de cada uma dessas, aparecem outras, antes demonstradas "e assim por diante".

Quer na definição de *conceitos* quer na demonstração de *proposições*, o problema se aloja na frase "e assim por diante". Por não termos a possibilidade de um retrocesso ilimitado, devemos oferecer uma solução exequível ao "e assim por diante".

Há a solução dos dicionários, para o caso da *definição*, ou a solução "círculo vicioso" em que um conceito é explicado em termos de um segundo, e este, em termos do primeiro. E há a solução do matemático, de algum modo preconizada por Aristóteles, na obra *Analytica Posteriora*, que consiste em aceitar alguns conceitos (em menor número possível) sem definição (é por entendê-lo desse modo que diremos que a definição de uma coisa é a expressão de suas relações com coisas conhecidas. E, por consequência, nem todas as coisas podem ser definidas, pois que, para isso, seria necessário conhecer já as outras"),[1] com o compromisso de, a partir desses, definir todos os demais conceitos da teoria. No caso da *demonstração* de proposições, por um procedimento similar, aceitam-se algumas proposições sem demonstração, com o acordo de demonstrar, a partir dessas, todas as outras. Os conceitos não definidos chamam-se *conceitos primitivos* e todos os outros, *conceitos derivados*. As proposições iniciais, tomadas sem demonstração, chamam-se *axiomas*; as outras, *teoremas*. Assim, grosso modo, as teorias matemáticas têm essa arquitetura: compõem-se de conceitos primitivos e conceitos derivados, e de axiomas e teoremas.

Tal estruturação da Matemática é, em sua essência, um legado dos gregos e exibe todo o seu esplendor nos *elementos* (300 a.C.) de Euclides. "A noção de demonstração, nesses autores (a saber, Euclides, Arquimedes, Apolônio), não difere em nada da nossa".[2]

3. Dois Resultados Ilustrativos do Calibre da Matemática Babilônia

De acordo com Neugebauer, o mais importante estudioso da Matemática babilônia, os textos cuneiformes matemáticos podem ser classificados em dois grandes grupos: "textos de tábuas" e "textos de problemas".

1. Duhamel, 1985, p. 16-17.

2. Bourbaki, 1969, p. 10.

Um exemplo representativo típico da primeira classe são as tábuas de multiplicação. A segunda classe compreende uma enorme variedade de textos, estando todos, mais ou menos, diretamente interessados na formulação ou na solução de problemas algébricos ou geométricos. Por volta de 1957, esse autor afirmava que o número de textos conhecidos de problemas chegava a cerca de cem plaquetas, enquanto o de textos de tábuas chegava a mais do que o dobro daquele número, quando o número total dos achados arqueológicos desenterrados em ruínas de cidades da Mesopotâmia, nos museus, podia ser estimado em, pelo menos, 500000 plaquetas. Assim, aquele historiador dizia em seu livro *The Exact Sciences in Antiquity*, p. 30: "Nossa tarefa pode, portanto, ser propriamente comparada com a restauração da história da matemática a partir de umas poucas páginas rasgadas, que, acidentalmente, sobreviveram à destruição de uma grande biblioteca".

3.1 Ternas pitagóricas

No período "Babilônio Antigo", contemporâneo da dinastia Hammurapi, pertencente, aproximadamente, ao intervalo entre 1800 e 1600 a.C., encontram-se muitos testemunhos da habilidade numérica dos escribas. Há tábuas de quadrados e de raízes quadradas, de cubos e de raízes cúbicas, das somas de quadrados e de cubos necessárias à solução numérica de tipos especiais de equações cúbicas, de funções exponenciais, que eram usadas para o cálculo de juros compostos etc.

Uma plaqueta pertencente à Coleção Babilônia de Yale, nos Estados Unidos, exibe um quadrado com suas duas diagonais. O lado mostra o número 30, a diagonal os números (na base sexagesimal) 1;24,51,10 e 42;25,35. O significado desses números torna-se claro, quando multiplicamos 1;24,51,10 por 30 (que é o mesmo que dividir 1;24,51,10 por 2, pois, na base 60,em que operamos, 2 e 30 são o inverso um do outro), o resultado é 42;25,35. Desse modo, obtemos de a = 30, a diagonal d = 42;25,35, usando $\sqrt{2}$ = 1;24,51,10, que, expresso na base dez, dá 1,414213...

Isso mostra que os babilônios conheciam o "teorema de Pitágoras" dois mil anos antes de Pitágoras.

Esse fato geométrico, uma vez descoberto, leva, de modo natural, a supor que as ternas de números (inteiros) x, y, z, satisfazendo a relação $x^2 + y^2 = z^2$ — as chamadas *ternas pitagóricas* — possam ser usadas como lados de um triângulo retângulo. Além disso, seria um passo seguinte normal perguntar: Que números x, y, z satisfazem essa relação? Portanto, não é de surpreender acharmos os matemáticos babilônios investigando o problema, de teoria dos números, da geração de "ternas pitagóricas". Desse modo, é de grande interesse histórico o fato de que, em realidade, exista um texto desse período, que mostra, claramente, uma enorme percepção sobre esse problema. O tal texto pertence à Coleção Plimpton (item 322) da Columbia University, em Nova York. É uma tábua de geração dessas ternas.

3.2 Equações quadráticas, 1700 a.C.

Os números pitagóricos não eram o único caso de problemas concernentes a relações entre números. As tábuas para quadrados e cubos apontam, peremptoriamente, na mesma direção. Temos, também, exemplos que tratam da soma de quadrados consecutivos ou de progressões aritméticas. Não há, no entanto, qualquer indicação do reconhecimento do importante conceito de número primo.

Todos esses problemas, é provável, nunca estiveram agudamente separados de métodos que, hoje, chamamos "algébricos". No centro desse grupo está a solução de equações quadráticas para duas incógnitas. Um típico exemplo disso é o problema que visa a achar um número tal que um dado número seja obtido se seu recíproco for adicionado a ele.

Em notação moderna: chamemos x o número desconhecido, $\bar{x}$, seu recíproco, e b, o número dado. Deve-se determinar x a partir de

$$x\bar{x} = 1 \quad \text{e} \quad x + \bar{x} = b$$

No texto, b vale 2;0,0,33,20. A solução é descrita, passo a passo, como segue.

(i) Formar

$$\left(\frac{b}{2}\right)^2 = 1;0,0,33,20,4,37,46,40.$$

(ii) Subtrair 1 e achar a raiz quadrada

$$\sqrt{\left(\frac{b}{2}\right)^2 - 1} = \sqrt{0;0,0,33,20,4,37,46,40} = 0;0,44,43,20.$$

(iii) Então, adicionar a isso $\frac{b}{2}$ e de $\frac{b}{2}$ subtrair isso.

$$x = \left(\frac{b}{2}\right)^2 + \sqrt{} = 1;0,0,16,40 + 0;44,43,20 = 1;0,45.$$

$$\bar{x} = \left(\frac{b}{2}\right)^2 - \sqrt{} = 1;0,0,16,400;0,44,43,20 = 0;59,15,33,20.$$

De fato, x e $\bar{x}$ são números recíprocos e sua soma é igual ao número dado b.

Esse problema é característico em muitos aspectos. Mostra, antes de mais nada, a aplicação correta da "fórmula quadrática" para a solução de equações do segundo grau. Demonstra o uso irrestrito de números sexagesimais grandes. E diz respeito ao tipo principal de problemas quadráticos, dos quais há centenas de exemplos preservados, uma espécie de "forma normal": devem-se achar dois números, dados (1) seu produto e (2) sua soma (ou sua diferença). Há, também, inúmeros exemplos que ensinam a transformar problemas quadráticos mais complicados nessa "forma normal".

Em notação atual: dados dois números p e s, achar números x e y tais que

$$Xy = p \qquad x + y = s$$

Seguindo o exemplo anterior, os passos para a solução são os seguintes:

(1) tomar a metade de s: $\frac{s}{2}$;

(2) elevar o resultado ao quadrado: $\left(\frac{s}{2}\right)^2$;

(3) disso subtrair p: $\left(\frac{s}{2}\right)^2 - p$;

(4) tomar a raiz quadrada do resultado: $\sqrt{\left(\frac{s}{2}\right)^2 - p}$;

(5) a isso adicionar a metade de s: $\frac{s}{2} + \sqrt{\left(\frac{s}{2}\right)^2 - p}$;

esse é um dos dois números e o outro é s menos esse.

Por exemplo, se a soma, na base dez, for 10 e o produto, 21, os passos sucessivos dão:

(1) 5; (2) 25; (3) 4; (4) 2; (5) 7 e 10 – 7 = 3. Então, os dois números são 7 e 3.

Lembrando que, dada uma equação quadrática, $ax^2 + bx + c = 0, a \neq 0$, a soma das raízes é $s = -\frac{b}{a}$ e o produto, $p = \frac{c}{a}$, vemos que

$$\frac{s}{2} + \sqrt{\left(\frac{s}{2}\right)^2 - p} = \frac{-b + \sqrt{b^2 - 4ac}}{2a},$$

a "fórmula quadrática" para uma das raízes.

4. A mudança

No Egito e na Mesopotâmia, era a classe sacerdotal a detentora do conhecimento, em geral, e do conhecimento matemático, em particular.

Ora, os sacerdotes eram os intermediários entre a divindade e o povo. Os desígnios da divindade não careciam de explicações; seus desejos deviam ser satisfeitos por meio de rituais e oferendas que, aplacando-lhe a ira, atraíam seu beneplácito. Aos sacerdotes cabia interpretar a vontade dos deuses e comandar, passo a passo, sem quaisquer explicações, as etapas do rito apaziguador.

Seguem esse mesmo estilo seus documentos matemáticos! Coleção de comandos, como vimos, sem justificativas.

Quando essa espécie de conhecimento chega à Grécia, por volta do século VI a.C., não encontra lá uma classe sacerdotal ("Foi, provavelmente, devido aos aqueus que os gregos nunca tiveram uma classe sacerdotal, e isso pode bem ter algo a ver com o aparecimento da ciência livre entre eles").[3] Além disso, a visão tradicional de mundo e as costumeiras regras de vida tinham colapsado, e os mais antigos filósofos especulavam sobre o universo à sua volta. Essa pesquisa cosmológica deu origem à ampla divergência entre ciência e senso comum, que era, por si mesma, um problema que demandava solução, e, mais, forçava os filósofos ao estudo dos meios de defender seus paradoxos contra os preconceitos da visão não científica. Então, a impressão geral que parece resultar dos textos muito fragmentados que possuímos sobre o pensamento filosófico grego do século V a.C. é que esse pensamento é dominado pelo esforço, mais ou menos consciente, para estender a todos os domínios do saber os procedimentos de articulação do discurso, empregado com tanto sucesso pela retórica e pela matemática contemporâneas. O tom dos escritos filosóficos sofre, nessa época, uma mudança básica: enquanto nos séculos VII e VI a.C. os filósofos afirmam ou vaticinam — ou, ao menos, esboçam vagos raciocínios, fundados em igualmente vagas analogias —, a partir de Parmênides e, sobretudo, de Zenão, argumentam e procuram resgatar princípios gerais que possam servir de base à sua dialética, cuja invenção é atribuída, por Aristóteles, a Zenão; é em Parmênides que se encontra a primeira afirmação do *princípio do terceiro excluído*, e as demonstrações "por absurdo" de Zenão de Elea permaneceram famosas.

A passagem da matemática "empírica" dos egípcios e babilônios à matemática dedutiva sistemática grega fez-se a partir dessas mudanças

3. Burnet, 1957, p. 4.

todas e, principalmente, parece, do impacto sobre ela da filosofia eleática ou, mais precisamente, como se verá abaixo, da dita dialética de Zenão. Essa filosofia, preparada por Xenófanes, foi estabelecida por Parmênides e defendida por Zenão e Melisso. Seus fundamentos são, em primeiro lugar, *a unidade, a imutabilidade* e *a necessidade do ser* (Platão, no Teéteto 181 a 6, fala dos eleatas como os "partidários do Todo", e Aristóteles, na *Metafísica* 986^{b} 24, menciona que Xenófanes "referindo-se ao mundo todo, diz que Um era deus"). Em segundo lugar, temos *a acessibilidade do ser só ao pensamento racional* e *a condenação do mundo sensível* e *do conhecimento sensível como aparência*. Essa segunda característica é responsável, parece-nos, pela mudança: não bastava mais ver para crer, era, agora, preciso provar pela razão.

Isso quanto às diretrizes. E no que diz respeito ao método?

Euclides abre os seus *Elementos*, o mais bem acabado exemplar da matemática grega a chegar até nós, arrolando três tipos de princípios: as *definições*, os *postulados* e as *noções comuns* (ou *axiomas*).

No século V A.D., Proclus, o escoliasta neoplatônico dos *Elementos*, examina os princípios não demonstrados da geometria, nos seguintes termos:[4] "Como essa ciência da geometria é baseada, como dissemos, em hipóteses e demonstra suas proposições a partir de determinados primeiros princípios — porque há somente uma ciência não hipotética, as outras ciências recebendo dela seus primeiros princípios —, é necessário que o ordenador dos elementos na geometria apresente separadamente os princípios da ciência e as conclusões que seguem dos princípios, dando razões, não para os princípios, mas somente para as suas consequências. Pois, nenhuma ciência demonstra seus próprios princípios ou apresenta razões para eles; antes, cada uma tem-nos como autoevidentes, isto é, como mais evidentes do que suas consequências. E a ciência conhece os princípios por si mesmos e as consequências por meio daqueles".

Ao escrever isso, Proclus estava fazendo eco a Platão — *República* 510c-d: "Sabes [diz Sócrates], imagino, que os que se aplicam à geometria, à aritmética ou às ciências que tais, supõem o par e o ímpar, as figuras, as três espécies de ângulo e outras coisas análogas, para cada pesquisa dife-

4. Proclus, *In primum Euclidis Elementorum Librum commentarii,* ex. recog. Leipzig: G. Friedlein, 1873, p. 76.

rente; que, tendo suposto essas coisas como se as conhecessem, não se dignam dar as razões delas a si próprios ou a outrem, julgando que são claras para todos; que, enfim, partindo daí, deduzem o que se segue e acabam atingindo, de maneira consequente, o objeto a que sua investigação visava".

O citado mostra que os matemáticos daquela época, dos quais os maiores representantes estavam, de algum modo, associados a Platão, vivendo "todos juntos na Academia", e fazendo "suas pesquisas em comum", tinham já uma concepção nova da matemática como ciência dedutiva, e entendiam a não necessidade de demonstrar seus princípios. Deixa claro, também, que os conceitos enunciados — o par, o ímpar, as figuras geométricas, os três tipos de ângulos — são as chamadas *hipóteses* da matemática e que esta, por conter hipóteses, é uma *ciência hipotética*.

A palavra "hipótese" deriva do verbo *hypotíthemi* e significa, aqui, aquilo que os participantes de um debate concordam em aceitar como *base* e *ponto de partida* de sua argumentação. Desse modo, na dialética, como técnica retórica, bastava aceitá-las, sem necessidade de justificação. Esse tipo de tratamento dado às questões debatidas, segundo Szabó, teria servido de método para os matemáticos: os princípios (as hipóteses) de sua ciência não podiam ser provados, porém não careciam de demonstração.

5. A Perfeição Lógica

Assim, até meados do século XIX de nossa era, os matemáticos empenhavam-se por construir *objetos matemáticos*, formar *relações* entre esses objetos e *demonstrar* que algumas dessas relações são *verdadeiras*, ou, como dizemos, são *teoremas*.

Os objetos matemáticos, sendo *números, funções, figuras geométricas* e inúmeras outras coisas com que se ocupavam, eram tidos como não existentes na natureza, sendo *modelos abstratos* de objetos físicos mais ou menos complicados e visíveis. (Acreditava-se, por exemplo, que a geometria euclidiana descrevia, abstratamente, o espaço físico circundante, e, então, qualquer sistema geométrico, não em concordância absoluta com Euclides, representaria um óbvio contrassenso. Kant, o mais influente filósofo do período, expressou tal concepção, afirmando que os axiomas de Euclides eram inerentes à mente humana, e, portanto, tinham uma validade objetiva para o espaço "real". Aliás, um dos princípios da sua filosofia era a crença nos axiomas da geometria euclidiana como verdades inalteráveis, existentes no domínio da intuição pura. Foi o peso dessa tradição que levou Gauss a não divulgar suas descobertas relativas à geometria não euclidiana.) As relações eram tidas como as asserções (verdadeiras ou não) concernentes aos objetos matemáticos, correspondendo a propriedades hipotéticas de objetos naturais, de que os objetos matemáticos eram os modelos. Quanto às relações verdadeiras, seriam, para os matemáticos, aquelas que poderiam ser deduzidas de um pequeno número de *axiomas*, enunciados de uma vez por todas; esses axiomas traduziriam, para a linguagem matemática, as propriedades mais "evidentes" dos objetos concretos, modelados pelos objetos matemáticos. E a *sequência de silogismos*, pela qual se passa dos axiomas (ou, mais praticamente, de teoremas já estabelecidos) a uma proposição dada, constituía uma *demonstração* dessa proposição.

Explicações desse gênero, consideradas de admirável clareza, deixaram, então, de satisfazer os matemáticos, não só porque eles desgostam das frases vagas, mas, sobretudo, porque a própria Matemática obrigou-os a refletirem, mais profundamente, sobre seus fundamentos, e a substituírem as generalidades por *fórmulas*, cujo sentido não se presta a qualquer confusão e a respeito das quais seja possível decidir, de um modo quase mecânico, as que são verdadeiras e as que não o são, as que têm sentido e as que não o têm.

Historicamente, a necessidade de estabelecer a Matemática sobre bases tão sólidas quanto possível manifestou-se no processo de "aritmetização" da análise e, a seguir, no desenvolvimento, a partir da análise, da "teoria cantoriana dos conjuntos", e na introdução de novas noções "abstratas", como as de grupo, anel, corpo.

Com isso, os matemáticos foram levados a reforçar em muito suas exigências em matéria de rigor lógico e a raciocinar a respeito de objetos mais e mais distanciados, em aparência, da "realidade concreta".

Chega-se, assim, à convicção de que o que importa em Matemática são, unicamente, os símbolos que, reunidos segundo certas "regras do jogo", explicitamente enunciadas, servem para formar objetos matemáticos e relações.

Admite-se, mesmo hoje em dia (este é um dos dogmas dos matemáticos), que se poderia escrever, teoricamente, toda a Matemática, utilizando, exclusivamente, um pequeno número de *sinais fundamentais* (representando operações fundamentais da lógica e indicando a relação matemática de *pertinência*) e *letras*, em quantidade não limitada. Nessa concepção, os *objetos matemáticos* e as *relações* são sequências de sinais fundamentais e letras, formadas obedecendo a certos critérios (*regras de formação*), estipulados de uma vez por todas; nessas sequências, o papel dos *sinais fundamentais* é o de simbolizar certas operações elementares, lógicas ou matemáticas, cuja repetição, no interior de uma mesma sequência, conduz a operações muito mais complexas; e as *letras*, que supostamente representam *objetos matemáticos* indeterminados, servem para introduzir "graus de liberdade" nas sequências consideradas, isto é, para formar relações e objetos dependentes de "variáveis arbitrárias".

Estabelecido o *alfabeto*, ou seja, a lista dos *sinais fundamentais* e das *letras*, e explicitadas as *regras de formação*, resta apenas enunciar os *axiomas* (uns puramente lógicos, outros de natureza matemática), para se ter a Matemática *formalizada*. Nesse contexto, uma *demonstração* é uma sequência finita de *fórmulas* (que são sequências *bem formadas*, isto é, formadas de acordo com as regras de formação, de sinais fundamentais e letras) tais que cada fórmula da sequência seja um axioma ou seja derivada de fórmulas que a precedem na sequência por meio das *regras de inferência*, explicitamente enunciadas.

A Matemática assim *formalizada*, no entanto, não vive no mundo dos livros ou das revistas especializadas, mas apenas na imaginação e no sonho dos matemáticos. Um texto matemático, escrito em linguagem formalizada, daria, a quem o pudesse compreender, o sentimento da *perfeição lógica*.[5]

Na prática, utiliza-se uma multiplicidade de *abreviações*, por exemplo, o sinal +, palavras da linguagem ordinária como "número", "ponto", "reta", "função" etc. Tais abreviações destinam-se a representar, por novos sinais simples, sequências complicadas de letras e de sinais fundamentais, ou, ainda, sequências em que apareçam, também, abreviações já introduzidas.

5. Roger Godement, *Cours d'Algèbre*, Paris: Hermann, 1966, p. 21-23.

Depois de introduzir um grande número de abreviações de sequências de sinais fundamentais e letras; a seguir, de abreviações de sequências de abreviações; então, abreviações de sequências de abreviações de sequências de abreviações, e assim por diante, o matemático deixa de pensar na definição completa e pormenorizada de objetos que, assim, construiu; mantém em mente apenas o modo de passar de um degrau de complicação àquele *imediatamente* precedente (o que constitui a *definição*, no sentido usual do termo, da abreviação considerada), e não procura ascender, de degrau em degrau, até à linguagem formalizada. No limite, chega, frequentemente, a raciocinar como se as abreviações introduzidas constituíssem *sinais primitivos*, em pé de igualdade com os sinais fundamentais da linguagem formalizada. E, dada a intransponível dificuldade de se manter restrito a essa linguagem, a sequência de fórmulas, que constitui uma *demonstração*, deixa, no cotidiano da Matemática, de satisfazer, estritamente, o exposto acima. Por exemplo, muitos passos, considerados "óbvios", não aparecem na sequência (o que tem sido fonte, no decorrer do tempo, de erros cometidos, mesmo por matemáticos de altíssimo coturno), a "intuição" substituindo, com frequência, a lógica.

6. Termos Referentes à Demonstração e a Teoremas na Tradição do Ensino

6.1 Hipótese e Tese

Proclus, na obra citada (ver nota 4), p. 203-204, diz que: "Todo problema e todo teorema, que esteja completo com todas as suas partes perfeitas, pretende conter em si todos os seguintes elementos: *enunciado* (prótasis), *exposição* (éktasis), *enunciação particular* ou *especificação* (diorismós), *construção* (kataskeuê), *demonstração* (apódeixis), *conclusão* (sympérasma). Agora, desses o *enunciado* afirma o que é dado e o que é aquilo que é procurado, o enunciado perfeito consistindo em ambas as partes. A *exposição* separa o que é dado, por si mesmo, e adapta-o, de antemão, para uso na investigação. A *enunciação particular* ou *especificação* afirma, separadamente, e torna claro o que é a coisa particular que é procurada. (...)"

A passagem mostra que, nos *Elementos* de Euclides, os teoremas (e os problemas), depois de enunciados, têm dissecadas a *hipótese*, aquilo que é dado, que se supõe válido, e a *tese*, o que se quer provar, aceita a hipótese. A separação clara dessas partes é fundamental em qualquer nível do ensino, pois não é infrequente observar-se um estudante tentando demonstrar um resultado, sem ter a mínima ideia quanto ao que é dado e ao que é buscado.

6.2 A Recíproca de uma Proposição (do Tipo "Se..., Então...")

Em uma proposição *condicional*, ou do tipo "se P, então Q", P é chamada seu *antecedente* (ou *hipótese*, no caso de a proposição ser um teorema) e Q, seu *consequente* (ou *tese*, nos teoremas).

Duas proposições condicionais serão ditas *recíprocas*, uma da outra, se, e somente se, o antecedente de uma for o consequente da outra e o consequente da primeira for o antecedente da segunda. Assim, representando por $P \rightarrow Q$ a condicional "se P, então Q", sua recíproca será a condicional $Q \rightarrow P$.

Desse modo, são teoremas recíprocos da geometria euclidiana os dois seguintes: "Se uma linha reta, caindo sobre duas linhas retas, fizer os ângulos alternos iguais entre si, as linhas retas serão paralelas entre si" (Teorema 27 do Livro I dos *Elementos*) e "Se uma linha reta cair sobre duas retas paralelas, fará ângulos alternos iguais entre si" (parte do Teorema 29 do Livro I dos *Elementos*).

É claro que, quanto à veracidade, proposições recíprocas são independentes uma da outra. Pode suceder de ambas serem verdadeiras, como no exemplo dado, mas esse não é o caso geral.

A proposição "Todo polígono regular é inscritível em um círculo" (isto é, "se um polígono for regular, então será inscritível em um círculo") é verdadeira, porém não o é sua recíproca "se um polígono for inscritível em um círculo, então será regular". Também é evidente que tanto uma proposição quanto sua recíproca podem ser falsas. A proposição "Se um número for par, então será divisível por 3" é falsa, assim como sua recíproca "se um número for divisível por 3, então será par".

6.3 Proposições Contrárias

Duas proposições condicionais serão ditas *contrárias* se, e somente se, o antecedente e o consequente de uma forem, respectivamente, a negação do antecedente e a negação do consequente da outra. Então, com o simbolismo introduzido acima, as proposições

$$P \to Q \text{ e } (\textit{não } P) \to (\textit{não } Q)$$

são proposições contrárias.

Por exemplo, as afirmações "Se um ponto estiver na mediatriz de um segmento, então equidistará das extremidades deste" e "Se um ponto não estiver na mediatriz de um segmento, então não equidistará das extremidades deste" são proposições contrárias e, neste caso, ambas verdadeiras. Notemos que a recíproca da primeira será a proposição "Se um ponto equidistar das extremidades de um segmento, então estará na mediatriz deste", que é também verdadeira, e, de fato, é logicamente equivalente (pela *lei contrapositiva*, ver abaixo) à segunda.

Como sabemos que uma proposição condicional é verdadeira quando o antecedente for falso independentemente do valor-de-verdade do consequente, e é falsa, quando o antecedente for verdadeiro e o consequente, falso, então duas proposições contrárias quaisquer serão independentes, uma da outra, no que tange à veracidade. Por exemplo, a proposição $P \to Q$, com P falsa e Q verdadeira, é verdadeira, mas sua contrária $(\textit{não } P) \to (\textit{não } Q)$ não o é, uma vez que $(\textit{não } P)$ será verdadeira e $(\textit{não } Q)$, falsa.

6.4 Proposições Contrarrecíprocas ou Contrapositivas

Duas proposições condicionais serão ditas *contrarrecíprocas* ou *contrapositivas* se, e somente se, o antecedente e o consequente de uma forem, respectivamente, a negação do consequente e a negação do antecedente da outra. Em símbolos: $P \to Q$ e $(não\ Q) \to (não\ P)$ são contrapositivas.

Notemos que $(não\ Q) \to (não\ P)$, a contrapositiva de $P \to Q$ é a proposição contrária da recíproca (daí o nome *contrarrecíproca*) $Q \to P$, de $P \to Q$.

Uma proposição e sua contrapositiva são logicamente equivalentes, isto é, têm o mesmo valor-de-verdade: serão ambas verdadeiras ou ambas falsas.

6.5 Relação entre as Proposições

Escrevamos, esquematicamente, as relações lógicas entre uma proposição e suas três derivadas: recíproca, contrária e contrarrecíproca. Poremos na mesma linha horizontal uma proposição e sua recíproca, e, numa linha horizontal abaixo da primeira, as contrárias, respectivamente, àquelas que estão acima. Nas diagonais, ficarão as contra-recíprocas.

$P \to Q$	(recíprocas)	$Q \to P$
(contrárias)	contrarrecíprocas	(contrárias)
$(não\ P) \to (não\ Q)$	(recíprocas)	$(não\ Q) \to (não\ P)$

6.6 Condições necessárias e suficientes

É muito frequente um teorema enunciar que uma determinada *condição "C"* é *necessária e suficiente* para um determinado *fato "F"*. Por exemplo: "Uma condição necessária e suficiente para que um ponto seja equidistante das extremidades de um segmento é que esteja na mediatriz do segmento".

Nesse caso, a condição C é "estar na mediatriz do segmento" e o fato F é "ser equidistante das extremidades do segmento".

Diremos que uma condição C é *necessária* para um fato F se, e somente se, a ausência da condição implicar a ausência do fato — o fato não ocorre sem a condição. Em símbolos, (*não* C) $\rightarrow$ (*não* F), ou equivalentemente, pela contrapositiva, $F \rightarrow C$, a presença do fato implica a presença da condição.

Assim, há dois modos, equivalentes, de provar que a condição C é *necessária* para o fato F: (*não* C) $\rightarrow$ (*não* F) ou $F \rightarrow C$.

No exemplo acima, para mostrar a *necessidade*, devemos provar que "se o ponto não estiver na mediatriz do segmento", então "não será equidistante das extremidades do segmento", ou que "se o ponto for equidistante das extremidades do segmento", então "estará na mediatriz do segmento".

Diremos que uma condição C é *suficiente* para um fato F se, e somente se, a presença da condição implicar a presença do fato. Em símbolos: $C \rightarrow F$.

No exemplo dado, para mostrar a *suficiência*, devemos provar que "se o ponto estiver na mediatriz do segmento", então "será equidistante das extremidades do segmento".

6.7 Demonstração por absurdo

Muitas vezes, usa-se um método indireto na demonstração de uma proposição P, consistindo no seguinte: em vez de se demonstrar, diretamente, a veracidade de P, supõe-se que P fosse falsa (ou que (*não* P) fosse verdadeira) e chega-se, a partir disso, a um absurdo (a negação do que é suposto ou a negação de um resultado provado verdadeiro). Assim, P não poderia ser falsa, e, pela lei da lógica clássica chamada *lei do terceiro excluído*, conclui-se que P é verdadeira (a lei do terceiro excluído garante que uma proposição P é verdadeira ou sua negação é que é verdadeira).

Por exemplo, para provar que "não existe um número racional $\frac{p}{q}$ cujo quadrado seja igual a 2", procedemos do seguinte modo: supomos existisse um número racional $\frac{p}{q}$ cujo quadrado fosse 2. Podemos, ainda, supor eliminados os fatores comuns a p e q, de modo a torná-los primos entre si. Então, em particular, não seriam ambos números pares. Agora, de $\left(\frac{p}{q}\right)^2 = 2$, segue que $p^2 = 2q^2$, ou seja, p^2 é par; donde p é par (pois, se p fosse ímpar, p^2 seria ímpar). Logo, $p = 2k$ e $p^2 = 4k^2$. Assim, $4k^2 = p^2 = 2q^2$, donde $q^2 = 2k^2$. Isso dá que q^2 é par e que, consequentemente, q é par. Desse modo, de $\left(\frac{p}{q}\right)^2 = 2$, deduziríamos que p e q são ambos pares, contra o que supusemos. Logo, segue o resultado desejado, isto é, "não existe número racional cujo quadrado seja 2".

6.8 Demonstração por Indução Matemática

Os números inteiros positivos constituem uma sequência, 1, 2, 3, ..., sem fim; depois de qualquer um desses números n, que tenha sido atingido, podemos escrever um inteiro seguinte, $n+1$. É possível expressar essa propriedade da sequência dos inteiros positivos, dizendo que existe uma *infinidade* de inteiros positivos. Assim, não podemos escrever uma lista completa desses números. Para descrevê-los, satisfatoriamente, necessitamos de uma abordagem diferente.

O procedimento, passo a passo, que conduz de n a $n+1$, e que gera a sequência infinita de inteiros positivos, forma, também, a base de um dos mais fundamentais padrões de raciocínio matemático, o *raciocínio por recorrência* ou o *princípio de indução matemática*.

A "indução empírica" nas ciências naturais vai de uma série particular de observações de um certo fenômeno à enunciação de uma lei geral que governe todas as ocorrências do fenômeno. O grau de certeza com que a lei é estabelecida depende do número de observações singulares e de confirmações. A *indução matemática* é usada, de um modo bem diferente, na confirmação da veracidade de uma proposição matemática para uma sequência infinita de casos, o primeiro, o segundo, o terceiro, e assim por diante, sem exceções.

Ao analisarmos a sequência dos números inteiros positivos, vemos que ela tem um *termo inicial*, o 1, e que a cada termo da sequência, n, sucede um termo $n+1$, como o *imediatamente seguinte*. Foi essa passagem ao "imediatamente seguinte ou *sucessor*", juntamente com a presença de um primeiro termo, isto é, um termo que "não é sucessor" de nenhum outro, que permitiu ao matemático italiano G. Peano descrever a sequência desses números, em termos da teoria dos conjuntos, com os denominados *axiomas de Peano*: em termos atuais, o *sistema dos inteiros positivos* é constituído por um conjunto P, por um elemento, 1, de P, e por uma função s de P em P (chamada *função sucessor*), satisfazendo às seguintes condições:

(1) 1 não está na imagem de s (1 não é sucessor de nenhum elemento de P);

(2) s é injetora (elementos distintos de P têm sucessores distintos);

(3) se Q for um subconjunto de P tal que

 (i) 1 está em Q; e

 (ii) para todo n de P, se n estiver em Q, $s(n)$ estará em Q, então Q será o P todo.

O axioma (3) é aquele que modela a indução matemática: suponhamos desejemos verificar a veracidade de toda uma sequência infinita de proposições matemáticas, A_1, A_2, A_3, ..., que, juntas, constituam a proposição geral A. Suponhamos, ainda, que, em primeiro lugar, a primeira proposição A_1 é sabida verdadeira, e que, em segundo lugar, por algum argumento matemático, seja possível mostrar que, se r for um inteiro positivo qualquer, o fato de a proposição A_r ser verdadeira acarrete o fato de a proposição A_{r+1} ser, também, verdadeira. Então, todas as proposições da sequência serão verdadeiras, e A estará demonstrada.

Para vermos como uma "demonstração por indução matemática" se encaixa no esquema anteriormente definido de uma *demonstração*, basta observarmos que o caráter essencial do raciocínio por recorrência é conter, condensada em uma única fórmula, por assim dizer, uma cadeia infinita de silogismos. São os silogismos hipotéticos:

O resultado é verdadeiro para o número 1.
Ora, se for verdadeiro para o número 1, será verdadeiro para o 2.
Logo, é verdadeiro para o 2.

O resultado é verdadeiro para o 2.
Ora, se for verdadeiro para o 2, será verdadeiro para o 3.
Logo, é verdadeiro para o 3.

E assim por diante, em que a conclusão de um silogismo será a premissa maior (a primeira proposição) do seguinte, e em que a premissa menor (a segunda proposição do silogismo) compreende a chamada "hipótese de indução" — a passagem de n a seu sucessor, $n+1$.

Bibliografia

BICUDO, Irineu. *Platão e a Matemática. Letras Clássicas.* São Paulo, n. 2, 1998.

______. *Demonstração em Matemática. Bolema.* Rio Claro, n. 18, p. 79-90, 2002.

BOURBAKI, Nicolas. *Élements d'Histoire des Mathématiques.* Paris: Hermann, 1969.

BURNET, John. *Early Greek Philosophy.* New York: Meridian Books, 1957.

COURANT, R.; ROBBINS, H. *What is Mathematics?* London: Oxford University Press, 1977.

DUHAMEL, J. M. C. *Méthodes dans les Sciences de Raissonnement.* 3. ed. Paris: Gauthier-Villars, 1885.

GODEMENT, Roger. *Cours d'Algèbre.* Paris: Hermann, 1966.

NEUGEBAUER, Otto. *The Exact Sciences in Antiquity.* 2. ed. New York: Dover, 1969.

POINCARÉ, Henri. *La Science et L'Hypothèse*. Paris: Flammarion, 1968.

PROCLUS. *In primum Euclidis Elementorum Librum commentarii,* ex. recog. Leipzig: G. Friedlein, 1873.

STEWART, I.; TALL, D. *The Foundations of Mathematics*. London: Oxford University Press, 1987.

O pré-predicativo na construção do conhecimento Geométrico

*Maria Aparecida Viggiani Bicudo**

1. Retomando a pesquisa pretérita

No artigo publicado em *Pesquisa em Educação Matemática*: Concepções & Perspectivas, organizado por Bicudo,[1] fiz um movimento em duas direções, não opostas, para explicitar o significado de Filosofia da Educação Matemática e para apresentar meu pensamento, produzido e em produção, visando a expor minha compreensão a respeito de Educação e Educação Matemática, olhadas em uma perspectiva fenomenológica.

Naquele momento ative-me a escrever um pouco da história que sustenta o significado de *Filosofia da Educação Matemática*. Avancei, refletindo sobre minha própria pesquisa, delineada no campo da Filosofia da Educação e mostrei como articulo Matemática, Filosofia da Matemática,

* Professora do Programa de Pós-Graduação em Educação Matemática da UNESP, campus de Rio Claro-SP. Professora da Pós-Graduação da Universidade Sagrado Coração, Bauru, SP. A pesquisa aqui apresentada conta com o apoio do CNPq.

1. Bicudo, Maria Aparecida Viggiani (Org.). *Pesquisa em Educação Matemática*: Concepções & Perspectivas. São Paulo: Editora da UNESP, 1999, p. 21-43.

Filosofia da Educação e Filosofia da Educação Matemática. Persegui o intento de explicitar a concepção de Filosofia da Educação Matemática e temas que indicassem convergências importantes, a ponto de poderem ser vistos como focos de análise crítica e reflexiva.

Apenas para retomar a concepção então exposta, e ainda assumida por mim, tomo a liberdade de citá-la.

> Assim, a Filosofia da Educação Matemática impõe-se como um pensar sobre temas abrangentes o suficiente, de modo a cobrir todo o campo da Educação Matemática.
>
> Isso não significa que esta se reduza à Filosofia da Educação Matemática. Significa apenas que esta última reflete, pensa reflexivamente a Educação Matemática, procurando conhecer e interpretar o que tem sido e o que está sendo realizado. Esta é uma tarefa meditativa que leva ao autoconhecimento, à autocrítica, ao delineamento de identidade. Assim é que a Educação Matemática se fortalece, ao mesmo tempo em que vislumbra perspectivas futuras e sustenta escolhas. No campo de atividades da Educação Matemática, entendemos que os seguintes temas representam convergências a serem tomadas como foco na análise reflexiva e crítica, pela Filosofia da Educação Matemática:
>
> - concepção de Educação e de Educação Matemática;
> - concepção de realidade e de conhecimento;
> - concepção de realidade dos objetos matemáticos;
> - postura e diretrizes didático-pedagógicas do trabalho do professor de Matemática.[2]

Quanto à investigação em fenomenologia que me abriu a possibilidade de falar articuladamente sobre Filosofia da Educação Matemática, em uma perspectiva fenomenológica, ela abrangeu estudos que expuseram modos de compreender o real, a realidade, a atitude fenomenológica, a percepção, a linguagem, temas esses cruciais para falar-se a respeito de conhecimento produzido e em produção, e, também, para compreender as características das idealidades matemáticas, que constituem a própria realidade dos objetos matemáticos, conforme o pensamento de Husserl, exposto naquela ocasião.

---

2. Bicudo, Maria Aparecida Viggiani. *Pesquisa em Educação Matemática*. Op. cit., p. 27-28.

Com base nessas investigações, foram delineadas posturas plausíveis de um professor de Matemática, que assume a atitude fenomenológica ao educar matematicamente seus alunos e ao proceder investigações em Educação Matemática.

É importante enfatizar que o artigo mencionado contou com pesquisas que haviam avançado até meados de 1998. A partir de então, prossegui em Filosofia da Educação Matemática e persisti na concepção fenomenológica de realidade e de conhecimento por considerá-las suficientemente coerentes e esclarecedoras no que concerne à minha interrogação maior: *O que é isto, a educação?* e, como decorrência dela, ao movimentar-me na região de inquérito de Educação Matemática: *O que é isto, a educação matemática?*

Nesses últimos cinco anos, coloquei em destaque a produção do conhecimento. Conduzi investigações sobre o conhecimento antepredicativo, ou pré-predicativo, ou pré-reflexivo ou anterreflexivo, conforme denominações atribuídas às ideias abarcadas por Merleau-Ponty, buscando compreender seu significado e como ele se expressa na produção do conhecimento matemático, em específico, no da Geometria.

Antes de prosseguir neste artigo, duas considerações fazem-se necessárias. A) Em primeiro lugar, as investigações aqui referidas foram conduzidas pelo Grupo de Pesquisa em Fenomenologia da Educação Matemática, vinculado ao CNPq e que coordeno.[3] B) Em segundo lugar, entendo que as atividades de ensinar e de aprender Matemática, como as de qualquer outra ciência ou arte, pautam-se nos modos pelos quais se compreende a construção do conhecimento e da realidade.

2. A pesquisa efetuada. Temas e procedimentos

Nesse período persegui duas interrogações. Uma sobre a construção do conhecimento geométrico, tomando como foco o pré-predicativo. Outra, sobre o tempo vivido. Esta última está em andamento.

---

3. São membros desse grupo: Adlai Ralph Detoni, Antonio Vicente Marafioti Garnica, Maria Queiroga Amoroso Anastácio, Rosa Monteiro Paulo, Ocsana Sonia Danyluck, Verilda S. Kluth, Paulo Isamo Hiratsuko, Tania Baier.

Vou colocar em destaque a construção do conhecimento geométrico, explicitando as ideias trabalhadas, os procedimentos de pesquisa e as compreensões oriundas de investigações efetuadas.

Perseguimos[4] o modo pelo qual a construção do conhecimento geométrico se manifesta em um nível pré-predicativo ou anterreflexivo, querendo compreender, também, o que isso significa nessa construção.

Conhecimento pré-predicativo, ou pré-reflexivo ou antepredicativo são expressões utilizadas por Merleau-Ponty[5] para dizer da compreensão existencial que ainda não foi tematizada e desdobrada em ações de análise e reflexão. Diz de uma compreensão apenas manifesta ao próprio sujeito e ao outro de maneira não proposicional. Trata-se de uma compreensão existencial, pois envolve a totalidade do ser que compreende, o qual já está no mundo com os outros e demais seres, sempre segundo uma disposição, um humor que o dispõe ou pré-dispõe para aquilo em relação ao que está atento, abrindo possibilidades de ver e de perceber sentidos e interpretar significados.

Entendemos ser importante essa investigação porque, na civilização ocidental, marcada pelo pensamento da Grécia Antiga, tem-se dado importância suprema à linguagem proposicional e à verdade apofântica. Toda a ciência construída, principalmente a Matemática, por sua importância lógica, histórica e técnica, é expressa em linguagem predicatica e valoriza a verdade apofântica. Esse modo de proceder, que está enraizado em nossa cultura, destaca a produção do conhecimento enquanto atividade cognitiva, lógica, linguística e histórica. Não presta atenção aos atos cognitivos embasados na percepção, que podem revelar uma compreensão existencial expressa por gestos, pela fala do *corpo-encarnado*, constituindo um solo no qual e com o qual a produção do conhecimento avança.

Isso chamou-nos a atenção. Buscamos compreender de que forma se dá a construção do conhecimento geométrico, enfocando a compreensão pré-predicativa. A Geometria mostrou-se um caso exemplar, pois é, tra-

---

4. A partir daqui falarei na primeira pessoa do plural, pois estarei me referindo às pesquisas efetuadas pelo Grupo de Fenomenologia em Educação Matemática, já mencionado.

5. Merleau-Ponty, Maurice. *Fenomenologia da Percepção*. Trad. Carlos Alberto Ribeiro de Moura. São Paulo: Martins Fontes, 1994.

dicionalmente, desde Euclides, apresentada em uma linguagem denominada científica, em que são encontradas hipóteses demonstradas encadeadas em sequências de raciocínios dedutivamente articulados. O conhecimento apresentado de maneira formal teria como solo a compreensão existencial expressa por gestos? Como proceder para investigar esse aspecto da produção do conhecimento?

Começamos por investigar significados de corpo-encarnado, gesto, gesto-linguístico e fala-linguística, em trabalhos de Merleau-Ponty, preferencialmente; avançamos na direção de escolher subtemas a serem pesquisados e sujeitos que aprendem Geometria, que pudessem nos revelar os modos pelos quais a compreensão existencial se dá e é expressa; e, finalmente, antes de realizar as investigações desses temas, escolher e construir os procedimentos de pesquisa.

Este texto seguirá essa ordem, finalizando por expor sínteses transitórias, pois estão sempre em movimento de construção, do que compreendemos e interpretamos analítica e reflexivamente no processo de investigação efetuada.

3. Corpo-próprio e conhecimento pré-predicativo

Corpo-encarnado, ou corpo-próprio, é a expressão de Merleau-Ponty para dizer que o corpo não é um objeto passível de ser tratado ao modo de um objeto físico, decomposto em partes que, justapostas, formam sua totalidade. Antes, e ao contrário, ele já é uma totalidade vivida em sua inteireza ao locomover-se intencionalmente *em direção a...*, ao perceber-se estando "ao mundo" com os outros seres e entes. Realiza a existência, expressando o que sente, ama, rejeita. É movimento intencional que expressa o compreendido pela fala. Essa é uma compreensão corpórea, existencial e não estritamente intelectiva, no sentido de ser oriunda de análises efetuadas apenas em um nível lógico, compondo e decompondo elementos.

Realizar a existência significa que o corpo não é um meio utilizado para exteriorizá-la, mas que, ao movimentar-se *em direção a...*, realizando a intencionalidade, avança, abrindo espaços, viabilizando projetos. Dessa maneira, corpo e existência formam uma trama, pressupõem-se, confundem-se.

Para Merleau-Ponty[6]

> Corpo encarnado é sempre outra coisa que aquilo que ele é; é sempre sexualidade ao mesmo tempo em que é liberdade; sempre enraizado no mesmo momento em que se transforma pela cultura. Nunca fechado em si mesmo e nunca ultrapassado. Quer se trate do corpo do outro ou do meu próprio corpo, não tenho outro meio de viver o corpo humano senão vivê-lo, quer dizer, retomar por minha própria conta o drama que o transforma e confundir-me com ele.

Essa existencialidade do corpo-próprio traz em si a abertura, uma vez que ela é expressa pela fala, de imediato, em uma dimensão pré-predicativa ou, como já mencionamos, anterreflexiva. Trata-se aqui da fala ou do dizer sobre o compreendido e sentido no mundo, mediante o movimento do corpo-próprio efetuado no gesto. Este revela uma operação primordial de significação, em que o expresso não está separado da expressão. A expressão de alegria é uma totalidade que integra movimentos harmônicos, cujo sentido se dá na trama corpo-encarnado/intencionalidade/contexto. Contexto esse que oferece a paisagem ou o fundo em que o gesto faz sentido. É a própria alegria revelando-se e dizendo que a pessoa está alegre, sem que a palavra *alegria* ou a proposição *eu estou alegre* necessitem ser pronunciadas. Pelo gesto, o corpo-próprio expõe-se ao outro, revelando sua intencionalidade, isto é, seu modo de estar atento ao mundo, sua disposição e compreensão. Instaura-se, assim, a comunicação entre sujeitos, à medida que o gesto indica o compreendido na percepção.[7] Portanto, expressa aspectos sensíveis do mundo partilhado, apontando o percebido.

---

6. Merleau-Ponty, M. *Fenomenologia da Percepção*. Op. cit., p. 269.

7. Sobre o significado de percepção conforme trabalhado pela fenomenologia ver: a) Maurice Merleau-Ponty, *Fenomenologia da Percepção*, op. cit.; b) Maria Aparecida Viggiani Bicudo, Fenomenologia: Confrontos e Avanços. São Paulo: Cortez Editores, 2000; c) Maria Aparecida Viggiani Bicudo, A Percepção em Edmund Husserl e Merleau-Ponty, *Veritas*. Porto Alegre. PUC-RS, v. 42, n. 1, mar. 1997; d) Maria Aparecida Viggiani Bicudo, uma leitura de *O Primado da Percepção e suas Consequências Filosóficas*. In: Bicudo e Espósito. *Joel Martins... um seminário avançado em fe-*

Nesse movimento, o corpo-próprio engaja-se existencialmente ao mundo e coexiste com e entre as coisas e outros corpos-próprios. Esse movimento origina e abarca a compreensão do mundo, do outro e de si mesmo.

A expressão do compreendido expande-se, adquire formas e modalidades diversas. A *fala*, ainda apropriando-nos das ideias de Merleau-Ponty, é uma operação interior e exterior, em que o sentido do percebido faz-se para o sujeito, e em que o pensamento é efetuado mediante articulações disso que está a fazer sentido. Também é exterior, ao ser dita mediante palavras. Estas estão à disposição no mundo, cultural e historicamente. São pronunciadas, em voz alta ou silenciosamente, contam com sons e entoações daquele que as pronuncia. Deixam de ser uma categoria vazia que apenas nomeia objetos, ideias etc., e preenchem-se de sentido à medida que consumam a fala ao serem pronunciadas na maneira peculiar de o corpo-próprio expor-se, revelar suas emoções e modos de ver o mundo. Estamos falando aqui do *gesto linguístico*,[8] pois há a presença do gesto que diz do mundo sensível como percebido e expresso pelo corpo-próprio e das palavras, por referir-se às significações disponíveis no mundo linguístico.

Conforme nossa compreensão, estamos diante de uma totalidade constituída pelo corpo-próprio e sua *dança* posta por gestos; totalidade que abarca as palavras e os gestos; linguagem que expõe compreensões e manifestações do corpo-próprio e que impõe palavras já pronunciadas, as quais carregam em sua historicidade significados construídos na intersubjetividade mundana, para expressar aquelas compreensões. É a materialização da *prosa do mundo*[9] que, em uma dialética invisível, conecta velho/novo; criação/expressão/tradição. Ilumina o caminho do pensar científico, preponderantemente predicativo, mostrando sua articulação com o pré-predicativo. Revela-nos, também, a dialética do pensamento claro/obscuro, que forma figura/fundo em uma infinidade de desenhos e suas formas. Desenhos esses delineados pelos significados interpretados com a clareza que sempre está a escapar e a obscurecer-se em uma rede

---

nomenologia. São Paulo: Educ, 1997; e) Merleau-Ponty, M. *O Primado da Percepção e suas Consequências Filosóficas*, Campinas: Papirus, 1990.

8. Merleau-Ponty, M. *Fenomenologia da Percepção*. Op. cit. p. 256.

9. Idem. *A Prosa do Mundo*. São Paulo: Cosac e Naify, 2002.

de ambiguidades, por não conseguir conter todos os sentidos já expressos e ditos pelas palavras disponíveis.[10]

Esse é o fundo de nossa investigação. Buscar as manifestações de compreensões em um nível pré-predicativo, que se apresenta nos gestos mediante os quais o corpo-próprio revela sua compreensão e seu modo de habitar e expressar as palavras.

4. O investigado e procedimentos desenvolvidos

Como já foi mencionado, nossa investigação teve como foco maior a construção do conhecimento, em particular, aquela do conhecimento geométrico. Tendo-a como fundo, e avançando na direção de explicitações de ideias já trabalhadas e de outras ainda solicitando esclarecimentos, foram desenvolvidas duas pesquisas, ambas orientadas por mim, e que contribuíram, fornecendo subsídios, para a elaboração desta teorização. De modo específico, elas enfocam maneiras pelas quais o pensamento pré-predicativo, concernente às ideias geométricas, mostra-se na intencionalidade do corpo-próprio. Ambas corroboraram com a teorização pretendida sobre o significado do pré-predicativo na construção do conhecimento geométrico, objeto deste texto.

As pesquisas que perseguiram especificamente a construção do conhecimento geométrico indagam sobre o modo pelo qual o espaço se dá como presença no mundo e que significados essa existencialidade traz para a Geometria, enquanto organização espaço-temporal em estado nascente e como as crianças compreendem a Geometria e expressam essa compreensão.

Uma pesquisa trabalhou com crianças entre 4 e 5 anos, não iniciadas na educação formal em Geometria, ainda que vivessem em uma cultura onde os padrões geométricos estão presentes, como os termos linguísticos que se refletem nas concepções espaço-temporais, histórias em quadrinhos e seus desenhos em perspectivas etc. Os sujeitos foram

---

10. Bicudo, Maria Aparecida Viggiani. *A compreensão do Simbólico na Educação Matemática*. Bolema: Rio Claro, ano 9, n. 10, 1994.

constituídos por crianças que frequentavam a escola, no nível da educação infantil. A escola mostrou-se como um *locus* importante por ser um espaço de encontro entre pessoas e onde se pode trabalhar, propositalmente, conteúdos específicos, de diferentes maneiras. Buscamos enfocar o espaço e sua percepção no estado do conhecimento nascente e não no âmbito do pensamento científico ocidental. Ficamos atentos aos modos pelos quais as crianças manifestavam suas compreensões de espaço. É importante dizer que essas compreensões estão sempre juntas à do tempo.

Não trabalhamos com atividades estruturadas didaticamente, mas a cada encontro com o grupo comparecíamos com os assuntos a serem tratados, algumas ideias sobre como iniciar o diálogo e alguns recursos materiais. O diálogo estabelecido entre investigador e crianças, materializando a dialética eu/outro, cada um presente em sua corporeidade, vendo-se e vendo ao outro e no outro como corpo-próprio, conduzia, isto é, dava o rumo ao desenvolvimento das atividades. Nas falas, as pessoas envolvidas iam compreendendo-se umas às outras, bem como coproduzindo conhecimento. No total, o grupo foi composto por 10 crianças; o número de encontros também foi 10, nos quais foram desenvolvidas atividades diferenciadas.

A outra pesquisa trabalhou com crianças da primeira série do Ensino Fundamental. Diferentemente da primeira, acima mencionada, nosso propósito aqui foi estar com sujeitos em situação de ensino formal, seguindo, junto ao professor de um assunto específico, o currículo aprovado pela escola e assumido por ele. O assunto, Geometria, estava sendo tratado pelo professor de Educação Artística. A pesquisadora principal deste estudo, Rosa Monteiro Paulo, trabalhava nessa escola como coordenadora da área de Matemática, tendo sob sua responsabilidade a organização da sala ambiente de ensino e de aprendizagem de Matemática. Investigadora, professor e alunos trabalharam juntos, atentos uns aos outros, ao assunto desenvolvido, às atividades, ao pensar que ia se expondo pelos gestos, gesto-linguísticos e falas-linguísticas. A relação dialógica[11]

---

11. Relação dialógica é entendida como aquela em que as pessoas estão presentes umas às outras, atentas ao que sentem e expressam, respeitando-se e aceitando-se como pessoas. Sobre relação dialógica ver Maria Aparecida Viggiani Bicudo, *Fundamentos da Orientação Educacional*. São Paulo: Editora Saraiva, 1978.

foi estabelecida e mantida entre os participantes com tal vigor que desencadeou, de modo a facilitar, a comunicação cooperativa e a construção do pensar geométrico.

Esta pesquisa, como já foi de algum modo mencionado, teve como um de seus alvos trabalhar em uma situação estruturada de ensino e de aprendizagem de Geometria, socialmente organizada, mediante o projeto pedagógico da escola e respectivo currículo, do qual a Geometria era um dos temas. Com isso, ainda teve por proposta esclarecer as possibilidades de ocorrer a aprendizagem significativa, em que os sujeitos envolvidos coparticipavam do movimento de preencher de sentido as concepções tradicionalmente articuladas por um discurso explicitado em linguagem proposicional escrita e que também se utiliza de símbolos expressos por figuras.

Elucidados os temas, constituídos os sujeitos, esclarecido o solo onde estávamos nos locomovendo em termos de compreensões de conhecimento, os modos de investigar, ou procedimentos de pesquisa, foram desdobrando-se a partir do princípio *ir-à-coisa-mesma*, tal como expresso por Husserl. Saber como proceder para registrar as expressões do corpo-próprio, respectivas falas e diálogos mantidos entre os sujeitos e como analisar esses dados solicitou uma pesquisa específica. Registrar os dados não se constituiu em foco principal dessa subpesquisa onde o sub indica estar articulada à pesquisa maior e ser uma parte dela, pois foram efetuadas filmagens em vídeos. O ponto em destaque, que requereu buscas mais específicas, referiu-se às análises e interpretações desses dados. Isso porque, tradicionalmente, nas investigações efetuadas pelos membros da Sociedade de Estudos e Pesquisa Qualitativos,[12] a análise dos dados recai nos textos obtidos de descrições, de onde são destacadas as Unidades de Significado, procedendo-se, então, às interpretações e reduções fenomenológicas.[13]

Investigar o pré-predicativo exigiu que fôssemos além e destacássemos a totalidade das relações vividas entre os sujeitos, o cenário e os

---

12. Sobre essa sociedade, seus objetivos, história e produção, visitar o site www.sepq.org.br

13. Para maiores informações sobre esses procedimentos ver Maria Aparecida Viggiani Bicudo, *Fenomenologia: Confrontos e Avanços*, op. cit., capítulo 2.

movimentos expressos na intencionalidade do corpo-próprio. Essa busca levou-nos a destacar as situações que, dadas suas características, foram por nós denominadas de *cenas significativas*. Cena entendida da maneira pela qual autores como Reverbel a tratam. Ao modo de um apanhado geral do investigado, apresentamos as ideias principais sobre *cena*, conforme nosso entendimento, com a seguinte configuração:

a) antes de ser fundado num texto pré-dado, a *cena* se constitui em torno de um *motivo*, e, à mera representação de um texto, o ator doa significados em ação de seu corpo nesse *motivo*;
b) o ator em *cena* não é posterior ao texto e não segue ditames tacitamente antepostos numa tradição; ele incorpora e expressa os significados dramáticos;
c) a *cena* não é marcada unicamente pela palavra; a palavra mesma pode levar manifestações originais a serem convenções linguísticas;
d) a *cena* não é compreendida como um conjunto justificado logicamente; ela não se propõe como um elo lógico numa cadeia causal que explicaria a continuidade da peça;
e) a *cena* não é um fragmento. É um todo dentro do sentido global da peça. Ela também não tem uma limpidez: seu todo é percebido num fundo dentre outras perspectivas possíveis;
f) o corpo do ator é o fundo dos significados atribuídos em *cena*; as manifestações do sentido global da peça se expressam ancoradas nesse corpo.[14]

A partir da configuração elaborada, aproximamos a *cena* com significados presentes em ambiente didático, investindo nas manifestações pré-predicativas. Assim, interessou-nos menos o texto desencadeador das atividades e respectivas respostas que originou. Moveu-nos mais o *clima* criado em torno da intencionalidade e espontaneidade da situação com que o texto emerge. A mudança do *clima* determinou os recortes efetuados para a organização dos dados.

---

14. Detoni, Adlai Ralph; Paulo, Rosa Monteiro. A Organização dos Dados de Pesquisa em Cena. In: Bicudo, Maria Aparecida Viggiani. *Fenomenologia: Confrontos e Avanços*. Op. cit., p. 157.

Essas cenas, tomadas como núcleos de significações, visaram a abarcar um momento que se constitui como um *todo significativo*, cujo núcleo sempre tem a nitidez de uma expressão oral ou de uma gestualidade simbólica. Desse modo, pudemos fazer um recorte de expressões convergentes a um todo que faz sentido: *a cena significativa.*

Importante é destacarmos nossa compreensão de que a *cena*, em situação de ensino e de aprendizagem, não é predeterminada por diálogos pré-escritos e papéis a serem desempenhados por sujeitos específicos (atores) e por outras peculiaridades que caracterizam uma cena no âmbito da dramaturgia. Aqui, a *cena* é constituída e mantida pelo interesse e pela atentividade dos sujeitos engajados em um desafio, moto propulsor da aprendizagem e da construção do conhecimento. Quando o interesse cessa, a cena desmorona, a intencionalidade apaga-se e a presença se ausenta.

Essa compreensão deixou-nos exultantes. Revelou-nos as raízes da *aprendizagem encarnada*, formadas por intencionalidade, interesse, desafio, relacionamento dialógico, coparticipação na construção do conhecimento, companheirismo no movimento do pensar, expressões do corpo-próprio, manifestas por gestos, gestos-falados, gestos-linguísticos, fala, palavra.

Para exemplificar o acima exposto, vamos trazer duas cenas e respectivas interpretações.

Cena 10, "Quem é quem nessas famílias???", extraída da dissertação de mestrado de Paulo,[15] concernente à aula sobre *faces planas e não planas*. Para essa aula, as crianças têm, sobre as mesas, um conjunto de sólidos geométricos contendo: um cubo; um paralelepípedo de base quadrada; um cone; uma esfera; uma pirâmide de base quadrada e um prisma de base triangular. Há, também, algumas figuras planas de cartolina colorida: retângulos, quadrados, círculos e triângulos. O professor inicia a aula, propondo aos alunos a questão: *Quais são os tipos de figura que temos aí na mesa? São todas do mesmo tipo?* O diálogo transcrito abaixo foi retirado do filme em forma de linguagem escrita, tomando-se cuidado para não deixar de descrever gestos, falas, movimentos.

---

15. Paulo, Rosa Monteiro. *A Compreensão Geométrica da Criança: um Estudo Fenomenológico.* Dissertação de mestrado. São Paulo: Unesp, Rio Claro, p. 120-123.

Cena 10

Os diálogos: afirmações dos sujeitos	Os modos de expressão
Bia — Temos triângulos e quadrados.	Expressão verbal.
Prof. — Tem certeza? Veja bem, temos duas famílias de figuras.	Expressão verbal.
Born — Ah! Já sei! São circulares e não circulares.	Expressão verbal.
Bia — Ah! Uma família rola e outra não rola.	
Vito — (pegando uma figura de papel na mão) — É... que... uma delas são planas... de papel... e umas sólidas.	Vito expressa-se verbalmente usando palavras acompanhadas de toque no material. Ele pega a figura e mostra-a para a classe.
Prof. — Ah! Você pode mostrar para nós uma figura plana?	Mais uma vez Vito pega o retângulo de papel e mostra para a classe.
Prof. — Por que você acha que essa aí é uma figura plana?	
Vito — Porque ela é achatada (comprime uma mão sobre a outra).	Vito expressa-se verbalmente, pegando a figura nas mãos e comprimindo-a entre elas.
Prof. — E por que você está dizendo que tem figuras sólidas aí?	
Vito — Porque... ela é... gordinha... e... é feita com... com... com... é fechada e pode ter qualquer coisa dentro, e até pode ser oca.	Expressão verbal e ação de pegar o cubo nas mãos, girá-lo, observá-lo e mostrá-lo para os colegas. Há uma busca pela palavra que acompanha o toque material e seu olhar para o objeto.
O professor escolhe um outro aluno para continuar os exemplos.	
Prof. — Jessy. Escolhe uma figura que esteja sobre sua mesa. Qualquer uma.	
Jessy — *uma aluna muito tímida, que pouco se manifesta,* escolhe um cilindro dentre o conjunto de figuras que tem sobre a mesa. Segura-a nas mãos.	Jessy pega o cilindro sobre a mesa e mostra-o como exemplo de uma figura sólida.
Prof. — Muito bem. Diz para a classe: o que você sabe sobre ele?	
Silêncio.	
Prof. — Você não sabe nada sobre ele? *Jessy responde negativamente com um gesto de cabeça e devolve o cilindro à mesa.*	Jessy mostra-se muito tímida e com um gesto de cabeça indica negativamente à pergunta do professor.

Nessa *cena*, as crianças juntas ao professor manifestam um movimento no qual a compreensão vai sendo expressa em gestos e em palavras. Palavras pronunciadas pelo professor, nomeando as figuras geométricas conforme a denominação encontrada tradicionalmente em textos de Geometria, como é o caso de figuras planas. Professor que em sua tarefa de ensinar coloca desafios, como o posto pela pergunta: *Quais são os tipos de figura que temos aí na mesa? São todas do mesmo tipo?* Alunos presentes que manifestam sua intencionalidade nos atos que efetuam, expressando-se pelo silêncio, por palavras pronunciadas oralmente e por gestos. No início do diálogo, vemos palavras serem ditas sem que tenham sido habitadas pela compreensão existencial. Bia, por exemplo, nomeia as figuras, dizendo: *Temos triângulos e quadrados.* Da expressão verbal à cena movimenta-se e a intencionalidade do corpo-próprio põe-se com maior vigor, de tal maneira que um dos alunos, Vito, pega uma figura de papel na mão e expressa sua compreensão a respeito da diferença que percebe entre as figuras disponíveis, buscando explicitá-la por gestos linguísticos e por falas linguísticas. Sua busca é titubeante, intercala as palavras com indecisões e silêncios que, na descrição, estão indicados pelas reticências. As falas vão utilizando palavras comuns ao vivido no cotidiano pelas crianças, acompanhadas de movimentos do corpo-próprio. O professor utiliza-se de nomes apropriados à Geometria: *Por que você acha que essa aí é uma figura plana?*, pergunta. Aluno fala em *achatada*, fala dita juntamente com o gesto de pegar as figuras nas mãos, comprimindo-as uma contra a outra. Ao dizer de sua compreensão do porquê de a outra figura ser sólida, fala em ser ela *gordinha*, podendo *ser oca*, podendo *ter qualquer coisa dentro*. Outra aluna, Jessy, responde mediante gesto-linguístico, segurando uma figura entre as mãos e mostrando-a a todos, informando que nada sabe dizer sobre as características dessa figura por meio de um gesto efetuado com a cabeça.

Nas cenas 20 e 21,[16] extraídas da atividade "Desconstrução", temos os movimentos da compreensão das crianças, que estão junto ao pesquisador, expressos em diálogos ditos em gestos e falas.

---

16. Detoni, Adlai Ralph. *Investigações Acerca do Espaço como Modo da Existência e da Geometria que Ocorre no Pré-Predicativo.* Tese (Doutorado) — Unesp Rio Claro, São Paulo, 2000, p. 167.

Cena 20

Adlai — E isto (pego o quadrado de papel e o ponho dentro do quadrado de canudos), pode ser quadrado?

Rafa — Pode, igual a esse aqui (canudos), uma pontinha aqui, uma pontinha aqui, uma pontinha aqui... (indicando seus vértices, ordenando segundo o de canudos).

Ana — (atenta à correspondência). Outro ali, outro ali, outro ali...

O dedo de Rafa segue em ritmo segundo a possibilidade biunívoca dos vértices, antevista em dois quadrados "planos". Como isso está na perspectiva de Ana, ela entra no ritmo de Rafa.

Cena 21

Rafa — (indicando o cubão). Aqui tem mais que ali.

Adlai — Neste aqui (cubão) tem mais do que este...

Rafa — Porque não é quadrado.

Rafa aplica seu conhecimento para distinguir as duas naturezas dimensionais distintas que percebe. Toma a iniciativa de aproximar, junto ao corpo-próprio, junto ao seu pensar, o cubo e o quadrado.

Nessas *cenas*, a presença das crianças fica explícita no movimento que fazem ao exporem-se pensando, falando por gestos e por palavras. Estão atentas à atividade e ao que está sendo construído, que, no caso, trata-se de figura plana, do quadrado, e de figura tridimensional, do cubo. O pensamento em processo fica manifesto nos gestos linguísticos pronunciados por Rafa: *uma pontinha aqui, uma pontinha aqui, uma pontinha aqui*... e, por Ana, que está junto nesse movimento, *outro ali, outro ali, outro ali*... Estamos em presença da percepção da diferença do quadrado e do cubo, figuras de naturezas dimensionais distintas. Mais do que isso, Rafa vê claramente que o cubo não pertence à classe dos quadrados e que o quadrado é apenas uma parte do cubo. Completa um ciclo de construção ou de reestruturação de seu mundo geométrico e de sua compreensão espacial.

Nessas *cenas*, o estar junto, expresso na intencionalidade de Ana, que acompanha atentivamente o pensamento de Rafa, mostra-se em sua materialidade mediante o movimento do corpo-próprio e seus modos de expressão, quando dá continuidade ao que Rafa está pensando e diz, apontando: outro ali, *outro ali*.

5. Finalizando e apresentando nossa compreensão sobre o efetuado

Nossa investigação enfocou o conhecimento pré-predicativo e maneiras de obter e de analisar dados a respeito de sua manifestação. Trabalhamos com a materialidade das expressões postas em gestos e em falas que indicam compreensões em estado nascente. Acompanhamos o movimento desse pensar encarnado que vai se explicitando no corpo-próprio, habitando palavras já ditas e carregadas de significados transportados pela tradição.

Queremos deixar claro que entendemos o pensamento pré-predicativo como sendo importante na produção do conhecimento. Com nossas pesquisas, estamos compreendendo que enfocá-lo e trabalhar nesse nível de pensamento possibilita lançar luz na obscura ruptura imposta pela separação radical entre o pré-predicativo e o predicativo, tão presente na ciência ocidental moderna e, embora questionada, também na contemporânea. Ruptura essa que tem trazido dificuldades, insegurança, desconhecimento, sentimento de impotência em relação à articulação entre *o conhecimento popular, ou cotidiano ou do senso comum* e o *científico*. Essa obscuridade em torno desse nó da trama da produção do conhecimento reflete-se fortemente na educação formal que ocorre em instituições socialmente definidas para esse fim, como é o caso da escola.

Bibliografia

BICUDO, Maria Aparecida Viggiani. *Fundamentos de Orientação Educacional*. São Paulo: Editora Saraiva, 1978.

______. A compreensão do Simbólico na Educação Matemática. *Bolema*, Rio Claro, ano 9, n. 10, 1994.

______. A Percepção em Edmundo Husserl e Merleau-Ponty. In: *Veritas*, Porto Alegre. PUC-RS, v. 42, n. 1, mar. 1997.

______ (Org.) *Pesquisa em Educação Matemática*: Concepções & Perspectivas. São Paulo: Editora da UNESP, 1999.

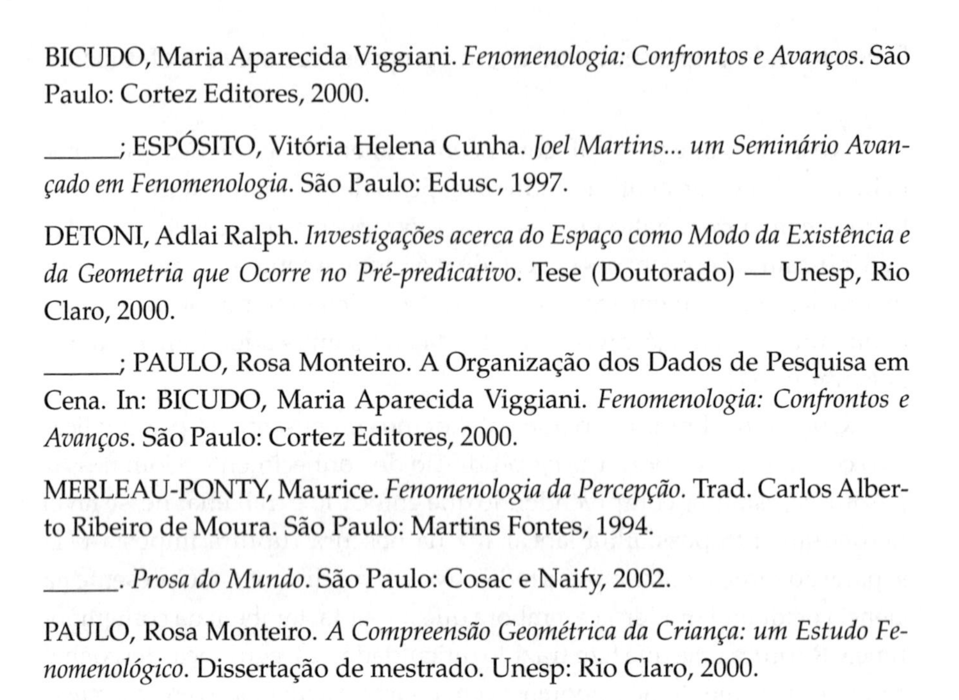

BICUDO, Maria Aparecida Viggiani. *Fenomenologia: Confrontos e Avanços*. São Paulo: Cortez Editores, 2000.

______; ESPÓSITO, Vitória Helena Cunha. *Joel Martins... um Seminário Avançado em Fenomenologia*. São Paulo: Edusc, 1997.

DETONI, Adlai Ralph. *Investigações acerca do Espaço como Modo da Existência e da Geometria que Ocorre no Pré-predicativo*. Tese (Doutorado) — Unesp, Rio Claro, 2000.

______; PAULO, Rosa Monteiro. A Organização dos Dados de Pesquisa em Cena. In: BICUDO, Maria Aparecida Viggiani. *Fenomenologia: Confrontos e Avanços*. São Paulo: Cortez Editores, 2000.

MERLEAU-PONTY, Maurice. *Fenomenologia da Percepção*. Trad. Carlos Alberto Ribeiro de Moura. São Paulo: Martins Fontes, 1994.

______. *Prosa do Mundo*. São Paulo: Cosac e Naify, 2002.

PAULO, Rosa Monteiro. *A Compreensão Geométrica da Criança: um Estudo Fenomenológico*. Dissertação de mestrado. Unesp: Rio Claro, 2000.

Matemática, monstros, significados e Educação Matemática

*Romulo Campos Lins**

1. Apresentando o Quadro Geral

Desde que eu comecei a dar aulas de Matemática — e talvez até mesmo antes, quando eu era aluno da escola — sempre me espantou que um número significativo de alunos que eram muito bons, e até brilhantes, em outras áreas, sofressem tanto para passar de ano em Matemática.

Eu custava a acreditar que meus alunos ou colegas de escola tivessem, em relação a mim — para quem a Matemática sempre foi agradável e desafiadora e "natural" —, alguma "deficiência", alguma falta intelectual que lhes impedia de se saírem bem, com pouco ou nenhum esforço, naquelas coisas que chegavam a me parecer triviais.

Olhando em retrospecto, depois de quase 25 anos de carreira profissional na Educação Matemática, penso que o primeiro raio de luz que vi com relação a esta questão foi um estudo de minha colega inglesa Celia

* Professor do Programa de Pós-Graduação em Educação Matemática da Unesp, campus de Rio Claro-SP. A pesquisa que embasa este texto conta com o apoio do CNPq.

Hoyles (do Institute of Education, University of London), feito em meados dos anos 1980. Neste estudo ela investigava, entre alunos de escola, a correlação entre gostar ou não de cada "matéria" e gostar ou não do professor ou professora.

O resultado a que ela chegou era o de que com relação à Matemática, muito mais do que em qualquer outra disciplina, havia uma forte correlação positiva entre gostar do professor e gostar da matéria, isto é, na grande maioria dos casos alunos se colocavam em "gostar do professor e gostar da matéria" ou em "não gostar do professor e não gostar da matéria". Nos outros casos, cruzados, muito poucos.

Uns anos depois, procurando entender melhor este resultado de Hoyles, me ocorreu algo: talvez a Matemática que tínhamos na escola só existisse dentro da escola e, como consequência, todo o contato que tínhamos com ela era através daquele professor ou professora, fazendo acentuar marcadamente o efeito de aceitação ou rejeição da matéria associado a gostar ou não do professor.

O aluno que estuda Português na escola, na rua fala, lê e escreve, ou seja, tem um intenso contato com a língua escrita e falada. O aluno que estuda Geografia na escola, vê, em jornais e revistas ou na televisão, falarem de outros países, de rios, de mares, de montanhas, de povos e do que eles fazem. E mesmo para a Biologia, a Química e a Física, elas aparecem nas notícias e nos gibis.

Uma solução que parece indicada nesta situação, é buscar fazer os alunos verem "a Matemática na vida real", "trazer a vida real para as aulas de Matemática". Certas ideias da Etnomatemática, como propostas por Ubiratan D'Ambrósio, a Matemática realista da equipe do Instituto Freudenthal (Utrecht, Holanda), e a Modelagem Matemática como recurso pedagógico, todas estas e outras propostas têm por objetivo — ao menos em parte — ligar a Matemática que se estuda nas salas de aula com a "Matemática do cotidiano", "da vida".

Está claro que estas propostas representam passos importantes para a Educação Matemática, porque expuseram, com firmeza, em primeiro lugar, que havia uma grande distância entre o que eram as salas de aula de Matemática e o que era a vida ordinária das pessoas e, em segundo lugar, que não bastava aprender a Matemática primeiro e aplicações depois.

Eu não quero me alongar aqui no exame destas tendências-abordagens. Se as menciono é apenas para delimitar melhor o problema a que me disponho tratar aqui: há um considerável estranhamento entre a Matemática acadêmica (oficial, da escola, formal, do matemático) e a Matemática da rua,[1] e o problema não é apenas que a academia ignore ou desautorize a rua, mas também que a rua ignora e desautoriza a Matemática acadêmica, fato que é, na maior parte dos casos, mal compreendido e não considerado seriamente na Educação Matemática, embora seja um fato de grande alcance.

Para dar uma imagem simples: o aluno chega à escola, tira das costas a mochila com as coisas que ele trouxe da rua e a deixa do lado de fora da sala de aula. Lá dentro ele pega a pastinha onde estão as coisas da Matemática da escola, e durante a aula são estas as coisas que ele usa e sobre as quais fala. Ao final do dia escolar ele guarda a pastinha, sai da sala, coloca de volta a mochila da rua, e vai embora para casa. É bastante interessante considerar que na mochila da rua — assim como na vida cotidiana — as coisas estão organizadas (agrupadas, categorizadas) de maneira bastante diferente daquela das pastinhas *disciplinares* da escola. Penso que este fato merece bastante mais atenção de nossa comunidade (veja-se, por exemplo, Lakoff, 1990, onde é feita uma interessante discussão de sistemas de categorias, do ponto de vista da Linguística).

Essa minha imagem é derivada das noções presentes no Modelo Teórico dos Campos Semânticos (MTCS), apresentadas, por exemplo, em Lins (1999, 2001) e Lins e Gimenez (1997), e é a partir da perspectiva dos processos de produção de significado que vou tratar deste problema.

Mais recentemente, talvez já no ano 2000, por meio do livro *Pedagogia dos Monstros*, editado por Tomaz Tadeu da Silva (da Silva, 2000), tomei conhecimento da chamada "Teoria dos Monstros". Este conjunto de ideias começou a se desenvolver no âmbito da Teoria Literária, com o estudo de um tipo particular de literatura, aquela que tem monstros entre seus personagens (por exemplo, Drácula e outros vampiros, e Frankenstein). Daí ela foi abraçada por pensadores da área de Estudos Culturais, que propuseram que se estudasse culturas através do estudo dos monstros que ela gera, cria.

1. Esclarecerei estes termos melhor, mais adiante.

Neste capítulo, ao invés de querer estudar uma cultura através do estudo dos monstros que ela cria, examinarei de que forma monstros podem ter um papel de regulador da diferença entre duas "culturas", a da Matemática do matemático e a da Matemática da rua.

O plano geral é o seguinte: vou argumentar que aquele estranhamento, entre a Matemática da rua e a Matemática do matemático, é construído por processos de produção de significado, e farei isso a partir da ideia de que na Matemática do matemático há *seres* que ao mesmo tempo em que mantêm a maioria das pessoas fora do Jardim do Matemático, por serem para elas *monstros monstruosos*, são, para o matemático (entendido como aquele que circula pelo Jardim) *monstros de estimação* que, ao invés de assustarem, são fonte de deleite.

Para iniciar o argumento, vamos aceitar que o Jardim do Matemático é onde os matemáticos estão praticando a sua Matemática. A partir daí vou argumentar que o fracasso de tantos com relação à Matemática escolar não é um fracasso de quem não consegue aprender *embora tente*, e sim um sintoma de uma *recusa* em sequer se aproximar daquelas coisas. Uma espécie de autoexclusão induzida.[2]

2. A Matemática do Matemático

Este é um assunto espinhoso. Em certa medida sua discussão poderia confundir-se com tentar dar uma resposta à pergunta "O que *é* a Matemática?", e é bem sabido que ao tentar responder a esta pergunta nos envolvemos com assuntos complicados e polêmicos, dos problemas técnicos à discussão dos pressupostos de onde partimos.[3]

Vou me afastar, aqui, deste caminho. Ao invés disto, vou procurar apenas alinhavar duas características do que parece ser a Matemática *para os matemáticos*, de maneira até um pouco ingênua. É que não preciso mais do que isso para prosseguir em meu argumento.

---

2. Para ilustrar, faço uma analogia com o processo de autocensura na Imprensa, induzido pela Censura da ditadura militar mais recente, no Brasil.

3. Fica aqui, apenas, a referência a toda a extensa literatura da Filosofia da Matemática.

Começo com uma ideia apresentada por nosso colega Roberto Baldino, que considera que a Matemática dos matemáticos seja resultado de um esforço (processo histórico) de colar significados a significantes. O que entendo por isso pode ser exemplificado na seguinte situação: se um matemático diz que "limite de uma função *f* é tal e tal e tal", é *isso* que "limite de uma função *f*" *fica sendo*, e isso não se dá por alguma causa *natural* (definição descritiva), mas por uma determinação simbólica (definição constitutiva).

O que isso implica é que quando o matemático define um objeto, não cabe a discussão de se esta definição corresponde bem ou não a algo *fora* da própria Matemática. Se for para discutir se um objeto definido é ou não "bom", isto é feito apenas com relação a se ele ajuda a abrir áreas "interessantes" de estudo ou se ajuda a estabelecer novas relações que esclareçam ou resolvam *problemas* já postos.

Para dar um nome a isto, direi que a Matemática do matemático é *internalista*.

A este internalismo juntamos uma outra característica importante, que é a de que os objetos da Matemática do matemático têm uma natureza *simbólica*. Esta natureza simbólica — que se opõe a uma natureza *ontológica* (veja, por exemplo, Lins, 1992) — quer dizer que os objetos são conhecidos não no que eles *são*, mas apenas em suas *propriedades*, *no que deles se pode dizer*. Para exemplificar: quando o matemático define o que seja *a* estrutura de grupo, não importa "quais" ou "quem" os elementos do conjunto de base *são* (por exemplo, números, polinômios, permutações ou conjuntos), nem qual seja especificamente a operação em questão (como, de modo particular, dois elementos são "multiplicados", qual o "resultado" de uma "conta" particular). O que importa são as *propriedades* desta operação: ela é associativa, há um elemento neutro, todo elemento tem um inverso. A partir daí estuda-se que outras propriedades e relações são implicadas por estas propriedades (daí a ideia de uma ciência das situações possíveis ou hipotéticas).

Juntas, estas duas características — internalismo e objetos simbólicos — dão conta de muito do que se quer dizer quando se diz, ainda que informalmente, que a Matemática do matemático é "teórica" ou "abstrata" e de que, em sua des-familiaridade para o homem da rua, põe em movimento o processo de estranhamento.

Embora muito se diga que em Euclides encontramos as "origens" de "nossa" Matemática, o fato é que as definições em Euclides são *descrições do que já é e não poderia ser de outro modo* (reta, por exemplo), e os postulados são *verdades evidentes*, e vale a pena observar que são e-videntes (vistas) e não e-pensantes (pensadas). Os sentidos têm aí um papel importante.

E na mesma Matemática grega clássica, *número* (adotando a noção aristotélica, tomada em Euclides e Diofanto, cf. Klein, 1992) é o resultado de se *medir* uma coleção de coisas com uma unidade, de modo que zero não é *nada*, e um — assim como metade e terço — não é *número*. *Números* são 2, 3, 4.[4]

Em oposição a este entendimento, encontramos um cenário bastante diferente na Matemática islâmica da Idade Média baixa — onde a *palavra* era central, dada a importância do árabe como a língua sagrada do Corão — e na Matemática chinesa clássica, onde eram os métodos que a organizavam[5] (cf. Lins, 1992). O próprio al-Khwarizmi se opunha à "importação" da Matemática grega para o mundo islâmico (ibidem).

Já na Matemática da Idade Média europeia, curiosamente muito mais influenciada pela Matemática do Islão e da Índia do que pela da Grécia,[6] encontramos Cardano, no princípio do século XVI, fazendo contas com a raiz quadrada de –15 e dizendo que devíamos deixar de lado as "torturas mentais", para dali a uns 15 anos Bombelli já estar falando disso fluentemente (apresentando as regras para estes cálculos). É evidente que o "ontologismo" grego não prosperou tão bem quanto o ocidente branco quer fazer crer, e na raiz disso pode estar o fato de que os matemáticos se interessavam mesmo era em resolver problemas e não em ficar entendendo o que as coisas eram "em sua essência". Assim, quando Arnaud diz a Leibnitz que os números negativos são "absurdos" porque não é possível termos que o menor esteja para o maior assim como o maior está para o menor

$$-1:1::1:-1$$

4. Sugiro fortemente ao leitor a leitura desta magnífica obra de Jacob Klein, *Greek Mathematical Thinking and the Origin of Algebra*, na qual ele explica de que modo o caráter ontológico do pensamento grego clássico torna tudo isso natural.

5. Assim, na Matemática chinesa havia um "zero" dentro do método para resolver problemas que para nós são "sistemas de equações lineares", mas este "zero" não pertencia a outros métodos.

6. Curiosamente, dada a insistência ideológica no "trem expresso" Grécia Antiga-Ocidente.

Leibnitz responde que de fato é uma situação estranha, mas que ele não vai se deter por isto, pois aquelas coisas *funcionam* (Lins, 1992).

O Japão e a China resistiram à Matemática "ocidental" até meados do século XIX (Martzloff, 1988; Mikami, 1913), apesar dos esforços dos jesuítas em traduzirem obras então já clássicas na Europa.

Não cabe aqui tratar do assunto em todo seu detalhe. Em Lins (1992) isto está feito com relação à álgebra.

O ponto importante, e que me levou a este "desvio" histórico, é argumentar que esta Matemática dos matemáticos *não é, de maneira alguma,* resultado de um progresso que começa na Grécia Antiga e só caminhou por bons caminhos. E também não estou me referindo a alguma crítica a uma suposta "linearidade" destes desenvolvimentos. Eu quero chegar, mesmo, é ao ponto de que foi apenas a partir do século XIX que *os matemáticos* se engajaram num processo de depuração de sua área profissional, de sua profissão, de modo a livrá-la de tudo que fosse *extrassistêmico,* que fosse "de fora" da Matemática dos matemáticos (veja Lins, 1992).

Se é visível que o processo passou por questões internas (funções estranhas, como a função característica dos irracionais e a função sen$(1/x)$ na vizinhança do zero), o que se teve, de fato, foi um movimento que buscava livrar a Matemática do matemático de tudo que se referisse à intuição do mundo físico, não como forma de alcançar a verdade, mas como forma de garantir quem é que podia falar do assunto. Weirstrass, por exemplo, argumenta que deveríamos separar nosso entendimento de números reais da ideia de reta geométrica, e propôs que os reais fossem concebidos como agregados de "dígitos" de ordem diferentes, e Gauss — diz-se — recusou-se a publicar sua fundamentação geométrica dos números complexos, porque suas reflexões já o haviam convencido de que a geometria euclidiana não era a única, ou absoluta. De modo semelhante, Hamilton aceita apenas os naturais como "naturais" (uma ingerência da intuição do mundo "real"...) e propõe construções para os inteiros e os racionais, mas termina por realizar a construção de um sistema de "números" de "dimensão quatro", e Dedekind se engalfinha com a reta real *na tentativa de livrar-se dela*. Finalmente, Cantor mostra que há "mais" reais do que racionais, um "fato" de uma natureza verdadeiramente... monstruosa.

A história internalista deste processo é riquíssima, sem dúvida, mas, argumento, a escrita desta história foi estimulada de forma *teleológica,* justamente a partir do que a Matemática do matemático veio a se tornar em nosso tempo. Por que, ao lado dos problemas "técnicos" que "motivaram" as mudanças, não consideramos também que Peacock, na segunda metade do século XIX, se sente pressionado a publicar *duas* álgebras, uma das quais os números negativos estão banidos, e outra, a *Álgebra Simbólica*, na qual "vale tudo"?[7] Por que não discutir que nessa mesma época havia, em Oxford, acadêmicos que podiam *dizer em público* que os números negativos eram absurdos? Ou considerar que o pai de Janos Bolyai disse, em carta, a seu filho, que abandonasse aquela ideia de geometrias estranhas?

Não, leitor, estas não seriam meras esquisitices, desvios do bom caminho: estes e outros personagens estavam *no centro* dos desenvolvimentos da época.

Tudo isso para dizer: o que *realmente* aconteceu, começando na primeira metade do século XIX, e se consolidando na segunda metade desse século e na primeira do século XX, foi um processo de profissionalização do matemático, um processo que culminou por estabelecer que o que define a Matemática do matemático são certos modos — tomados então como *legítimos* — de produção de significado para a Matemática, um conjunto de enunciados.

Meu colega Baldino aponta um paradoxo, na afirmação de que "Matemática é o que o matemático faz", perguntando "mas e quando ele está fazendo a barba?". Este aparente paradoxo é resolvido por este processo de profissionalização e demarcação: "Matemática é o que o matemático faz quando ele diz que está fazendo Matemática". Mas esta autoridade não está constituída pela vontade particular, individual, deste ou daquele matemático, e sim na existência *de uma instituição cultural* (e, portanto, histórica e material).

Antes deste longo e lento processo nos séculos XIX e XX, a Matemática não era "pura", não era "do matemático". Ela servia a quem dela precisasse, astrônomos, comerciantes, diletantes, gente querendo ganhar

---

7. Em seu *Treatise on Algebra*, de 1845, Peacock diz que: "*Definir* é designar, de antemão, o significado ou condições de um termo ou operação; *interpretar* é determinar o significado de um termo ou operação em conformidade com definições ou condições previamente dadas ou designadas. Por esta razão nós *definimos* as operações na álgebra aritmética de acordo com seu significado popular, e nós as *interpretamos* na álgebra simbólica de acordo com as condições simbólicas às quais elas estão sujeitas" (p. 448 ss.).

dinheiro em duelos "matemáticos" com outros (os algebristas italianos da Idade Média). E teólogos escreviam contra o absurdo do Cálculo (Bispo Berkeley) e se falava de funções contínuas por referência ao movimento contínuo da mão, traçando uma curva no papel sem tirar o lápis de sua superfície. De um certo modo exagerado, era como é a educação hoje: todo mundo se sentia autorizado a dar palpite.

Hoje, não. A Matemática foi profissionalizada — supostamente em nome de seus assuntos internos, questões de precisão e rigor —, e ficou estabelecido quem é que pode falar disso *propriamente*. Não é à toa que Jean Dieudonnée — João Dado-por-Deus, famoso matemático francês, um dos membros do movimento Bourbaki — disse que se deveria perguntar aos matemáticos o que é realmente importante ali e de que modo, pois apenas assim poderíamos aspirar a uma instrução Matemática com *alguma* qualidade, *do primário à universidade*.

Volto até o início desta seção: internalismo e objetos simbólicos são parte importante da grife da Matemática do matemático, assim como o vermelho e o cavalinho são parte da grife dos carros da Ferrari. Morris Kline, em seu *Mathematics, the Loss of Certainty*, recorda a frase de Bertrand Russell sobre a Matemática, de 1901: "Mathematics may be defined as the subject in which we never know what we are talking about nor whether what we are saying is true".[8] A primeira parte fala dos objetos simbólicos, a segunda sobre o internalismo. Seria insano supor que Russell está verdadeiramente falando sobre a possibilidade de os argumentos da Matemática serem (logicamente) falsos, ele só pode estar se referindo ao fato de que *não importa* se as "verdades" da Matemática são ou não "objetivamente" verdadeiras no sentido ontológico.

Eu já havia antecipado a espinhosidade do assunto. Mas fico com o que declarei no início desta seção, com a versão ingênua de que internalismo e objetos simbólicos bastam para que eu prossiga em meu argumento, e agora me sinto na obrigação de dizer por quê.

Meu alvo é o estranhamento entre escola e rua.

O internalismo coloca o matemático na posição de um deus. *Fiat lux*. Falou, está falado. A Matemática do matemático *não depende* (em seus

8. "A matemática pode ser definida como a disciplina em que nunca sabemos sobre o quê estamos falando, nem se aquilo que estamos dizendo é verdadeiro".

próprios termos) *de nada que exista no mundo físico*, e, portanto, esta Matemática do matemático não tem como ser natural para os cidadãos ordinários (em que pesem os interessantes mas frágeis argumentos alinhavados por Lakoff e Nuñez, 2000), tornando-se, assim — a Matemática dos matemáticos —, muito hábil em engendrar seres estranhos. Os números negativos que o digam.

E objetos simbólicos são igualmente bizarros: faz sentido ordinário falar de um objeto, dizendo que se jogado ao chão ele se quebra, sem antes ter passado por dizer que ele é, por exemplo, de vidro? Na vida ordinária, não: primeiro dizemos o que uma coisa *é, depois* falamos dela.

Este é "um portão da diferença". É lá que vamos nos encontrar com os monstros.

3. Monstros

O que me parece mais interessante nessa ideia de pensar com monstros e sobre eles é o fato de que os monstros nos sejam tão familiares na cultura popular — dos filmes, livros e gibis. Existiam em nossas vidas como coisa sem outra importância que não fosse o divertimento e, de repente, se mostram imagens tão esclarecedoras de coisas que antes pareciam obscuras. De certo modo, é minha oportunidade de fazer, ainda que modestamente, o que Slavoj Zizek faz com brilhantismo, ao utilizar a cultura popular para esclarecer as ideias da psicanálise lacaniana.[9]

Para começar, podemos pensar em um monstro qualquer, qualquer um. Drácula, por exemplo. Tomo Drácula porque ele mexe com tantas de nossas angústias: submissão hipnótica ao mal (simbólico, porque o rosto dos atores e o texto dos livros sugere outra coisa que o *mal*), a maldição de viver para sempre (como se a vida fosse a verdadeira maldição), sensualidade proibida.

Essas são coisas de Drácula e de outros vampiros. Imagino que poucos falariam assim, por exemplo, de Frankenstein, mas deste falariam de orfandade, de origens, de alma.

---

9. Recomendo altamente o livro *Looking Awry*, no qual Zizek fala da psicanálise lacaniana através dos filmes da cultura popular.

Mas Drácula, Frankenstein e os outros monstros têm algumas coisas em comum.

Primeiro, *eles não são deste mundo*. Isso quer dizer que o *monstro* não é uma coisa que eu *espere que apareça à minha frente na sala de minha casa*. O monstro não é uma fera. Não é um cachorro feroz nem um leão nem um morcego (por mais que existam morcegos que tomam o sangue de bois). E o monstro não é uma aberração, como o homem-elefante ou a mulher barbada do circo ou as gêmeas siamesas com o crânio ligado. É disso que fala, em meu entendimento, a tese que diz que o corpo do mundo é cultural, da qual falarei mais adiante.

Em segundo lugar, e justamente por não serem deste mundo, *os monstros não seguem as regras deste mundo*. O Lobisomem, por exemplo, não é morto por balas comuns, e o Frankenstein tem uma força sobre-humana e não tem passado. Vampiros são queimados por água corrente e fogem de alho. Outros monstros têm poderes reprodutivos únicos (o Gremlin) e muitos dos monstros modernos têm, embora sejam criaturas macroscópicas, capacidade de regeneração apenas encontrada em seres microscópicos (o monstro de Alien). Há ainda os ciborgues, fantásticas criaturas sintéticas que, nos é insinuado, são máquinas capazes de terem emoções (o replicante da cena final de Blade Runner), como se seu microondas ou computador pudessem ter emoções e intenções.

E será que não podem? Por que, então, xingamos computadores e batemos neles e em TVs como se estivessem querendo nos fazer mal, atrapalhar nossas vidas *justamente quando precisamos deles*? Esse animismo, que também se aplica aos monstros que criamos, sugere que é a partir do mundo humano que produzimos significado para o mundo das coisas, e não ao contrário.[10]

---

10. Há pelo menos duas direções diferentes a explorar, a partir do que está neste parágrafo. A primeira se refere à inversão de uma tese de George Lakoff, a que diz que a possibilidade de que produzamos significado linguístico reside no fato de que nascemos em um mundo que é como é, e que nós somos como somos; assim, a base da produção de significados está nos esquemas pré-conceituais que, em as coisas sendo como ele diz, nós desenvolvemos. Por exemplo, o esquema de "conteiner" (dentro e fora; desenvolvido, talvez, no dentro e fora de mim associado à alimentação), que estaria na base do significado de "conjunto". Mas, eu afirmo, o animismo sugere fortemente que nós nascemos mesmo é no mundo dos humanos, de modo que se o ovo estoura na frigideira e "joga" óleo quente em mim, é *natural* dizer *ao ovo* algo como "por que você está fazendo isso comigo?". A outra direção, que é a das fronteiras entre humanos e máquinas,

É porque não seguem as regras deste mundo que eles são assustadores. Apenas por isso eles são assustadores, *monstruosos* (como o seria um microondas que teima em abrir a porta por conta própria). Como matar o Drácula ou evitar que ele me domine hipnoticamente? Como parar o Frankenstein? Como derrotar os clones malvados do Gremlin original, que é bonzinho? Como saber que o ET não veio aqui para me dominar?

O monstro me paralisa exatamente porque não sei como ele funciona, como devo agir com relação a ele, *não sei o que posso dizer dele*, isto é, *o único significado que consigo produzir para ele é exatamente este, "não sei o que dizer"*.

É essa a imagem *comum, popular*, que se deve ter em mente ao olharmos para as *teses sobre os monstros*. Estas teses buscam captar o que os monstros são para nós, para nossas culturas. É por esta brecha que tentarei entrar: os monstros são monstros de *minha* cultura, e assim não posso evitar vê-los. E ao mesmo tempo eles são *diferentes* e *monstruosos*, e por isso me paralisam.

No livro que já mencionei, *Pedagogia dos Monstros*, há um artigo de Jeffrey Jerome Cohen, de título "A Cultura dos Monstros: Sete Teses" (da Silva, 2000). São estas sete teses que irei examinar como base de meu argumento posterior, mas para localizá-las um pouco melhor, falarei da Introdução que o editor, Tomaz Tadeu da Silva, escreveu.

Tomaz começa dizendo que,

> "Senhoras e senhores, lamentamos informar que o sujeito da educação já não é mais o mesmo". Este parece ser o anúncio mais importante da teoria cultural e social recente. O sujeito racional, crítico, consciente, emancipado ou libertado da teoria educacional crítica entrou em crise profunda (p. 13).

O livro se anuncia, desde a capa, como falando sobre "a confusão de fronteiras". O tema do monstro será tomado como exemplar, em nossas culturas, dessa confusão, e o que pretendo fazer é me aproveitar de tal

---

é explorada na literatura mencionada em da Silva (2000), mas sugiro aqui que esta discussão pode ser radicalizada e estendida às fronteiras entre gentes e coisas; um ponto de partida é a discussão de por que em caso de morte cerebral pode-se autorizar a remoção de órgãos para transplante, se tudo mais vive? Fica a indagação sobre se *na verdade* esse resto, o corpo biológico menos o cérebro, já não passe hoje, e *para nós*, de u'a máquina: o ciborgue não é isso? Retire-se o processador central e o resto para.

"confusão" para falar não da construção de *nossa* identidade, mas sim do processo de *impor a outros* uma des-identidade — neste caso, impedir que o outro tenha a *minha* identidade. O estabelecimento da confusão de fronteiras já antecipa que tudo isso está fadado ao fracasso *enquanto obra acabada*, embora possa ser eficiente como processo, enquanto for mantido em movimento. Teremos de nos contentar — assim como o olhar que nunca mira de frente aquilo que está na posição do objeto do desejo (Zizek, 1991a) — com correr atrás do que não se *deve* alcançar nunca e, para criar a possibilidade de suportar tudo isso, naturalizar esta monstruosidade (segundo alguma racionalidade).[11]

Como podemos comunicar a nossos colegas educadores que desistimos de pensar que é possível termos uma ação educativa objetivamente efetiva, ainda que este "objetivamente" seja plenamente adjetivado — e não sugerir o desânimo? Como dizer que toda intenção de "melhoria" vai escorrer por entre nossos dedos, não importa se é para melhorar para o capital ou para o trabalho, se para o humanismo ou para o fundamentalismo budista?

Monstros.

Com eles (sim, *com* eles, e não apenas *por intermédio* deles) será possível dizer que não existe

> (...) algo como um núcleo essencial de subjetividade que pode ser pedagogicamente manipulado para fazer surgir seu avatar[12] crítico na figura do sujeito que vê a si próprio e à sociedade de forma inquestionavelmente transparente, adquirindo, neste processo, a capacidade de contribuir para transformá-la (da Silva, 2000, p. 13).

Assim como é cômodo dar aula expositiva, acreditando que a comunicação efetiva existe ("eu falo e ensino, você entende e aprende"), é cômodo pensar que é possível que eu cumpra a tarefa que me foi designada (ensinar esta ou aquela parte do currículo neste meu período com estes jovens, promover esta ou aquela passagem de nível de desenvolvimento

---

11. É assim que, como está no verbete "A espera", do *Fragmentos do Discurso Amoroso*, de R. Barthes, uma hora o apaixonado se levanta e parte com o banco, sentado, no qual já havia esperado cem noites pela amada.

12. Anunciador.

num dado período de tempo) — uma linha de montagem de gente "boa". E assim como Derrida disse que a comunicação "efetiva" é um acidente, diremos que a educação "efetiva" é um acidente. É claro que é possível dizer que é a complexidade do fenômeno educacional que causa esta *aparência* de dúvida da realização, mas que *em essência* ela aconteceu, mas aí invocamos Hegel-Zizek (Zizek, 1991b) para dizer que esta essência não passa da afirmação de que aquela aparência é *apenas* uma aparência.

Não vou me alongar nisso. O leitor fica convidado a ler a *Pedagogia dos Monstros* para saber mais do que se trata, e a ler também o livro *Educação Matemática Crítica*, de Ole Skovsmose (2001) para uma referência excelente sobre a visão da educação crítica.

Vou enunciar e comentar as sete teses de Cohen, não para resumi-las, mas para me aproveitar delas. Vou falar delas para poder falar do que é que se pode fazer quando se perde a esperança de intervenção objetiva e efetiva. Para dizer que há, sim, o que fazer, mas para dizer também que se pode esperar disso pouco — ou algo que se parece muito pouco — com o que costumamos achar que estamos conseguindo fazer na escola de hoje. Com "me aproveitar" quero dizer apenas que não vou querer ser um interpretador fiel ou um leitor cuidadoso; se faço isso ou não, fica para o leitor dos dois textos dizer. Quero tomar as "manchetes" — os títulos de cada uma das teses — elaborar minhas próprias notícias.

3.1 Primeira Tese: O Corpo do Monstro é um Corpo Cultural

O monstro não é "deste mundo" (das coisas "duras", "objetivas"). Definitivamente ele não *poderia* aparecer à minha frente, como se fosse um perigoso Pitbull a ranger os dentes. Quando encontramos o monstro, não sabemos o que fazer, não fomos educados — nem pela vida, nem pela escola — a lidar com essa situação. Força bruta (armas convencionais) não funciona: talvez balas de prata (por que não de ouro?). Talvez nem isso, como no caso do Exterminador do Futuro. Alho — mas não cebola? Uma estaca de madeira fincada no coração, por quê? A mãe-Alien cuida de seus filhotes com o zelo de uma mãe humana, mas resiste a toda agressão e é desumana com os humanos. Um frio ciborgue (a emoção é que — dizem — diferencia humanos de máquinas — algo deve fazê-lo) que chora — mas a lágrima não pode ser vista, como passa na cena final de Blade Runner.[13] A lógica do combate ao monstro não me é nem um pouco familiar, e é isto que torna as histórias de monstro sempre tão emocionantes e inesperadas em suas soluções. Jorge Luís Borges chama, de certa forma, nossa atenção para isto, no prefácio que escreveu para o livro *A Invenção de Morel*, de Adolfo Bioy Casares, dizendo que a literatura fantástica, a que pertence a *Invenção*, assim como muito de sua própria obra, se distingue da literatura policial, porque nesta a chave para a solução do mistério é sempre um detalhe não percebido ou um certo encadeamento dedutivo ou abdutivo dos fatos presentes, enquanto na outra a chave é um fato novo e improvável (mais propriamente: um fato fantástico) que, quando introduzido, constitui uma realidade que antes não existia.

Que o corpo do monstro seja cultural, isto quer dizer que devo abrir mão de sua realidade objetiva, que estaria sujeita, por exemplo, às leis da Física. Isso é assustador: não estou preparado para ele, eu, coisa de carne e osso. Mas assim como se diz que o professor não está preparado (ponto), eu não estou preparado para o monstro na medida em que ele não me é *familiar*: O encontro com o monstro é o momento propriamente crítico, em todos os sentidos, assim como o encontro do professor com os alunos é crítico para o professor.

E na mesma medida em que no encontro ele não me é familiar, por ser cultural pode tornar-se familiar.

3.2 Segunda Tese: O Monstro Sempre Escapa

Prefiro dizer "deixo que o monstro escape. Quem iria perseguir o monstro até o momento final, para derrotá-lo, senão os heróis?[14]

13. A imagem já é, por assim dizer, muito antiga: em Matsuó Bashô já encontramos a belíssima imagem da "lágrima nos olhos do peixe" (Bashô, XXXX). Esta discussão deve ficar, no entanto, para outra ocasião.

14. A estatística hollywoodiana deve dar algo como sete ou mais heróis mortos para cada um que sobrevive para a sequência-sequela da série; além disso, os heróis da vida real não são sempre um pouco loucos, por se arriscarem tanto? A explicação do autor de *O Gene Egoísta* é mais fantástica ainda — e com isso não quero dizer "errada": na verdade nossos corpos humanos são apenas máquinas a serviço dos verdadeiros "sujeitos", nossa cadeia genética. Assim, quando

Eu deixo o monstro escapar porque assim posso retomar minha paz, minha vida ordinária. *Nego* o monstro e a monstruosidade. *Se eu quisesse* faria como os heróis, mas não o faço *porque não é confortável*. Como eu disse, é mais fácil dar aula expositiva e manter os monstros no limbo.

Assim como no caso do desejo, não queremos *mesmo* alcançar o monstro, e terminamos sempre apenas com vestígios dele. Como diz Cohen em seu artigo (da Silva, 2000, p. 30):

> Uma "teoria dos monstros" deve, portanto, preocupar-se com séries de momentos culturais, ligados por uma lógica que ameaça, sempre, mudar; fortalecida (...) pela impossibilidade de obter aquilo que Susan Stewart chama de a desejada "queda ou morte, a paralisação" de seu gigantesco sujeito, a interpretação monstruosa é tanto um processo quanto uma epifania, um trabalho que deve se contentar com fragmentos (pegadas, ossos, talismãs, dentes, sombras, relances obscurecidos — significantes de passagens monstruosas que estão no lugar do corpo monstruoso em si).

Insisto que o central aqui, para mim, é que é isso mesmo que queremos, nós, as pessoas da rua. Não podemos evitar completamente o monstro (seu corpo é cultural), nem podemos derrubá-lo, matá-lo ou paralisá-lo. Menos mal, talvez, que fiquem sempre apenas as sombras. Mas talvez o mal resida precisamente nisto, no caso de que trato neste capítulo. Eu irei argumentar que neste deixar-fugir é que se funda um processo de seleção e exclusão exercido pela Matemática, e já que estamos falando de sombras e vestígios, de *resíduos*, não me sinto compelido a dizer de quem é esta Matemática que faz isso.[15]

3.3 Terceira Tese: O Monstro é o Arauto da Crise de Categorias

Antes de tudo, sejamos estritos. Se dizemos "arauto", dizemos "o que anuncia" algo que já existia. Pois assim é: o monstro está nos anunciando que algo *já aconteceu*. Não há como existir o que não é possível.

---

uma mãe se joga no mar para salvar o filho, está agindo assim apenas porque este ato favorece a propagação de seu próprio código genético.

15. Conforme minha noção de "resíduo de uma enunciação" (Lins, 1999).

Assim, quando o monstro aparece à nossa frente, é porque ele já era *possível*.

A crise de categorias não é senão a confusão anunciada de fronteiras. Eu ali, me pensando bem definido, e a crise me espreitando na curva da esquina. Era de se esperar que algum *estranhamento* viesse a acontecer. Talvez a surpresa não passe de desatenção, afinal.

O encontro com o monstro quer dizer que já existia algo que eu podia *conceber* mas não totalmente, algo que não posso mais recusar, mas também de que não posso dar conta. Esta é a crise de um sistema de categorias, no encontro com o monstro, é sua falência como possibilidade, para mim, de fazer o mundo ter um sentido confortável; não consigo produzir, para o monstro, significados familiares.

3.4 Quarta tese: O Monstro Mora nos Portões da Diferença

Onde mais? Ele é o que não somos, ele é o que somos. Cohen (da Silva, 2000, p. 32) diz:

> Em sua função como Outro dialético ou suplemento que funciona como terceiro termo, o monstro é uma incorporação do Fora, do Além — de todos aqueles *loci* que são retoricamente colocados como distantes e distintos, mas que se originaram no Dentro.

Criamos os monstros e, esperançosamente, queremos que eles fiquem "para lá", apenas sombras. Esta é a tese original: o monstro fica pendurado na fronteira da monstruosidade mesma, demarcando-a. É preciso, neste ponto, discutir o que esse "criar" quer dizer, porque, como eu já disse, este não é um ato autônomo que pudéssemos não ter realizado.

Para isso, quero propor uma inovação, na forma de uma primeira *inversão conceitual* — como diria Derrida. Ao contrário do que se quer fazer parecer, que há uma "terra dos monstros", em cuja fronteira ele insistiria em ficar, simbolicamente ameaçador e incômodo, e delimitando o lá e o cá (formação de identidade), afirmo que *há não monstros (gente "normal") dos dois lados dos portões da diferença.*

Dito de outra forma. O corpo do monstro é um corpo cultural — primeira tese — e, portanto, *relativo*. Esse meu monstro não é *universal*: para alguém talvez ele nem seja mesmo um monstro. O artigo de Cohen está repleto destes exemplos. Para além dos portões onde o monstro está podem existir não monstros.

Qualquer relativismo básico daria conta disso. Mas o processo central, aqui, é outro, e penso que para entendê-lo é preciso olhar um pouco para o que os que estão "do outro lado" acham de meus monstros. Se para eles meu monstro também fosse monstruoso, ele (o monstro) teria que permanecer num limbo estritamente matemático, *a fronteira*, nem lá nem cá, a linha sem espessura. E, assim, não ser nada para ninguém.[16] A inversão conceitual que introduz humanos "do lado de lá" introduz, também, a possibilidade de que monstros não sirvam apenas para que eu tente definir minha própria identidade — talvez sem sucesso, insisto em admitir —, mas também para que *alguém mais* tente definir *minha* identidade possível, ao dizer o que eu *não* sou.

Esta é a tese que vou defender, em inversão a esta quarta tese de Cohen: o monstro que eu mesmo crio pode estar a serviço de alguém mais que não eu. Nisso, talvez seja possível existir sucesso.

Isto me leva à

3.5 Quinta Tese: O Monstro Policia as Fronteiras do Possível

Possível para quem? Se estamos na situação original, em que eu mesmo defino (possivelmente) minha identidade, o policiamento do monstro impede, supostamente, que eu ultrapasse os limites do normal, do aceitável, do legítimo; "tudo bem, aquilo sou eu, mas apenas em meu *limite*, que não deve ser ultrapassado" (Mas pode? Não é *limite*?). Mas se tomamos minha tese reformulada, fica possível entender que o monstro policia, talvez, a entrada naquela terra — em nosso caso, o Jardim do Matemático —, de modo que o que era limite, agora é *obstáculo*. Em outras

16. Essa já é uma monstruosidade, a linha que não tem espessura, anuncio.

palavras, enquanto na formulação mais inicial diz-se que criamos o monstro para dizermos quem não somos, digo aqui que nesta nova situação o monstro é uma forma de *um outro* (neste caso o matemático) dizer quem *eu* não sou e me impedir de entrar no Jardim. Diz-se que no portal de entrada da academia de Euclides estava escrito "que não entre aqui aquele que é ignorante da Geometria".

Esta é minha segunda inversão conceitual: o monstro não policia minha normalidade, mas sim *o terreno de outrem*, ou, como mostrarei mais adiante, a "racionalidade" de outrem.[17]

É com esta tese que estabeleço uma distinção fundamental para meu argumento. A cena não é uma na qual existamos, todos nós, "do lado de cá", e exista uma fronteira, onde está o monstro, e que "o lado de lá" se constitua apenas no que não sabemos — nem podemos saber — ser. Não é isto. Na verdade existem humanos que vivem *também* "do outro lado". São humanos que vivem aqui e lá. Mas como isto seria possível, se o monstro estivesse lá para impedir a humanos que passassem pelos portões da diferença? Surpreendentemente, a resposta depende apenas de uma imagem totalmente mundana, ordinária: uma rua dum lado, um muro no meio, uma casa do outro, um cão de guarda, protegendo a casa. Os donos da casa vivem lá e cá, e o cão de guarda não os assusta.

A situação é complexa, porque quem garante que o monstro exerça sua função de me impedir de entrar lá, paradoxalmente, sou *eu*, porque sou *eu* que *me* paraliso frente a ele, sou *eu* que digo a mim mesmo "não sei o que fazer", e, aos outros "não há o que fazer".

A semelhança com o caso do cão de guarda pode ser explorada um pouco mais, e este é meu ponto central neste texto: o monstro é *monstruoso* para mim, e *de estimação* para aquele que passeia no Jardim que ele guarda.[18]

---

17. As aspas servem, aqui, para usar a palavra sem dono. Esta racionalidade que é protegida pelo monstro é apenas mais uma.

18. O processo que opera isso, esclarecerei mais adiante.

Monstros de estimação são muito comuns na cultura popular. Por exemplo, o Pé Grande, que vive com uma família de classe média americana e é o melhor amigo de um garoto de seus sete anos, mas que deve ser escondido quando chegam as visitas, ou a Família Adams, ou Os Monstros, o ET, o Gremlin, o vampirinho da novela, os robozinhos de *Guerra nas Estrelas*, Gas-

É *isso* que introduz a coisa estranha, o *estranhamento*: *eu* ponho, no terreno do outro, um cão de guarda *monstruoso* que me impede de entrar lá. No suposto mundo racional, isto é improvável — para dizer o mínimo: quero entrar neste quarto, mas tranco a porta e jogo fora a chave (como talvez aparecesse num verbete de Barthes).

3.6 Sexta Tese: O Medo do Monstro é Realmente uma Espécie de Desejo

Diz Cohen (da Silva, 2000, p. 48):

> Para que possa normalizar e impor o monstro está continuamente ligado a práticas proibidas. O monstro também atrai.

Se não atraísse, o que aconteceria, para que serviria? Eu acho que nem notaríamos o que se passa "do lado de lá", se há humanos ou não, se há monstros ou não; os monstros que ficassem nos portões, e a confusão de fronteiras "que se lixasse" (como, de resto, se dá em tantas outras situações da vida). O Jardim do Matemático seria, para todos os efeitos, uma cidade fantasma, talvez uma Atlântida, para romancear. Para o que nos interessa, é exatamente esse efeito de atração pelo monstro *monstruoso* que cria alguma *importância* para aquilo que o matemático realiza: ele vive com coisas que me paralisam; ele fala coisas sobre as quais não *consigo* falar nada.

Como observou, com grande clareza, meu colega Roberto Baldino, a lógica, aqui, não é a de alguma curiosidade ou "frustração": é a lógica de um capital, mais precisamente de sua acumulação através da apropriação de uma mais-valia, exercida na forma da seleção realizada pelo sistema acadêmico-escolar: *aquilo é desejável porque poucos têm*. É a lógica de um desejo, e é regida por um capital. Se a Matemática fosse coisa só para os inteligentes, mas ao mesmo tempo fôssemos todos "inteligentes", não haveria capital acumulado, não haveria desejo. A lógica do consumo é que nem sempre ele possa ser consumado; um caso particular da situação

---

parzinho, e por aí vai. Talvez devêssemos incluir até mesmo os amiguinhos invisíveis das crianças pequenas...

do desejo. É por isso que é útil, para os que passeiam pelo Jardim, manter um certo segredo sobre o fato de que os monstros são, para eles, monstros de estimação. É bom esclarecer que não penso que isto se opere de modo consciente, como se eles agissem como um *lobby*; pelo contrário, penso que se opera na forma de um valor próprio da comunidade — em grande parte implícito —, valor que é assumido, de formas diversas, também fora dela (não gostar de Matemática, ser difícil, ser chata).[19]

Voltando ao monstro. Este monstro de que estamos falando, o que guarda o Jardim do Matemático, nos desafia, mas isto só quer dizer que nós ficamos ali ao invés de avançarmos em sua direção ou darmos as costas e irmos embora. Não é como o prisioneiro frente ao torturador, quando aquele não tem como fugir deste.

A chave para tudo isto está em entender o "enigma" da Esfinge: decifra-me ou te devoro. Corpo de animal, cabeça humana, híbrida, uma androginia epistêmica. Malfadadamente, *pressentimos* o monstro e queremos persegui-lo (eu também quero ser inteligente), mas não podemos alcançá-lo (ele é monstruoso): eis o desejo. O que seria da Esfinge se ninguém se interessasse por seu enigma?[20]

Dito de outra forma: será que se fôssemos todos "inteligentes" e frequentadores contumazes do Jardim do Matemático, a Matemática receberia tanta atenção? Será que se a Geografia é que fosse uma terra de muitos monstros não teríamos cinco aulas por semana de Geografia e duas ou uma de Matemática?

Mas, reconheçamos, material e historicamente não é assim, de modo que uma investigação posterior deste assunto deve, necessariamente,

---

19. Eu já tive oportunidade de dizer que se os pais querem ajudar os filhos "na Matemática", um excelente primeiro passo é não dizer coisas como "eu também não era bom nisso na escola", "eu também não gostava disso". Parece-me natural que filhos de gente que trabalha com Matemática (engenheiros, matemáticos, contadores, professores de Matemática ou Física, por exemplo) tenham uma chance muito maior de ter sucesso na Matemática da escola, do que os outros.

É preciso admitir que, muito comumente, pessoas que "sabem Matemática" tomam isto como indicador de mais inteligência. Como no caso, simples, de pessoas que são hábeis no cálculo mental e gostam de demonstrar esta capacidade para se mostrarem inteligentes. Ou pessoas que riem dos outros se eles não sabem que $(-2) \times (-3) = 6$.

20. Apenas para abrir uma porta que não explorarei aqui: talvez a noção de "instituição" possa ser frutiferamente entendida a partir destas ideias.

passar pela discussão das condições materiais que favorecem esta e não outra situação. Como ouvi minha colega Marilyn Frankenstein dizer uma vez, "se houvesse 'justiça' social, ninguém iria de fato se preocupar com 'Matemática significativa' na escola".

3.7 Sétima Tese: O Monstro Está Situado no Limiar... do Tornar-se

De certo modo, esta tese se confunde com a anterior, a do desejo. Mas a imagem que Cohen cria nos leva além. Ele diz (da Silva, 2000, p. 54-5) que "Eles [os monstros] são nossos filhos (...) Eles nos perguntam por que os criamos".

Com relação às outras teses, em particular nas duas inversões que propus, busquei mostrar a condição do estranhamento entre a Matemática do matemático e a Matemática da rua. Assim, ao invés de situar esta tese apenas na confusão inicial de fronteiras, proponho que podemos ir adiante (embora isso não queira dizer livrar-se para sempre de alguma confusão).

Para a Educação Matemática, isso não significa resolver, mas *aprofundar* o estranhamento, *explicitá-lo*. Vai contra qualquer intenção de "facilitar" a vida epistêmico-escolar do aluno, pois, na verdade, o que se produz com a suposta facilitação é o oposto, é a criação de dificuldades posteriores. Mas talvez o professor-facilitador só queira mesmo se livrar de uma tarefa que seria cronologicamente responsabilidade dele, encaixar mais uma peça na máquina, de modo que não importa o efeito posterior, apenas o efeito momentâneo.[21]

Darei um exemplo exemplar: dizemos aos alunos que números negativos são temperaturas abaixo de zero (para "facilitar", dando "concretude") e depois queremos multiplicar números negativos. Pergunto: Qual o possível significado para "dois graus abaixo de zero vezes três graus abaixo de zero"?[22]

---

21. Isto poderia explicar a resistência ao "fim da reprovação": confusão de fronteiras estabelecidas, não posso mais dizer que aqui ou ali termina meu "pacote".

22. Algo similar poderia ser dito acerca de ter mais pedaços do que o número de pedaços em que reparti (frações impróprias), multiplicar pedaços de pizza, multiplicar R$ 3,25 por R$ 2,10, equações como balança e limites como envolvendo algo que "se aproxima".

Do ponto de vista que tentei estabelecer até aqui, a tese de que "o monstro situa-se no limiar do tornar-se" torna-se o entendimento de que apenas na aceitação do monstro enquanto monstruoso *para mim* é possível o *tornar-se*, não como substituição do antes errado pelo agora correto, mas como a aceitação da *diferença* e a possível admissão do *diferente*. O monstro monstruoso pode tornar-se *de estimação*, mas isto não quer dizer que eu queira viver lá onde ele mora; mais importante, isto talvez me leve a entender que esta experiência da diferença e do diferente quer dizer que o outro — o aluno — poderia estar em meu lugar anterior, o de ver monstros monstruosos onde eu — o professor — vejo monstros de estimação.

Para o aluno, isto quer dizer *ser ouvido*; para o professor isso quer dizer *ouvir* (ou *olhar para alguém com a intenção de fazer algo a respeito, a hyouka* dos professores japoneses).

De todo modo, situaremos o "tornar-se" no limiar das intenções de uma Educação Matemática. Em suas diversas versões que vão até mesmo à da Educação Matemática Crítica (Skovsmose, 2001), estas intenções estão quase sempre convencidas da possibilidade de intervenções objetivas (como as desautorizadas pela primeira citação desta seção). Não chego a tanto: a confusão de fronteiras — mesmo no quadro revisto que apresento — me desautorizaria nisto. Como nota James Donald no artigo que segue o de Cohen em da Silva (2000),

> No último texto que escreveu, Freud pesarosamente reconheceu, como tinha feito em várias ocasiões anteriores, os limites e as frustrações de seu trabalho: "É quase como se a [psic]análise fosse a terceira daquelas profissões 'impossíveis' nas quais se pode estar antecipadamente certo de que se vai poder obter resultados pouco satisfatórios. As outras duas, conhecidas há muito mais tempo, são a educação e o governo" (p. 63).

A dificuldade de Freud, assim como a da Educação Crítica, está em reconhecer que *mesmo que com objetivos políticos e amplos, e não instrucionais* (ou "pedagógicos"), a avaliação dos "resultados" só pode ser feita (planejada e efetuada) sempre *a* (um) *posteriori*, frente ao que "o mundo" se tornou no decorrer deste processo ("o real como critério de verdade"), mas, bastante mais importante, *examinando-se de que forma o próprio processo se transformou na medida em que se pôs em marcha*. Este "detalhe", mal entendido — ou bem omitido — do trabalho de Vygotsky,[23] mostra-se essencial aqui: essa suposta intervenção "objetiva" se realiza através de processo que, uma vez postos em marcha, criam as condições de sua própria transformação, de modo que a objetividade não é nunca mais do que um certo "pensamento positivo", uma esperança (*say it is, then pray it is*, dizem na língua inglesa).[24]

Tornar-se? Tomara.

4. Significados

Agora é o momento de substanciar, em outros termos que não os termos evocativos, mas deslizantes, do "monstro", o que eu disse até aqui. Nem que seja para tentar inibir o exercício de uma liberdade poético-acadêmica que faz, eu penso, mais mal do que bem à nossa área.

Ao me referir à cultura popular — simplesmente por estar falando de monstros —, exponho-me ao mais esperado dos efeitos: de médico e de educador, todos temos um pouco, de modo que se falo de monstros pode ser que todo mundo "já saiba" o que eu quero dizer antes mesmo que eu tenha dito. Mas não pretendo criar uma reserva de mercado, como fizeram — e fazem, por exemplo — os matemáticos (como argumento aqui) ou médicos ou advogados, pelo contrário. Quero trazer ao debate quem quer que se ache apto a esta discussão.

Tentarei ser o mais breve aqui, falar apenas do que me parece necessário para juntar uma coisa e outra, monstros e Educação Matemática. Não é muito, apenas as noções de *objeto* e de *significado*.

Como é que *uma coisa*, um monstro, pode ser *duas coisas diferentes*, uma para quem frequenta e outra para quem não frequenta o Jardim do

23. Este é um dos principais pontos de demarcação teórica entre Vygotsky e Piaget, de modo que não interessa a um piagetiano que quer se tornar mais "moderno", "social" ou "cultural", através de uma *mistura* com a escola soviética, explorar esta *diferença*.

24. "Diga que é, e então reze para que seja". "Pensamento positivo", como nos manuais de autoajuda, um certo tipo de "otimismo (pseudo)científico"; *wishful thinking*, como nos livros e filmes de Poliana.

Matemático, uma monstruosa e outra de estimação? Afinal, ele é ou não *alguma* coisa?

Eu penso que a resposta não vai ser encontrada em noções de "ser" que dependam de alguma "essência", o que ele *realmente é*. É preciso assumir fortemente — e não apenas incidentalmente — que a objetividade é construída, isto é, neste caso, que o que o monstro *é* é constituído por quem diz o que ele *é*. À minha frente rodopia vertiginosamente uma coisa qualquer, mas apenas quando eu a digo, digo o que ela é (e assim posso nomeá-la), ela para e vira algo.

Lá está uma coisa, "–1"; me dizem que é um número. Mas como pode ser um número menos que nada? (já mencionei também a objeção de Arnaud)

Vou caracterizar dois elementos em jogo.

Primeiro, a noção de *objeto*. Direi que um *objeto* é algo a respeito de que se pode dizer algo. Depois, a noção de *significado*. O *significado* de um *objeto* é aquilo que se pode e efetivamente se diz de uma coisa (assim, um *objeto*) no interior de uma atividade. O leitor pode encontrar mais sobre isso em Lins (1999, 2001) e Lins e Gimenez (1997).

Com estas noções posso dizer que quem está fora e quem está dentro podem *apontar* para uma mesma coisa, e um dizer "eis um monstro monstruoso" e o outro dizer "eis um monstro de estimação". O "algo" é comum, mas o que se diz dele, não. Para Arnaud o "-1" era um monstro monstruoso, para Leibnitz, um monstro de estimação. Para Arnaud o que *era* era a noção "natural" de todo e parte, para Leibnitz o importante era preservar a utilidade na solução de problemas. Assim, dois objetos "diferentes", mesmo "algo" mas significados diferentes. Estavam parecendo falar do mesmo objeto, mas não estavam.

Há, é claro, um aspecto disso que a teoria deve esclarecer. Será que quando digo "algo" já não estou fixando um mínimo de essência, que depois será alvo desta ou daquela "interpretação"? A resposta é "não"; é apenas *na enunciação* que o "algo" existe, *através dela e com ela*. Nada fosse dito, não haveria "algo sobre o que nada se disse".

Não é simples entender isto, muito menos é fácil levar este pressuposto a sério. Há os que sofram da vertigem de que num tal estado de coisas "o mundo" possa, de repente, desaparecer da minha frente. Há os que acreditem — mesmo afirmando que abraçam algum construtivismo e algum tipo de relativismo — que um nível de objetividade "objetiva" existe naquilo que é propriamente humano, isto é, que de algum modo estamos falando de um mundo objetivo e não de um mundo construído por nós. Típico deste "relativismo objetivista" é afirmar que se eu reconheço que estou frente a "algo" todos reconhecerão, pelo menos, isto.[25]

Eu prefiro levar o relativismo a sério, e é assim que quero entender o estranhamento de que já falei. Na rua o número negativo não pode nunca se realizar plenamente, na escola ele deve se realizar naturalmente. Na Matemática do matemático (-1) x (-1) = 1, e assim também na da escola, mas na rua isto não é nada, a não ser um rabisco num papel ou numa lousa, um vestígio, a pegada de um monstro que se deixou escapar. Os exemplos são tão abundantes que nem os começo a listar em detalhe: tudo que fale de um infinito atual, grande ou pequeno, por exemplo.

O monstro, como eu o entendo, me permite compreender o seguinte mecanismo: na frente do aluno — aqui representando o cidadão normal, ordinário — surge um corpo cultural (que não pode ser negado), na forma de um rabisco, umas palavras. O outro fala dessa coisa, criando assim a demanda de que o aluno também fale dela, que *produza significado para ela*. Mas ele *não pode*: o que é que o aluno pode dizer quando o professor afirma — e *"demonstra"* — que a cardinalidade dos números reais é maior que a cardinalidade dos números racionais. Um infinito maior que o outro? Isso é verdadeiramente monstruoso para o aluno, e para o professor — o representante da Matemática do matemático — embora este "fato" seja reconhecido como peculiar, é nada mais que um monstro de estimação: assim é, embora se reconheça a distância entre isto e "a vida comum".

Insisto que esta situação não é encontrada apenas em situações envolvendo "Matemática avançada". O que importa mesmo é que exista de um lado aquele para quem uma coisa é natural — ainda que estranha — e de outro aquele para quem aquilo não pode ser dito. Esta é a característica fundamental deste processo de estranhamento, um processo que pode ser visto da primeira série do Ensino Fundamental em diante.

---

25. Por exemplo, se eu "reconheço" que estou frente a um "programa de computador", qualquer pessoa vai ver aí, *inevitavelmente*, alguma coisa, mesmo que não saiba o que *é* um "programa de computador". Esta é uma versão ingênua de, por exemplo, a combinação de "um certo tipo de realismo" com "um certo tipo de idealismo", como Piaget se refere a suas ideias. Pode também ser entendida como uma relativização ingênua do senso comum.

O problema não está na diferença, mas exatamente na recusa em reconhecê-la e lidar com ela frente a frente. Naturaliza-se a recusa passando ao aluno a responsabilidade de lidar com ela: decifra-me ou te devoro, nada mais. A reprovação é o recurso adotado para aliviar a pressão sobre o professor: reprovado o aluno que não conseguiu fazer nada com a diferença, tudo está em ordem, *já que alguma coisa aconteceu como consequência*. A naturalização da recusa em lidar com a diferença funda-se precisamente na negação de que exista uma *diferença*. Ao invés disso postula-se apenas uma *falta*: se você não me decifra é porque *não sabe*.

A introdução da noção de significado como proponho traz para o centro desta situação de estranhamento a necessidade de se discutir quem, e de que forma, controla o discurso. Ou, como defende Michael Apple, força a substituição da questão "*que* conhecimento deve estar no currículo" por "o conhecimento *de quem* deve estar no currículo". A noção fundamental aqui é a de *legitimidade*, e que se refere a que quando falamos algo — e agimos de acordo com o que dizemos — acreditamos que é *legítimo* dizer o que estamos dizendo.[26] Mais do que isso, é nestas legitimidades que se amarra a construção de nossa identidade, não de forma estática ("o que sou") mas no processo mesmo de identificação ("o que estou sendo"). Ao invés de aceitar "o certo" e o "em falta" como categorias fundantes, temos apenas "os diferentes".

Apenas para retomar o tema do monstro com relação à produção de significado. Sou *eu* que coloco o monstro monstruoso do outro lado, porque sou *eu* que produzo — para *aquilo* — significados segundo um modo de produção de significados no qual o que o matemático diz não pode ser dito, e por isso aquilo é monstruoso. E para o matemático ele é um monstro de estimação porque, apesar de ser reconhecido como culturalmente *estranho* (afinal, seu corpo é *cultural*, e o matemático também vive "lá fora"), não há nada de errado no que dele se diz lá dentro do Jardim.

O tornar-se é *naturalmente* possível: nem sempre o matemático foi um matemático, ele *tornou-se* um. Podemos idealizar este processo pressupondo que ele aconteceu por causas naturais — "o jeito para a coisa", "a inteligência" —, mas podemos também supor que houve oportunida-

---

26. Pensar o contrário é supor que a pessoa é louca, simplesmente.

des específicas para tornar o tornar-se possível. É disso que falamos na seção seguinte.

5. Educação Matemática

Espero que não seja tarde demais para alertar o leitor que em nada do que eu disse até aqui estou interessado em "ensinar bem", menos ainda em "ensinar melhor". Já disse, mais acima, que isso pode se referir a ensinar melhor para o Capital ou para o Trabalho, para o Humanismo Cristão ou para o Confucionismo, e não vejo de que forma essa discussão de "para quem" pudesse ser evitada se fôssemos falar de ensinar melhor ou bem.

Nelson Goodman e Catherine Elgin argumentaram, de forma extremamente interessante — usando os personagens Sherlock Holmes e Dr. Watson (Goodman e Elgin, 1988) — que a estupidez é epistemicamente eficaz. A ideia central é a de que por *conhecer* mais, Holmes ficava limitado a *conhecer* menos em novas situações. Isso, argumentam eles, mostra que a noção clássica de conhecimento é insuficiente, e propõe que ela seja substituida pela de *entendimento*. O problema, dizem eles, é que esta noção clássica não nos permite distinguir entre conhecimentos melhores e piores. Assim, Watson, que conhece pouco de vinhos, ao provar um vinho qualquer, tem melhor chance de saber que o que ele bebe é um Bordeaux, já Holmes, que conhece sutilezas sobre os vinhos, fica perdido.

Eu penso que o que está errado nesta empreitada é que Goodman e Elgin esperam que uma teoria do conhecimento forneça uma forma automática de valorar conhecimentos. Uma vez uma aluna em um curso de Epistemologia, no qual eu era docente, se indignou quando eu disse que "Eu sei que meu nome é Rômulo" era *conhecimento*. Para ela, e outros colegas, conhecimento deveria ser algo mais importante, talvez mais geral ou universal. É a ideia de embutir num modelo esta capacidade de decisão que só pode ser, no fim das contas, *política*. A pergunta é: Para *quem* este conhecimento é importante? Sem esta pergunta, só nos resta desmoralizar a diferença e ficar apenas com plenitudes e faltas.

É aqui que entra uma visão de Educação Matemática que trata com a diferença e também trata dela, não de modo a corrigi-la, mas de modo a promover a reflexão sobre ela de uma forma dificilmente atingível com outros assuntos. Afinal, a Matemática do matemático (e por herança não sincrônica a Matemática da escola) não apenas se autodefine como construtora de mundos (por meio do internalismo e dos objetos simbólicos), como também propaga, por isso — e nisto tem seu direito, seu *copyright* sobre seus modos de produção de significado — que ninguém tem nada a mais a dizer sobre o assunto. Simples como ela é para ela mesma — se eu fosse um deus também acharia tudo simples —, a Matemática do matemático cria a mais paradigmática e acessível exibição da diferença. Não é sem motivo que seja através dela que a mais aguda seleção — e acumulação de capital acadêmico — seja exercida; não é sem motivo que Bob Moses, um ativista político norte-americano, veja a álgebra escolar como a nova questão dos direitos civis.

Que uma Educação Matemática faça o monstro monstruoso tornar-se monstro de estimação, este não seria um feito menor, *mesmo que fosse para o aluno dizer "sei que é isso e não me assusta, mas não quero"*.

De modo dominante só consideramos, até hoje, um tipo de fracasso, o do aluno que "não consegue". Nesta categoria largamente indistinta quero reconhecer, no entanto, uma gradação. Quero distinguir aquele que foge, assustado, do monstro — a recusa de tentar entendê-lo —, daquele a quem *pelo menos foi dito que o monstro de estimação do matemático é assim porque é pensado e entendido em outro mundo que não a rua*, e que ao menos pode tentar viver neste outro território — ou poderia, se quisesse. Dito de outra forma, penso que a Educação Matemática é o melhor lugar que temos, dentro desta escola disciplinar historicamente constituída, para discutir *a diferença*, discutir estes dois processos, a exclusão pelo outro e a minha própria recusa em ser de certo modo. Este é o fundamento da autodeterminação, e acredito que uma Educação Matemática pode ser parte de seu desenvolvimento.

Não importa, na verdade, se o aluno de licenciatura vai ou não "entender" todos os detalhes matemáticos de se mostrar que existe um espaço vetorial real, de dimensão três, cujos vetores são os elementos de $\mathbf{R}^2$. O que importa é que a situação de sala de aula seja tal que ele possa dizer, ao ouvir o "sim, é possível", que se sente como se o chão sumisse sob seus pés. *Isso* cria a possibilidade do tornar-se, não tornar-se um matemático, mas tornar-se — como deve ser um professor — um atento leitor da *diferença*.

Durante muito tempo eu pensei que não havia nada de particular na Educação *Matemática*, mas hoje vejo que estava enganado: a Matemática do matemático me oferece uma oportunidade única de discutir a diferença (e de modo *totalmente geral*), exatamente porque o matemático é, entre todos nós humanos, o único que exerce costumeiramente o *fiat lux*.

Isto é, em meu entendimento, exercer uma educação *através* da Matemática, e num sentido que coloca a escolha de conteúdos claramente como apenas uma escolha do que me vai ser mais útil em minha empreitada e, nunca, como uma escolha "do que deve ser ensinado".

O infinito (pequeno e grande) me parece excelente; as coisas da Estatística também. Métricas e retas. Números e medidas (o que é mesmo pi?) Como eu disse, a lista segue *sem fim*.

Tantos monstros quantos eu possa ter em minha sala de aula, é isso que tenho em mente neste momento. Não é, é claro, um objetivo único, mas me parece ser uma direção interessante e frutífera.

Bibliografia

BASHÔ, M. *O Gosto Solitário do Orvalho*. Lisbo: Assírio e Alvim, 1986.

COHEN, J. J. A Cultura dos Monstros: Sete Teses. *Pedagogia dos Monstros*. In: DA SILVA, T. T. (Ed.). Belo Horizonte: Autêntica, 2000.

DA SILVA, T. T. *Pedagogia dos Monstros*. Belo Horizonte: Autêntica, 2000.

GOODMAN, N.; Elgin, C. *Reconceptions in Philosophy*. London: Routledge, 1988.

KLEIN, J. *Greek Mathematical Thought and the Origin of Algebra*. New York: Dover, 1992.

LAKOFF, G. *Women, Fire and Dangerous Things*. Chicago: The University of Chicago Press, 1990.

LAKOFF, G.; NUÑEZ, R. *Where Mathematics Comes from*. New York: Basic Books, 2000.

LINS, R. C. *A Framework for Understanding what Algebraic Thinking is*. Unpublished PhD thesis. University of Nottingham, 1992.

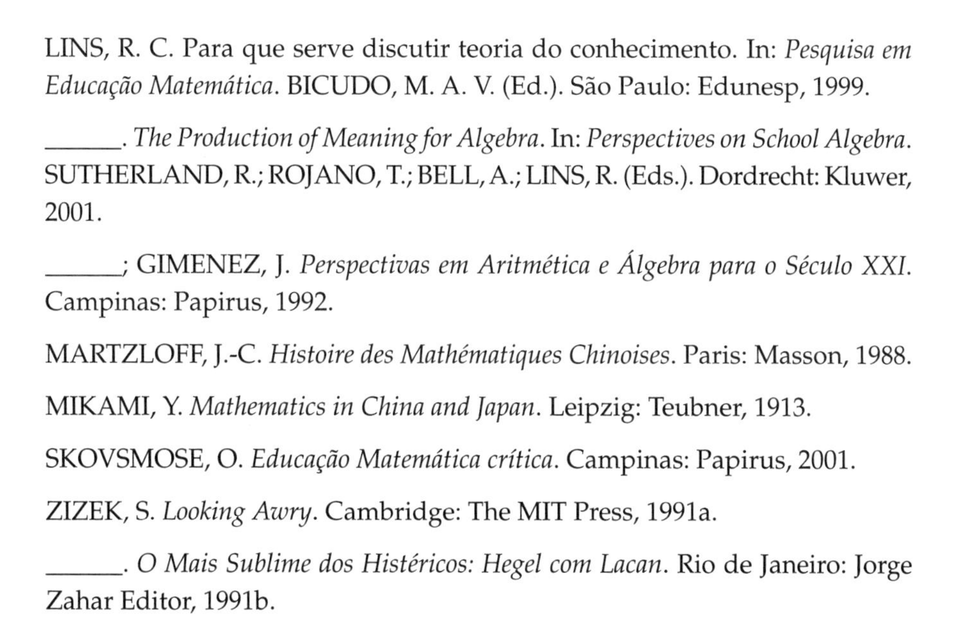

LINS, R. C. Para que serve discutir teoria do conhecimento. In: *Pesquisa em Educação Matemática*. BICUDO, M. A. V. (Ed.). São Paulo: Edunesp, 1999.

______. *The Production of Meaning for Algebra*. In: *Perspectives on School Algebra*. SUTHERLAND, R.; ROJANO, T.; BELL, A.; LINS, R. (Eds.). Dordrecht: Kluwer, 2001.

______; GIMENEZ, J. *Perspectivas em Aritmética e Álgebra para o Século XXI*. Campinas: Papirus, 1992.

MARTZLOFF, J.-C. *Histoire des Mathématiques Chinoises*. Paris: Masson, 1988.

MIKAMI, Y. *Mathematics in China and Japan*. Leipzig: Teubner, 1913.

SKOVSMOSE, O. *Educação Matemática crítica*. Campinas: Papirus, 2001.

ZIZEK, S. *Looking Awry*. Cambridge: The MIT Press, 1991a.

______. *O Mais Sublime dos Histéricos: Hegel com Lacan*. Rio de Janeiro: Jorge Zahar Editor, 1991b.

O sujeito da Paisagem. Teias de Poder, Táticas e Estratégias em Educação Matemática e Educação Ambiental

*Antonio Carlos Carrera de Souza**

> Porém, assim como nosso olho pode ver-se a si mesmo num espelho, assim também a mente, não podendo ver a si mesma, vê-se na semelhança com os signos, simulacros e imagens exteriores, pois só especulamos com imagens.
>
> *Giordano Bruno*

1. Introdução

Inicialmente este momento tinha como destino constituir uma introdução deste trabalho. Havia, porém, uma pedra no caminho. E esse obstáculo indicava uma discussão dos aportes teóricos que apoiaram meus trabalhos de pesquisa nos anos 90. Portanto, este artigo pretende discutir,

* Departamento de Educação, IB, UNESP de Rio Claro; Professor do Programa de Pós-Graduação em Educação Matemática, IGCE, UNESP de Rio Claro.

teoricamente, a forma e o conteúdo como que essas contribuições foram tramando trajetórias e tecendo caminhos. Assim, a metodologia deste trabalho segue a proposta de dialogar com diferentes pensadores de escolas filosóficas e distintas posições epistemológicas. Textualmente, esse tipo de ensaio, o diálogo teórico, é cortado, ou melhor, entrelaçado com os trabalhos dos diferentes autores. Essa "tessitura" do texto é formada a partir dos fios deste diálogo, portanto, cada um dos aportes deve ser construído e constituído no entretecer da pesquisa e da teoria.

Essa dificuldade já estava presente na origem do questionamento feito inicialmente em um estudo anterior,[1] no qual a proposta era discutir como, a partir de diversas concepções de Educação Matemática e das práticas educativas delas decorrentes, a racionalidade objetiva da Matemática tornou-se o paradigma de uma sociedade em que o racional é sinônimo do competente. Desta forma, as questões ligadas ao psiquismo humano são desconsideradas e a inteligência humana é substituída no imaginário social pelo mito da racionalidade científica. Nesse artigo, acima citado, desenvolvíamos uma linha narrativa apoiada em estudos dos educadores soviéticos e apontávamos, ao final, questões, como: É possível uma teoria da Educação em que o fundamento seja o irracional? Esse irracional teria uma origem no humano particular, como na psicanálise, ou no humano social, como na História?

Ao finalizarmos nossos estudos da pesquisa em que discutíamos as relações entre a Educação Matemática e a Educação Ambiental[2] e ao elaborarmos seu relatório final, deparamo-nos com as pedras no caminho: Como transformar em parceiros de uma viagem Nietzsche, Vygotsky, Leontiev e Foucault? Essa pergunta, de certa forma, congelou uma possibilidade teórica. A viagem parecia interrompida antes de iniciar.

O socorro inicial veio por meio de uma interrogação que Foucault[3] pede emprestada a Beckett: *Que importa quem fala, alguém disse, que importa quem fala?* O que Foucault pretendia era enunciar um princípio ético

---

1. Souza, A. C. C. de. O Reencantamento da Razão: Ou pelos Caminhos da Teoria Histórico-Cultural. In: Bicudo, M. A. V. *Pesquisa em Educação Matemática*: Concepções & Perspectivas. São Paulo: Editora da Unesp, 1999.

2. Souza, A. C. C. de. *O Sujeito da Paisagem*: escritos de educação matemática e educação ambiental. Tese de livre-docência. DE/IB/Unesp de Rio Claro, 2001.

3. Foucault, M. *O Que É um Autor?* Lisboa: Passagens, 1992.

> Creio que se deva reconhecer nesta indiferença um dos princípios éticos fundamentais da escrita contemporânea. Digo "ético", porque tal indiferença não é inteiramente um traço que caracteriza o modo como se fala ou como se escreve; é sobretudo uma espécie de regra imanente, constantemente retomada, nunca completamente aplicada, a um princípio que não marca a escrita como resultado, mas a domina como prática (Foucault, 1992, p. 34).

A essa ética pretendida são indicados dois temas. O primeiro diz respeito ao fato de a escrita de hoje ter-se liberado do tema da expressão, isto é, só se refere a si própria sem deixar-se aprisionar pela sua interioridade, identifica-se com sua própria exterioridade.

> O que quer dizer que a escrita é um jogo ordenado de signos que se deve menos ao seu conteúdo significativo do que à própria natureza do significante; *mas também que esta regularidade da escrita está sempre a ser experimentada nos seus limites, estando ao mesmo tempo sempre em vias de ser transgredida e invertida*; a escrita desdobra-se como um jogo que vai infalivelmente para além das suas regras, desse modo as extravasando. Na escrita, não se trata da manifestação ou da exaltação do gesto de escrever, nem da fixação de um sujeito numa linguagem: *é uma questão de abertura de um espaço onde o sujeito de escrita está sempre a desaparecer* (Foucault, 1992, p. 35. Grifos nossos).

Nesse primeiro tema ético da escrita contemporânea, encontramos que a *regularidade da escrita* está sempre sendo *transgredida*, indo além de *suas próprias regras*. Indica, ao nosso ver, que a escrita tem um movimento que descarta o sujeito da escrita para que essa possa se libertar. Portanto, segundo esse princípio, há uma necessidade do desaparecimento do sujeito da escrita: que importa quem escreveu, importa o que escreveu. Logo, um dos congelamentos, indicados no início do capítulo, foi vencido. Importa o texto e a história desse texto na trajetória que percorremos.

No segundo tema encontraremos o parentesco da escrita com a morte. Esse tema é recorrente, em Foucault, desde *As Palavras e as Coisas*, diríamos que o apagamento ou a morte do sujeito da escrita é uma metamorfose, particular de nossa cultura, que funciona como o inverso de Xerazade.

> A narrativa de Xerazade é o denodado reverter do assassínio, é o esforço de todas as noites para manter a morte fora do círculo da existência. A nossa

> cultura metamorfoseou este tema da narrativa ou da escrita destinadas a conjurar a morte; *a escrita está agora ligada ao sacrifício, ao sacrifício da própria vida*; apagamento voluntário que não tem de ser representado nos livros, já que se cumpre na própria existência do escritor. *A obra que tinha o dever de conferir a imortalidade passou a ter o direito de matar, de ser assassina do seu autor*. Veja-se os casos de Flaubert, Proust, Kafka. Mas há ainda outra coisa: esta relação da escrita com a morte manifesta-se também no apagamento dos caracteres individuais do sujeito que escreve; por intermédio de todo o emaranhado que estabelece entre ele próprio e o que escreve, ele retira a todos os signos a sua individualidade particular; *a marca do escritor não é mais do que a singularidade da sua ausência*; é-lhe necessário representar o papel de morto no jogo da escrita. Tudo isto é conhecido; há já bastante tempo que a crítica e a filosofia vêm realçando este desaparecimento ou esta morte do autor (Foucault, 1992, p. 36-37. Grifos nossos).

Que importa quem escreve, importa o texto, que deve se encaminhar para a abertura de um espaço próprio onde o *sujeito da escrita* deve deixar a marca de sua *ausência*. Aqui, o que pretendemos é destacar o texto como algo livre da influência pessoal ou das relações de poder, pertinentes ao sujeito. Entendemos, então, que os nossos companheiros de viagem — Nietzsche, Vygotsky, Leontiev e Foucault — são na realidade *fundadores de discursividade*,[4] não são apenas escritores das próprias obras, mas criaram possibilidade de todo um conjunto de obras que se originam nestas. Desta forma, um segundo congelamento foi desfeito, o texto aqui apresentado percorre o universo de possibilidades e analogias que os nossos companheiros de viagem instauram a partir da discursividade que criaram.

2. Paisagens, Cenários e Sujeitos

Este texto tem como emblema os cenários e os olhares. A metáfora do cenário é atual — é usual encontrarmos textos do tipo "os atores do

4. A expressão *fundadores de discursividade* tem para Foucault o sentido de que "Esses autores [Marx, Nietzsche, Freud, entre muitos] têm de particular o fato de que eles não são somente os autores de suas obras, de seus livros. Eles produziram alguma coisa a mais: a possibilidade e a regra de formação de outros textos" (Foucault, 2001, p. 280).

cenário político..." — e, por isso mesmo, polissêmica. Aqui, vamos estabelecer relações com o objetivo de um acordo semântico para cenário. Em primeiro lugar o cenário só existe a partir do *sujeito da paisagem*. Toda *a história do sujeito da paisagem*, todos os fatores psíquicos, sociais, culturais e políticos que o moldaram participam, com ele, da formação do cenário. Este é próprio, particular, muitas vezes indivisível.

> Nada disso significa que, uma vez percorrendo a trilha da 'memória social', nós também chegaremos, inevitavelmente, a lugares aos quais não iríamos num século de horror, lugares que representam um reforço da tragédia pública e não uma fuga. Reconhecer, entretanto, o legado ambíguo dos mitos da natureza pelo menos nos faz admitir que a paisagem nem sempre é mero 'local de prazer' — o cenário com função de sedativo, a topografia arranjada de tal modo que regala os olhos. Pois estes olhos, como veremos, raramente se clarificam das sugestões da memória. E a memória não registra apenas bucólicos piqueniques (Shama, 1996, p. 28).

A memória, o olhar, o cenário e a paisagem[5] estão certamente imbricados em uma teia de relações que impede o privilégio de um sobre o outro. Essa teia de relações constitui o *sujeito da paisagem* como elemento do próprio cenário. Esses, portanto, não são distintos e possuem, na realidade, uma relação de constituição. A visão de uma paisagem pode vir impressa pela memória de um outro cenário, constituindo um novo olhar.

> O sensível, carne do mundo, é interioridade e exterioridade, é laço que nos enlaça às coisas enlaçando nossa mobilidade à delas e nossa visibilidade à delas. É comunidade originária de onde nascemos por segregação e diferenciação. "O que é o talismã da cor?" indaga Merleau-Ponty em *O visível e o invisível*. Por que Valéry falava num branco tão branco que "só o negrume do leite é mais branco"? ou Claudel, "num verde tão verde que somente o

---

5. Para aprofundar os conceitos de memória, olhar, cenário e paisagem, recomendamos a leitura de: Le Goff, J., *Memória e História*, São Paulo: Editora da UNICAMP, 1994. Shama, S., *Paisagem e Memória*, São Paulo: Companhia das Letras, 1996. SOUZA, G. L. D., *Três Décadas de Educação Matemática: Um Estudo de Caso da Baixada Santista no Período de 1953-1980*. Dissertação de mestrado, PGEM: Rio Claro, 1999. Souza, A. C. C., *O Sujeito da Paisagem: Escritos de Educação Matemática e Educação Ambiental*. Tese de livre-docência, DE/IB/UNESP de Rio Claro, 2001. Souza, A. C. C. de; Souza, G. L. D., Cotidiano e Memória. In: *Teoria e Prática da Educação* — Revista semestral do Departamento de Teoria e Prática da Educação da Universidade de Maringá, Maringá, DTP/UEM, v. 4, n. 8, 2001.

> mar é mais azul"? Uma cor não é uma coisa, não é um átomo colorido nem comprimento de uma onda luminosa, mas concreção de visibilidade, pura diferença e diferenciação entre cores. Quando o vermelho é tecido vermelho, pontua o campo dos vermelhos: a roupa dos cardeais, a bandeira da revolução, um fóssil de mundos perdidos, o cafezal antes da colheita, o vestígio da ação policial deixado pelas ruas. Cada vermelho é um mundo e há o mundo do vermelho entre as cores. É modulação sensível, cristalização momentânea do colorido. As coisas são configurações abertas que se oferecem ao olhar por perfis e sob o modo do inacabamento, pois nunca nossos olhos verão de uma vez todas as suas faces (totalidade visual que o olho do espírito imagina ver porque dela se apropria pelo conceito) (Chaui, in Novaes, 1999, p. 58).

Há uma paisagem a cada cor, a cada momento, a cada lembrança. O vermelho pode lembrar o cenário de uma ação policial ou do cafezal antes da colheita. Pode lembrar o terror ou satisfação. O olhar inclui a memória, o cenário e a paisagem, mas captar a totalidade concreta inclui a percepção de que há um visível e um invisível, expresso pela rede de fenômenos do real captado pela teia de relações do *sujeito da paisagem*.

> As coisas são profundas, enlace de cor, volume, rugosidade ou lisura, dureza ou moleza, superfícies móveis que se cruzam com odores, sabores, toques. Visíveis tecidas de invisibilidade: a profundidade não é a terceira dimensão do espaço, é o invisível da visibilidade, aquilo sem o que não vemos e sem o que nada seria visível; as faces do cubo que não vemos são o invisível do cubo, aquilo pelo que ele se faz uma coisa visível. O invisível não é um negativo positivo que dublaria a positividade do visível, mas aquilo pelo que o visível é visível, seu avesso e estofo, uma de suas dimensões, uma ausência que conta no mundo. Oco e cavidade da abóboda; poro por onde transitam zonas claras e escuras, sustentando a concordância e a conveniência entre as coisas, sua pura diferenciação. O invisível "é o forro que atapeta o visível" (Chaui, in Novaes, 1999, p. 58-59).

O tecido da invisibilidade é construído pela memória a partir do cenário vislumbrado na paisagem. Cores, odores, profundidades, vazios, sentimentos, paixões formados no *sujeito da paisagem* sustentam o visível no natural.[6] Esse tecido é o forro onde a cognição elabora os conceitos.

---

6. Aqui remetemos ao conceito de "memória involuntária", apontado por Marcel Proust na obra *Em Busca do Tempo Perdido.* Talvez possamos dizer que mais atentamente nos volumes: No

Qualquer tentativa de separá-los implica perda tanto conceitual quanto de significado. Na constituição da metáfora dos cenários e olhares, que aqui empreendemos, torna-se necessário ampliar a teia de significados para darmos conta das relações da Educação Ambiental com a Educação Matemática. Percebermos o visível e o invisível dessas relações.

3. Educação, Cultura e Conhecimento

Aponto, inicialmente, para a necessidade de elaborarmos um acordo provisório sobre Educação, Cultura e Conhecimento. Uma busca por um sentido e um significado para termos que de tão usados, manipulados, corrompidos, através dos tempos, foram esgarçando-se, perdendo consistência. Neste momento, pretendemos estabelecer quais práticas discursivas construíram e apoderaram-se, historicamente, de tais termos e, mais preciso ainda, qual o nosso desejo de saber em relação a esses termos.

> Por mais que o discurso seja aparentemente bem pouca coisa, as interdições que o atingem revelam logo, rapidamente, sua ligação com o desejo e com o poder. Nisto não há nada de espantoso, visto que o discurso — como a psicanálise nos mostrou — não é simplesmente aquilo que manifesta (ou oculta) o desejo; é, também, aquilo que é o objeto do desejo; e visto que aquilo que — isto a história não cessa de nos ensinar — o discurso não é simplesmente aquilo que traduz as lutas ou os sistemas de dominação, mas aquilo por que, pelo que se luta, o poder do qual nos queremos apoderar (Foucault, 2000, p. 10.).

Com Hannah Arendt, consideramos, inicialmente, que é na *Educação* que uma dada sociedade estabelece em que grau assume responsabilidades com as gerações futuras. De alguma sorte, este é um dos conceitos que atravessam a Educação Ambiental, em termos de princípios, pois a de-

---

Caminho de Swann (Proust, M., 1958) e *O Tempo Redescoberto* (Proust, M., 1958). Uma discussão interessante sobre esse tema é feita em Seixas, J. A. Percursos de Memórias em Terras de História: Problemáticas Atuais. In: Bresciani, S.; Naxara, M. (Orgs.), *Memória e (Res)Sentimento: Indagações sobre uma Questão Sensível*, Campinas: Editora da UNICAMP, 2001.

vastação das reservas naturais, tanto locais como planetárias, refletem-se diretamente nas sociedades futuras. Pois, só com "tal gesto, *salvá-lo da ruína que seria inevitável não fosse a renovação e a vinda dos novos e dos jovens*" (Arendt, 1991, p. 247. Grifos nossos).

Assim, a Educação é o território do novo e do jovem. Esse princípio também é caro para a Educação Ambiental, pois todas as decisões de conferências e reuniões de organismos nacionais, internacionais, governamentais, ou não, indicam a necessidade urgente do estabelecimento de práticas educativas, dirigidas aos estudantes do Ensino Básico, em que a preservação do planeta Terra esteja colocada.[7] Mais, várias conferências, como a recentemente realizada em Mälmo, na Suécia, indicam a necessidade da inclusão, nessas práticas educativas, de procedimentos que promovam a preservação dos mitos, memórias, práticas, conhecimentos e crenças. É também na Educação que decidimos ou não se amamos nossas crianças. E esse amor deve incluir "*tampouco arrancar de suas mãos a oportunidade de empreender alguma coisa nova e imprevista para nós*, preparando-as em vez disso com antecedência para a tarefa de renovar um mundo comum" (Arendt, 1991, p. 247. Grifos nossos).

É a face da Educação em que o velho prepara o novo. Essa concepção inicial nos fornece, portanto, dois sentidos para a Educação que nos parecem fundamentais: a responsabilidade com as gerações futuras e a promoção de atitudes positivas com relação à preservação natural e cultural do planeta.

Embora essa visão de Educação tenha sido (e ainda o é) dominante durante muitos anos, pois na base da afirmação de que o velho prepara o novo encontramos, pelo menos, uma visão romântica de Educação.

7. Entre as mais conhecidas recomendações que indicam a necessidade de incluir no Ensino Básico as questões ambientais, temos: Brown, L. R. (Org.), *Estado do Mundo 2000*, Salvador: Worldwatch Institute/UMA Editora, 1999; Brown, L. R. (Org.) *Estado do Mundo 2001*, Salvador: Worldwatch Institute/UMA Editora, 2000; Brown, L. R. (Org.), *Qualidade de Vida 1993*, São Paulo: Globo, 1993; Souza, A. C. C. de, Educação Matemática e a Questão Ambiental. In: *Temas e Debates*, Blumenau: SBEM, v. 5, 1994; Council for Environmental Education, *What is Environmental Education all about?*, London: Council for Environmental Education, s/d; Kidron, M.; Segal, R., *The New State of The World*, New York: Touchstone Book, 1991; Pnuma, *Geo-América Latina y el Caribe: Perspectivas del Medio Ambiente*, San José: PNUMA/Universidade de Costa Rica, 2000; UINCN, PNUMA e WWF, *Cuidando do Planeta Terra: Uma Estratégia para o Futuro da Vida*, São Paulo: Editora CL-A Cultural Ltda., 1992.

Porém, as pesquisas da década de 60[8] indicam que a visão apresentada por Arendt é uma visão de classe social. Ou seja, esse conceito de Educação não tem nada de romântico, mas sim, é visto como um veículo ideológico de reprodução das relações de classe social vigentes.

> Quando a cultura que a Escola tem objetivamente por função conservar, inculcar e consagrar tende a reduzir-se à relação com a cultura que se encontra investida de uma função social de distinção só pelo fato de que as condições de aquisição monopolizadas pelas classes dominantes, o conservadorismo pedagógico que, em sua forma extrema, não assinala outro fim ao sistema de ensino senão o de conservar-se idêntico a si mesmo, é o melhor aliado do conservadorismo social e político, já que, sob aparência de defender os interesses de um corpo particular e de autonomizar os fins de uma instituição em particular, ele contribui, por seus efeitos diretos e indiretos, para a manutenção da "ordem social" (Bourdieu e Passeron, 1975, p. 207).

Assim, apresentamos a segunda visão em Educação que indica que a escola está a serviço de uma ideologia da classe dominante e, portanto, reproduz as relações vigentes de classe social. Há um predomínio sociológico nas análises que demonstram essa segunda visão. Ela nos traz que o *conservadorismo pedagógico*, social e político são inerentes à escola capitalista e, assim, que a Educação Ambiental deve apontar que as decisões contra a exploração desenfreada do planeta, pelo modo de produção atual, passam, sim, pela Educação que deve separar *conservar* (estruturas sociais e políticas) de *preservar* (o planeta).

Porém a contribuição da segunda concepção em Educação nos traz, ainda, como a partir de certas práticas sociais a reprodução das relações de classes se perpetua e se articula com o velho que prepara o novo. Pois, o "sistema social jamais pôde dar tão completamente a ilusão de autonomia absoluta em relação a todas as exigências externas e particularmente em relação aos interesses das classes dominantes do que quando a concordância entre sua função própria de inculcação..." portanto, devemos entender que a função de conservação da cultura, das artes e ofícios tem, também, outras funções a partir das formas de in-

8. Em particular: Bourdieu, P.; Passeron, J. C., *A Reprodução*, Rio de Janeiro: Livraria Francisco Alves Editora, 1975.

culcação e o compromisso de reprodução das relações sociais, como "a sua função de conservação da cultura e sua função de conservação da 'ordem social' era tão perfeita que sua dependência relativamente aos interesses objetivos das classes dominantes podia permanecer ignorada na inconsciência feliz das afinidades eletivas". Assim, esta "ordem das coisas" é organizada por um longo período, ou seja, por tanto "tempo quando nada perturbe essa harmonia, o sistema pode de alguma forma escapar à história encerrando-se na produção de seus reprodutores como num ciclo de eterno retorno..." ou seja, o sistema na sua tentativa de escapar à história o faz incluindo-se na forma discursivo-repressiva da reprodução ideológica, ou seja, tenta transformar essa "ordem das coisas" em algo que é de forma complexa e até certo ponto "paradoxalmente, é ignorando toda outra exigência exceto a de sua própria reprodução que ele contribui mais eficazmente para a reprodução da ordem social". Como consequências diretas desta forma discursivo-repressiva, inclusa na "ordem das coisas", vamos encontrar o "conservadorismo das práticas pedagógicas", em qualquer dos níveis de ensino, que se articula com um "conservadorismo das práticas sociais", de forma cruel, a ideia de um sistema que se autoperpetua nas práticas sociais a partir de práticas pedagógicas assim, e desta forma permite explicar o apoio permanente que as práticas conservadoras dentro da ordem universitária, por exemplo, "os defensores do latim, da agregação ou da tese de letras, suportes institucionais da relação letrada com a cultura e da pedagogia por falha inerente ao ensino humanista da 'humanidades', sempre encontraram e encontram ainda na França, nas frações mais conservadoras das classes dominantes" (Bourdieu e Passeron, 1975, p. 207-208).

Deste modo, a contribuição central dessa concepção é que a escola e a Educação são *habitus* preferenciais de práticas conservadoras — políticas, sociais e pedagógicas — que devem estar sendo constantemente combatidas para que as propostas de Educação Ambiental possam penetrar, uma vez que o sistema escolar só está preocupado em "produzir seus reprodutores". Essa crítica não pode calar sob pena de estarmos fixados em eterno ciclo de reproduções ideológicas. Assim, o saber vem do diploma conferido e de um certo capital cultural, possível de ser auferido pelo sujeito socialmente por direito de classe ou sucessão. Portanto,

> Ao conferir ao capital cultural possuído por determinado agente um reconhecimento institucional, o certificado escolar permite, além disso, a comparação entre os diplomados e, até mesmo, sua 'permuta' (substituindo-os uns pelos outros na *sucessão*); permite também estabelecer taxas de convertibilidade entre o capital cultural e o capital econômico, garantindo o valor em dinheiro de determinado capital escolar. Produto da conversão de capital econômico em capital cultural, ele estabelece o valor, no plano do capital cultural, do detentor de determinado diploma em relação aos outros detentores de diplomas e, inseparavelmente, o valor em dinheiro pelo qual pode ser trocado no mercado de trabalho — o investimento escolar só tem sentido se um mínimo de reversibilidade da conversão que ele implica for objetivamente garantido (Bourdieu, 1999, p. 78-79).

A partir do exposto, as teorias da reprodução das relações de classe, aqui exemplificadas por Bourdieu (1999) e Bourdieu e Passeron (1975), nos indicam que não podemos desconsiderar os alertas da segunda visão de Educação, pois há um apropriar-se do capital cultural para transformá-lo em capital econômico, pertencente ao grupo ou família, com o direito de transmissão por *sucessão*. O capital cultural, auferido pelo diploma escolar, não pode mais ficar na posição "romântica" de ser percebido como algo distribuído, democraticamente, entre os membros de uma dada sociedade. Porém, essa ideia de distribuição igualitária de bens na sociedade nos remete a uma pergunta: Da mesma forma que o capital cultural é distribuído desigualmente, outros recursos comuns do Planeta também o são, como água e terra, mais ainda, outras fontes de riqueza social também o são, como trabalho e dinheiro? É possível, por exemplo, que a distribuição de renda, entre habitantes do globo e blocos econômicos, seja um indicador da importância do trabalho com a Educação Ambiental em Educação Matemática? O direito de transmissão de bens por *sucessão* é avanço ou um entrave em uma sociedade que busca o desenvolvimento sustentável no planeta?

Um outro significado e sentido à Educação pode ser conferido, distinto dos anteriormente formulados. Aquele que indica a possibilidade de a escola constituir-se em um local em que se exercem poderes. Analisar a teia de poderes e contrapoderes estabelecida a partir do fato pedagógico. Nos estudos de Foucault, particularmente em *Vigiar e Punir* e *Microfísica do Poder* a preocupação básica era com a genealogia do poder, como se forma, como se transmite, como submete, como transitavam, como constituíam redes de poder. Assim, "o interessante da análise é justamente que os poderes não estão localizados em nenhum ponto específico da estrutura social. Funcionam como uma rede de dispositivos ou mecanismos a que nada ou ninguém escapa, a que não existe exterior possível, limites ou fronteiras". Uma "teia de poderes" em cujos "nós" atuamos cada um dos sujeitos, ou seja, uma "microfísica do poder" longe de só indicar como fonte de poder o nível macro, por exemplo, o Estado e seus aparelhos. Porém, "mas isso não significava, em contrapartida, querer situar o poder em outro lugar que não o Estado, como sugere a palavra periferia. Daí a importante e polêmica ideia de que o poder não é algo que se detém como uma coisa, como uma propriedade, que se possui ou não". É importante reiterar que para Foucault (1990) o seu objeto de estudo focalizava a práticas ou relações de poder e as conclusões às quais chegou além de interessantes são desafiadoras: "Não existe de um lado os que têm o poder e de outro aqueles que se encontram dele alijados. Rigorosamente falando o poder não existe; existem sim práticas ou relações de poder" (Machado, R., "Introdução", in Foucault, 1990).

Ao indicar que o poder e seu exercício não são localizáveis em um dado ponto, Foucault desloca o problema para a análise de *práticas de poder, tecnologias do corpo, regimes de verdade* que formatam corpos dóceis. Neste sentido não há, para Foucault, uma separação entre as práticas do hospital de loucos, do presídio, da fábrica, da escola. Ou seja, a vigilância, a normalização, o sujeição, a disciplina, enfim as *práticas de poder* produzidas e que produzem cada *regime de verdade* estão presentes em toda instituição. Uma das comparações mais recorrentes na obra de Foucault diz respeito à instituição psiquiátrica e à escola, pois as duas são fundadas em inquéritos, avaliações e vigilância com o objetivo da normalização do sujeito a partir da disciplina.[9]

---

9. Para maiores aprofundamentos nos conceitos de *práticas de poder, tecnologias do corpo e regimes de verdade*, consultar: Foucault, M. *História da Loucura na Idade Clássica*. São Paulo: Editora Perspectiva, 1999; Foucault, M. *História da Sexualidade: A Vontade de Saber*. Rio de Janeiro: Edições Graal Ltda., 1999, v. 1; Foucault, M. *História da Sexualidade: O Cuidado de Si*. Rio de Janeiro: Edições Graal Ltda., 1985, v. 3; Foucault, M. *Microfísica do Poder*. Rio de Janeiro: Edições Graal Ltda., 1990; Foucault, M. *Vigiar e Punir*. São Paulo: Livraria Martins Fontes Editora Ltda., 1992; Muchail, T. S. De Práticas Sociais à Produção de Saberes. In: Martinelli, L. M.; On, M. R. L.; Muchail, T. S. (Orgs.) *O Uno e o Múltiplo nas Relações entre as Áreas do Saber*. São Paulo: Cortez, 1998.

Segundo Foucault (1990), podemos identificar as características básicas do poder disciplinar. "Em primeiro lugar, a disciplina é um tipo de organização do espaço". É um processo técnico de distribuição de sujeitos através da inserção dos seus corpos em um espaço: individual, classificatório, combinatório. Desta forma, o sujeito é isolado em um espaço: fechado, esquadrinhado, hierarquizado. Esta técnica permite que seja possível extrair do sujeito o desempenho de funções diferentes segundo o objetivo específico que sobre ele o poder fez recair. Ainda acompanhando as ideias básicas da genealogia do poder foucaultiana, "Em segundo lugar, e mais fundamentalmente, a disciplina é um controle do tempo". Isto é, ela determina através da disciplina uma sujeição do corpo ao tempo, objetivando a máxima produção com o de rapidez e o máximo de eficácia. Porém, o objetivo aqui não é basicamente a produção de algo ou o resultado de uma ação que interessa a quem exerce o poder, mas sim o adestramento disciplinar. Como terceiro ponto importante na genealogia do poder foucautiana, encontramos: "Em terceiro lugar, a vigilância é um dos seus principais instrumentos de controle". Não uma vigilância exercida de modo fragmentar e descontínuo. Mas sim, o olhar invisível — como o Panopticon de Bentham, que permite a vigilância de tudo permanentemente sem nunca ser percebido — essa vigilância deve contaminar profundamente o sujeito observado para que este adquira por si mesmo a visão de quem o olha. Em quarto lugar, mas não em último: "Finalmente, a disciplina implica um registro contínuo de conhecimento". Aqui encontramos a máxima foucaultiana que entrelaça poder e saber. Ou seja, ao mesmo tempo em que se exerce um poder, produz-se um saber, assim o olhar que a tudo observa para vigiar é o mesmo que retira, anota e transfere as informações dos sujeitos para os pontos mais altos da hierarquia de poder (Foucault, 1990).

Essas relações de poder, estabelecidas a partir de um poder disciplinar sobre os sujeitos, têm, então, como características: a organização do espaço e do corpo, o controle do tempo, a vigilância e o registro contínuo do conhecimento. Essa é uma constatação das práticas de poder de uma instituição como a escola. Ela organiza e se organiza espacialmente a partir de salas de aula, com alunos dispostos de forma a serem observados pelo professor — tanto faz que a disposição dos alunos seja matricial ou em anel. Ela controla e divide cuidadosamente o tempo — nos dias, meses e anos de escolaridade. Desde o inspetor de alunos ao colega de sala todos vigiam e são vigiados. O professor, o coordenador e a orientador registram cuidadosamente os progressos e deslizes dos estudantes.

Porém, é necessário esclarecer que essa visão — que muitos colocam como paralisante — pertence aos estudos da genealogia do poder. Uma das máximas foucaultianas é que onde há poder há resistência. Os poderes e contrapoderes constituem a teia de forças. E, estrategicamente, é possível resistir às práticas de poder estabelecidas pelo regime de verdade ao qual os sujeitos estão submetidos.

> Esta resistência de que falo não é uma substância. Ela não é anterior ao poder que ela enfrenta. Ela é coextensiva a ele e absolutamente contemporânea. (...) Também não é isto [a imagem invertida do poder]. Se fosse apenas isto não haveria resistência. Para resistir, é preciso que a resistência seja como o poder. Tão inventiva, tão móvel, tão produtiva quanto ele. Que, como ele, venha de 'baixo' e se distribua estrategicamente. (...) Digo simplesmente: a partir do momento em que há uma relação de poder há uma possibilidade de resistência. Jamais somos aprisionados pelo poder; podemos sempre modificar sua dominação em condições determinadas e segundo uma estratégia precisa (Foucault, 1979, p. 241).

Hoje assistimos às lutas pelos direitos humanos que envolvem as lutas das mulheres, dos prisioneiros, dos psiquiatrizados, dos homossexuais, dos ambientalistas. Todas nasceram de uma luta específica contra uma forma particular de poder, de coerção, de controle que se exerce sobre eles. Essas lutas fazem parte atualmente do movimento de resistência e têm como condição a radicalidade, sem tentativa de reorganizar o mesmo poder apenas com uma mudança titular. E, na medida em que esses movimentos devem combater todos os controles e coerções que reproduzem o "mesmo poder", essas mobilizações sociais estão ligadas pela resistência — política, social, cultural — de ordem geral e planetária, buscando um "outro poder". É aqui que reside a grande contribuição desta terceira visão de Educação, o exercício da resistência é local — a tática — mas a luta é global — a estratégia.

Um outro acordo já indicado é que significado tomar de *cultura*. As sociedades humanas fabricam cultura e a propagam por meio da Educação há milênios. A discussão central é o estabelecimento de uma diferenciação do que é necessário e o que é fugaz na cultura. Por exemplo, considerar que *a cultura relaciona-se com objetos e é um fenômeno do mundo; o entretenimento relaciona-se com pessoas e é um fenômeno da vida*. Desta forma, um objeto é cultural na medida de sua durabilidade e não de sua funcionalidade, pois essa é a qualidade que faz com que ele não desapareça do mundo fenomênico ao ser usado e consumido. Assim, a grande usuária e consumidora, de objetos, é a vida do indivíduo e a vida da sociedade como um todo. Mas a vida como consumidora *é indiferente à qualidade de um objeto enquanto tal; ela insiste em que toda coisa deve ser funcional, satisfazer alguma necessidade*: Esse é o ponto que ameaça diariamente a cultura, ou seja, quando todos os objetos e coisas seculares, produzidos pelo presente ou pelo passado, são tratados como *funcionais* para o processo vital da sociedade.[10]

Desta forma, temos que distinguir os bens de consumo cuja duração no mundo mal excede o tempo necessário ao seu preparo; os produtos da ação — eventos, feitos e palavras — os quais são em si mesmos tão transitórios que mal sobreviveriam à hora ou ao dia em que apareceram no mundo, não fossem preservados de início pela memória do homem; e as obras de arte, que têm uma permanência no mundo superior a tudo o mais e, portanto, o que há de mais mundano entre as "coisas". Desta forma, o mundo só toma forma quando as coisas fabricadas são organizadas de modo a poder resistir ao processo de consumo, pois somente quando as necessidades de sobrevivência estão garantidas falamos de cultura. Então, só quando nos deparamos com "coisas" que nos são independentes, não meramente funcionais e não simplesmente úteis e, vale dizer, *cuja qualidade continua sempre a mesma, falamos de obras de arte*. Falamos de cultura. Falamos de educação. Pois algo independente de nós continua a existir no mundo fenomênico criando, portanto, a necessidade de tecer a trama entre as futuras gerações e essas "coisas". Assim, devemos levar em conta os princípios pelos quais se percebe o sentido de uma dada cultura.

> A fabricação, mas não a ação ou a fala, sempre implica meios e fins; de fato, a categoria de meios e fins obtém a sua legitimidade da esfera do fazer e fabricar, em que um fim claramente reconhecível, o produto final, determi-

---

10. Arendt, H., *Entre o Passado e o Futuro*. São Paulo: Editora Perspectiva, 1991, em especial o capítulo III.

na e organiza tudo que desempenha um papel no processo — o material, as ferramentas, a própria atividade e mesmo as pessoas que dele participam; tudo se torna meros meios dirigidos para os fins justificados como tais (Arendt, 1991, p. 269).

O que apontamos aqui é que nenhum produto cultural é politicamente neutro em uma dada sociedade. Isto é, não falamos somente de bens culturais produzidos a partir de práticas sociais, estes pertencem a uma dada sociedade localizada historicamente e datada economicamente, portanto não pode haver um fazer neutro na produção de algum bem cultural. Assim, por exemplo, nos atos de um professor quando elabora uma simples transparência, há um fazer que implica meios materiais e fins ideológicos, sociais e educacionais. Somos aquilo que fazemos porque aquilo é que nos fez.

Aqui temos um objetivo: refletir a partir da crença de que hoje os meios de difusão e informação ganharam primazia sobre as ideias, os conceitos e o fazer do professor. Este é um mito da Educação que se inscreveu dentro de uma teoria do consumo, nas estruturas da política cultural da atualidade. Assim, pela lógica do desenvolvimento técnico e econômico que mobiliza as forças econômicas da sociedade atual, essa política cultural foi trazida até o sistema atual invertendo a ideologia que ontem se preocupava em difundir as "luzes".

Ora, segundo esse mito, a mídia agora ganha a primazia sobre as ideias veiculadas. Parafraseando Marcuse, o meio toma o lugar da mensagem. A escola deste milênio só vai ser boa se tiver "Internet", "Data-Show", "CD-ROOM", conferência à distância e outros tantos meios. Desta forma, os *procedimentos tecnológicos* são vendidos por uma certa indústria cultural como desenvolvidos a tal ponto de abandonar como inúteis práticas docentes aperfeiçoadas, em sala de aula, durante dois séculos.

Assim, essa ideologia, hoje, compõe uma sociedade em que os aparelhos de Estado, quase que objetivando cumprir o antigo sonho totalitário de enquadrar *todos* os sujeitos e *cada um* deles de forma particular, começa por destruir aos poucos as finalidades, as metas e as instituições escolares originadas na era das Luzes. Em resumo, tudo se passa, hoje, na Educação Matemática como se a *forma* — e leia-se aqui "as metodologias educacionais engenhosamente arquitetadas de forma a que o professor ensine corretamente" — de implantá-la, "tecnicistamente", se houvesse realizado plenamente, eliminando, portanto, os *conteúdos* educacionais, éticos e antropológicos que lhe dava o sentido — "sentido" é aqui tomado na semântica vetorial do termo — autônomo de ser e, desde então, perde a utilidade social (Certeau, 1994).

Portanto, o processo da produção cultural a partir desse mito transforma-se em um "simulacro".[11] Ou seja, há uma certa concepção de cultura contemporânea que é, em suma, a localização derradeira do crer no ver. Desta forma, o que é *visto* é identificado com aquilo que se *deve crer*. Torna-se um simulacro a relação do visível com o invisível quando desmorona o postulado de uma imensidão invisível do homem, escondido por trás das aparências.[12]

Entendemos, contrariamente ao mito da cultura apoiada na crença de que hoje os meios de difusão e informação ganharam primazia sobre as ideias, que nos processos educativos de sala de aula, o professor e seus estudantes sabem que, ao fazer uma simulação de um modelo computacional, buscam relações invisíveis no modelo. Buscam representações que representem essas relações. Não importa a disciplina — Matemática, Filosofia, Psicanálise ou Política, por exemplo, nos fornecem variados modelos de interpretação distintos a partir do mesmo fenômeno observado —, todas buscam modelos de interpretação que pretendam desvelar o real. O olhar se forma a partir dos nossos "constructos mentais".[13]

Um terceiro acordo linguístico necessário é sobre o *conhecimento*. Aqui se optou por acompanhar Nietzsche[14] que considera que o conhecimento é o *efeito* da luta de instintos. Então o conhecimento é como um clarão que se irradia, mas que é produzido ao acaso ou como resultado de um longo compromisso assumido durante e após as batalhas entre os instintos. Assim, o conhecimento tem origem na luta dos instintos "básicos", pois:

---

11. Ginzburg, C., *Olhos de Madeira*, São Paulo: Companhia das Letras, 2001, em particular o capítulo III, no qual são discutidos, historicamente, os conceitos de "imago", "representação", "simulacro" e "abstração".

12. Certeau, M. *A Cultura no Plural*. Campinas: Papirus, 1995.

13. Para melhor compreensão do termo "constructos mentais", ver: Souza, A. C. C. de. *Matemática e Sociedade*: um estudo das categorias do conhecimento matemático. Dissertação de mestrado, FE/UNICAMP: Campinas, 1986; e, Souza, A. C. C. de. *Sensos Matemáticos*: uma abordagem externalista da Matemática. Tese de doutorado. FE/UNICAMP: Campinas, 1992.

14. Nietzsche, F. *Gaia Ciência*. Lisboa: Guimarães & Cia. Editores, 1984.

> A utilidade e o prazer deixaram de ser os únicos a tomar partido na guerra pelas "verdades", todas as espécies de instintos se lançaram ao trabalho; o combate intelectual tornou-se uma ocupação, um encanto, uma vocação, uma dignidade: o conhecimento, a aspiração ao verdadeiro, tomaram enfim o seu lugar de necessidade no meio de outras necessidades. A partir de então a fé, a convicção, deixaram de ser as únicas forças, mas também o exame, a negação, a contradição; todos os "maus" instintos foram subordinados ao conhecimento e postos a seu serviço, deu-se-lhes o fulgor do permitido, do venerado, do útil e, finalmente, a inocência do *bem* (Nietzsche, 1984, p. 133).

A partir da luta entre a utilidade e o prazer surge a "vontade de poder", para Nietzsche, ou os "regimes de verdade", para Foucault, e é esta luta aquela que gera o conhecimento. Assim, o "conhecimento", "a aspiração ao verdadeiro" não são mais um privilégio "dos bons instintos" mas, também, dos "maus instintos". Esse é o fermento necessário ao conhecimento, é esse movimento, essa guerra que produz o pensador, pois a partir deste momento o "conhecimento" tornou-se constituinte da vida dos sujeitos e essa força foi crescendo sem parar. Porém, um dia finalmente o "conhecimento" e "as velhas crenças" colidem, "ambos vida, ambos força, ambos no mesmo homem". O conhecedor: eis agora o ser no qual coexistem a "vontade de verdade" e as "velhas crenças" pois estas mantêm a vida do sujeito e, neste, se dá o combate, a luta e o enfrentamento, pois, desde que a "vontade de verdade" se configurou, também, como uma força que conserva a vida, instalou-se o combate às "velhas crenças".

A importância desta luta, para o conhecedor, o restante é indiferente. A questão central aqui pode ser enunciada da seguinte forma: até que ponto a "vontade de verdade" suporta a assimilação de "velhas crenças" (Nietzsche, 1984).

É necessário concordar com Foucault[15] que, ao comentar o que é conhecimento para Nietzsche, afirma que esse "não é instintivo, é contrainstintivo, assim como ele não é natural, é contranatural". Portanto, esta é a primeira consequência do enunciado de Nietzsche, ou seja, a ruptura entre o conhecimento e as coisas a conhecer.

---

15. Foucault, M. *A Verdade e as Formas Jurídicas*. Rio de Janeiro: Nau Editora, 1999.

> E assim como entre instinto e conhecimento encontramos não uma continuidade, mas uma relação de luta, de dominação, de subserviência, de compensação etc., da mesma forma, entre o conhecimento e as coisas que o conhecimento tem a conhecer não pode haver nenhuma relação de continuidade natural. Só pode haver uma relação de violência, de dominação, de poder e de força, de violação. O conhecimento só pode ser uma violação das coisas a conhecer e não percepção, reconhecimento, identificação delas ou com elas (Foucault, 1999, p. 18).

Ainda segundo Foucault, a segunda consequência do enunciado de Nietzsche é o desaparecimento do sujeito enquanto unidade. Encontramos aqui a morte do "Homem" enquanto categoria universal, do humano. Assim, consideramos que esse fato se deve, fundamentalmente, ao reconhecimento de que o conhecimento do sujeito é em sua natureza, obrigatoriamente: "parcial, oblíquo, perspectivo". Ou seja, o sujeito passa a ter múltiplas dimensões e, vale dizer, constituindo-se a partir de fragmentações, assujeitamentos e perspectivas. Assim, sujeito passa a ser tecido por múltiplos fios e tramas formadas a partir de uma certa paisagem social. Esse vai constituir-se em um deslocamento do sujeito como uma unidade — da mesma forma que da morte do Homem nasce o sujeito, deste nasce o sujeito: fragmentado, parcial e oblíquo. Desta forma, parafraseando Foucault que "se é verdade que entre o conhecimento e os instintos — tudo o que faz, tudo o que trama o animal humano — há somente ruptura, relações de dominação e subserviência, relações de poder, desaparece então, não mais Deus, mas o sujeito em sua unidade e soberania" (Foucault, 1999).

Desta forma consideramos que o conhecimento só tem significado a partir de um homem e das relações de força a que está submetido. Há uma certa "perspectiva",[16] única, dentro das relações de poder às quais o su-

---

16. Atualmente temos assistido ao crescimento das pesquisas que se utilizam da História Oral para recuperar memórias e práticas de professores de Matemática. Consideramos que esse fato se deve, fundamentalmente, ao reconhecimento de que o conhecimento do sujeito é "em sua natureza obrigatoriamente parcial, oblíquo, perspectivo". Desta forma, o conceito de "verdade histórica" passa a ter uma dimensão distinta daquela usualmente utilizada por historiadores tradicionais, pois tal qual o sujeito do conhecimento, passa a ser também fragmentada, transversal e construída a partir de uma certa paisagem. Logo, a "verdade" só se apresenta a partir de uma enunciação em perspectiva de um sujeito. Assim, sujeitos da história, como os professores de Matemática, enunciam suas verdades, perspectivas, olhares, memória, cenários e paisagens, discutindo práticas docentes que constituíram sua identidade profissional.

jeito está submetido. Assim, o sujeito é tomado como um conjunto de fios de uma "teia de poderes", que ao mesmo tempo o assujeita possibilita que estruture resistências às forças que sobre ele se exercem. Usando uma metáfora, o sujeito se assemelha a um feixe de fios que se entrelaçam, se tecem, formam um tecido. Que é diferente de outros tecidos por sua natureza distinta de "fios", portanto, *parcial*, "tecidos" por poderes que sobre os "fios"agiram de forma a constituí-lo, portanto, *oblíquo*, e dessa forma com um olhar diferenciado, *perspectivo*. Este é o sujeito da pós-modernidade, profundamente fragmentado.

> O conhecimento é um efeito ou um acontecimento que pode ser colocado sob o signo de conhecer. O conhecimento não é uma faculdade, nem uma estrutura universal. Mesmo quando utiliza um certo número de elementos que podem passar por universais, esse conhecimento será apenas da ordem do resultado, do acontecimento, do efeito... Ou seja, o conhecimento é sempre uma certa relação estratégica em que vai definir o efeito de conhecimento e por isso seria totalmente contraditório imaginar um conhecimento que não fosse em sua natureza obrigatoriamente parcial, oblíquo, perspectivo. O caráter perspectivo do conhecimento não deriva da natureza humana, mas sempre do caráter polêmico e estratégico do conhecimento. Pode-se falar do caráter perspectivo do conhecimento porque há batalha e porque o conhecimento é o efeito dessa batalha (Foucault, 1999, p. 24-25).

A partir destes três acordos semânticos — uma perspectiva da Educação, Cultura e Conhecimento, quase arqueológico-discursiva — um novo acordo linguístico sobre *os olhares* e as *intencionalidades*, se faz necessário e vai nos permitir um olhar retrospectivo e perspectivo em relação às tecnologias e "às novas tecnologias" que constituíram e constituem o sujeito.

4. Os Olhares e as Intencionalidades

Assim, a lança e a pedra lascada avisavam que aquele animal de duas patas era um "fabricador" de instrumentos que por sua vez o fabricavam. Este é o ponto: a fala que este texto institui busca um olhar na direção do homem como um "produzido" pelo produto que produziu.[17] Um sujeito de si.[18]

Aquilo de que Leonardo da Vinci[19] nos fala nos remete a um olhar que capta o mundo das coisas de uma forma direta — um olhar que reconhece as coisas como elas são naturalmente. "Quem acreditaria que um espaço tão reduzido seria capaz de *absorver as imagens do universo*?", pergunta extasiado. Esse é o olhar renascentista de Leonardo — "uma janela do corpo humano" que forma "o homem" por absorver as imagens do universo. O olhar de Galileu não é diferente, também ele acreditava na necessidade de olhar, observar a linguagem matemática com a qual havia sido escrito o universo. Falo de Galileu e Leonardo porque eles representam as novas ideias, o novo espírito científico do Renascimento. Galileu aperfeiçoando a luneta e Leonardo inventando máquinas de voar. Janelas para um novo olhar?

Porém, esse olhar vai transformando-se, já a partir do Renascimento, e encontramos alguns pensadores e artistas que já não acreditam que "o espírito do pintor deve fazer-se *semelhante a um espelho*". Só representar o que se via já não bastava, era necessário buscar o interno, o indizível e o invisível. Havia uma vontade de representar as representações. A metáfora do espelho, tão cara a Leonardo, já não bastava.

Giordano Bruno aponta as impossibilidades do olhar renascentista,[20] tão longe de um olhar que capta representações de representações, porém

---

17. Pinto, A. V. *Ciência e Existência*. Rio de Janeiro: Editora Paz e Terra, 1979.

18. Foucault, M. *Resumo dos Cursos do College de France (1970-182)*. Rio de Janeiro: Jorge Zahar Editor, 1997. Em particular, o resumo do último curso ministrado, "A Hermenêutica do Sujeito".

19. "Não vês que o olho abraça a beleza do mundo inteiro? (...) É uma janela do corpo humano, por onde a alma especula e frui a beleza do mundo, aceitando a prisão do corpo que, sem esse poder, seria um tormento (...) Ó admirável necessidade! Quem acreditaria que um espaço tão reduzido seria capaz de absorver as imagens do universo? (...) O espírito do pintor deve fazer-se semelhante a um espelho que adota a cor do que olha e se enche de tantas imagens quantas coisas tiver diante de si" (Leonardo da Vinci, apud Chaui, in Novaes, 1988, p. 31).

20. "Queres, então, que te diga por que são tão poucos os que apreendem? Por que julgamos que a luz está distante, quando tão presente para nós num céu tão imenso? Porque o olho que vê todas as coisas, mas não se vê a si mesmo. Porém, qual é o olho que além de ver todas as coisas ainda se vê a si mesmo? Aquele que vê todas as coisas e é todas as coisas. Seríamos semelhantes ao Ser Excelso se pudéssemos ver a substância de nossa espécie e se nosso olho visse a si mesmo e a nossa mente a si mesma. (...) Porém, assim como nosso olho pode ver-se a si mesmo num espelho, assim também a mente, não podendo ver a si mesma, vê-se na semelhança com os

indica que nossa mente trabalha com signos, simulacros e imagens, ou seja, nossa mente trabalha com representações.

Porém, o invisível das representações de representações e o visível da natureza acabam por encontrar-se em Velásquez, na pintura intitulada "Las Meninas". É interessante notar que o olhar de Cervantes capta um personagem que é constituído pela representação dos heróis dos romances de cavalaria. Quixote representava aquilo que lera nos livros de cavalaria: representação de uma representação. Aqui chegamos ao ponto, o olhar em nossos tempos busca as relações entre o visível e o invisível, pois nelas é que encontramos uma possível interpretação do real. Assim, é nessa articulação que encontramos a memória e o cotidiano como artífices da paisagem, sendo esta distinta da estática percepção do natural como ornamento do humano.[21]

O trabalho que a mente executa ao produzir a lembrança, uma imagem mental, o faz a partir de juízos e de valores estéticos e éticos. No sentido pretendido, a riqueza histórica da memória reside exatamente nesse trabalho realizado pela mente que lembra, ou seja, busca dentre os detalhes do singular — do humano particular e individual — o sentido histórico da pluralidade das práticas sociais que habitam o cotidiano.[22]

Assim, a Matemática, da idade clássica e da idade contemporânea, trabalha com modelos matemáticos baseados em modelos físicos que por si já eram uma representação. Assim, surgem a Física newtoniana e o Cálculo. Representações de representações. Esta é a diferença básica da Matemática grega e da produzida após o Renascimento. Uma representava diretamente os fenômenos observados e a outra apresenta modelos representativos.

O olhar que, hoje, somos convidados a elaborar nos leva a indagar quais representações fazemos daquilo que estudamos e produzimos, a partir dessas tecnologias. O estudante sabe que busca relações invisíveis,

---

signos, simulacros e imagens exteriores, pois só especulamos com imagens" (Giordano Bruno, apud Chaui, in Novaes, 1988, p. 51).

21. Foucault, M. *As Palavras e as Coisas*. São Paulo: Livraria Martins Fontes Editora, 1992.

22. Para maiores detalhes sobre as relações entre o singular e o plural, ver: Souza, A. C. C. de; Souza, G. L. D. Cotidiano e Memória. In: *Teoria e Prática da Educação* — Revista semestral do Departamento de Teoria e Prática da Educação da Universidade de Maringá, v. 4, n. 8, Maringá, DTP/UEM, 2001.

antigas ou atuais. Busca relações que representem representações. Não importa a disciplina, todas buscam relações que desvelem o real. O olhar já não é o mesmo de Leonardo, não é mera janela para o mundo visível, ele se forma a partir dos nossos "constructos mentais". O "olhar para dentro" de Giordano Bruno é transformado no olhar de dentro para fora. A imagem não está localizada fora do observador, mas sim na mente desse observador.

Esses olhares percebem e destacam — tanto dentro das relações do visível e do invisível como dentro dos modelos — relações. Buscam Matemática.

Atualmente, acredito, a nossa sociedade informatizada caminha, perigosamente, em direção ao controle racionalmente planejado, entre planilhas e cálculos. Porém, os caminhos da "razão"[23] sempre me preocuparam. É como se ela sempre tivesse sido assim e continuasse sendo. A razão se nos apresenta como a origem e a continuidade das coisas. Em *Humano, Demasiado Humano*, Nietzsche já alertava para o ilógico necessário.

> Entre as coisas que podem levar um pensador ao desespero está o conhecimento de que o ilógico é necessário para o homem e de que do ilógico nasce muito de bom. Ele está tão firmemente implantado nas paixões, na linguagem, na religião e em geral em tudo aquilo que empresta valor à vida, que não se pode extraí-lo sem com isso danificar irremediavelmente essas belas coisas. São somente os homens demasiado ingênuos que podem acreditar que a natureza do homem possa ser transformada em uma natureza puramente lógica; mas se houver graus de aproximação desse alvo, o que não haveria de se perder nesse caminho! Mesmo o homem mais racional precisa outra vez, de tempo em tempo, da natureza, isto é, de sua postura ilógica diante de todas as coisas (Nietzsche, 1987, p. 52).

Porém, há algo de "poder político" estabelecido nessa lógica racional subjacente ao que é: dizível, enumerável, classificável, quantificável. É evidente que o modelo de ciência racional calha muito bem no sistema político e econômico capitalista. Apenas operou-se uma pequena mudança: o melhor modelo é o modelo do melhor. E, o modelo do melhor é o

23. O termo "razão" tem, neste texto, o significado a ele atribuído por Foucault em *História da Loucura na Idade Clássica*.

modelo do "mesmo". Foucault já adverte que o "mesmo" isola, controla e vigia o "outro".[24] Os modelos tecnológicos de sociedade trazem no bojo o perigo de uma sociedade vigiada, mas também trazem a possibilidade de questionamentos (Chiapas é um exemplo) do próprio modelo constituído. Mas, o poder isola, controla, vigia com objetivos, entre eles, de estabelecer um certo "poder-saber" epistemológico.

Assim, temos uma quarta característica do poder. Constitui-se em uma forma de poder que, de certa forma, perpassa todos os outros poderes. Falamos aqui de um poder epistemológico, poder que busca extrair dos indivíduos um "saber" sobre estes, a partir do fato de estarem submetidos a um olhar e de alguma forma vigiados pelos diferentes poderes. Vejamos, primeiramente em uma instituição como uma escola, por exemplo, o trabalho e o saber do professor — obtidos por um largo tempo de experiências em sala de aula — sobre seu próprio trabalho, os melhoramentos, as pequenas invenções e descobertas obtidas no seu fazer diário, as microadaptações que ele puder fazer no decorrer das práticas docentes são imediatamente anotadas e registradas, extraídas portanto, de sua prática, acumuladas pelo poder que se exerce sobre ele por intermédio da vigilância que é manifesta nas escolas a partir de "reuniões pedagógicas", "estudos técnicos" e, quem sabe, "teses acadêmicas". Desta forma, pouco a pouco, o trabalho do professor é assumido e transformado em um certo saber que busca a produtividade escolar ou um saber técnico da produção que alimentam, ciclicamente as funções de controle. É necessário dizer que a constituição, em si, das ciências humanas — como a Educação, a Psicanálise e a Antropologia — se formam a partir de um saber extraído dos próprios indivíduos, a partir de seu próprio comportamento. Um saber constituído a partir da observação dos sujeitos, do registro e da análise dos seus comportamentos, da sua comparação e da sua classificação etc. (Foucault, 1999).

Assim, formou-se, por exemplo, um "saber psiquiátrico" que nasceu e se desenvolveu, nos "asilos", até Freud, que foi o primeiro a romper com esta postura epistemológica oriunda do "saber psiquiátrico" obtido a partir do sequestro e do poder dos médicos enquanto a observação era

24. Os termos "mesmo" e "outro" estão sendo utilizados como em Foucault em *As Palavras e as Coisas*.

exercida em um campo institucional fechado como era o asilo, o hospital psiquiátrico. Desta forma é que o saber psiquiátrico se formou. Foucault comenta que esta é a mesma estrutura de desenvolvimento epistemológico praticado na Educação. Ou seja, do mesmo modo, a pedagogia se formou a partir das próprias adaptações da criança às tarefas escolares, adaptações observadas e extraídas do seu comportamento para tornarem-se em seguida leis de funcionamento das instituições e forma de poder exercido sobre a criança. As práticas sociais das sociedades dos sujeitos (humanos) diferem das dos animais na *intencionalidade* de suas ações, isto é, objetiva, a partir do controle, o poder e, a partir deste, o saber. E, inversamente, o saber, obtido a partir da vigilância, que constitui o poder. Isto é, ao produzir algo, ele (o sujeito) também é produzido por aquilo que produziu. Nessa perspectiva, o poder-saber caracteriza-se por *olhares dirigidos* (Foucault, 1999).

Porém, Foucault alerta que *lá onde há poder há resistência.*[25] Isso se dá porque devemos *entender o poder como uma multiplicidade de correlações de força imanentes ao domínio onde se exercem e constitutivas de sua organização.*[26] Assim, constitui-se uma "teia de poderes" — ramificada capilarmente até o sujeito, a partir das correlações de força — que permite o surgimento de estratégias de afrontamento, inversão, transformação, reprodução ou cristalização social. Desta forma, olhares, intencionalidades, poderes e contrapoderes estão atrelados às correlações de força e à capilaridade do poder que nos ensinam que a Educação — em particular a Educação Matemática — é um jogo de poder entre alunos e professores; professores e diretores de escolas; agentes educacionais e Ministérios da Educação; sociedade e Estado. Não há o olhar ingênuo e sim o estratégico.

> Trata-se, em suma, de orientar, para uma concepção do poder que substitua o privilégio da lei pelo ponto de vista do objetivo, o privilégio da interdição pelo ponto de vista da eficácia tática, o privilégio da soberania pela análise de um campo múltiplo e móvel de correlação de força, onde se produzem efeitos globais, mas nunca totalmente estáveis, de dominação. O modelo estratégico, ao invés do modelo do direito. E isso, não por escolha especu-

---

25. Foucault, M. *História da Sexualidade I*: A Vontade de Saber, p. 91.

26. Ibidem, p. 91.

> lativa ou preferência teórica; mas porque é efetivamente um dos traços fundamentais das sociedades ocidentais o fato de as correlações de força que, por muito tempo tinham encontrado sua principal forma de expressão na guerra, em todas as formas de guerra, terem-se investido, pouco a pouco, na ordem do poder político (Foucault, 1999, p. 97).

Assim, o convite para educar novamente o olhar, lançado à Educação Matemática, busca analisar quais práticas educacionais habitam o cotidiano escolar e relacioná-las às normas e regras praticadas, no contexto social mais amplo, objetivando a percepção e a análise de um campo múltiplo e móvel de correlação de forças existentes em dada sociedade. A eficácia tática evidencia-se pela análise das práticas de sala de aula de Matemática que se alteram bem como as que permanecem, ou seja, é encontrar o *sentido* histórico delas. Este novo olhar compara-se a uma arqueologia e a uma genealogia do poder-saber em Educação Matemática.

5. O sujeito da paisagem: teias de poder, táticas e estratégias

Construímos esses acordos para que pudéssemos finalizar com um exemplo da riqueza do trabalho da Educação Matemática em conjunto com a Educação Ambiental. Tomemos o estudo de um determinado conjunto habitacional para analisá-lo a partir do sentido tático e da eficiência estratégica, que é aqui proposto. Esse exemplo, aqui, comparece como um "problema texto" de Matemática. Porém, se o tema da *atividade de ensino*[27] que o grupo-classe estiver estudando envolver uma questão ambiental como, por exemplo, *moradia*, ele deixa de ser um "problema texto" e passa a ser um problema com significados concretos. Aliás, a construção atual desse problema tem esta origem, ou seja, foi construído a partir da escolha feita por alunos de uma sétima série de uma escola estadual pau-

27. Para maiores detalhes sobre atividade de ensino, consultar: 1) Leontiev, A. *O Desenvolvimento do Psiquismo*, Lisboa: Livros Horizonte, 1978; 2) Moura, M. O. *O Educador Matemático na Coletividade de Formação*: uma experiência com a escola pública. Tese de livre-docência, FE/USP, 2000; 3) Vygotsky, L. S. *Pensamento e Linguagem*. São Paulo: Livraria Martins Fontes Editora, 1989; 4) Vygotsky, L. S. *A Formação Social da Mente*. São Paulo: Livraria Martins Fontes Editora, 1989; 5) Luria, A. R. *Desenvolvimento Cognitivo*. São Paulo: Ícone, 1990.

lista, localizada na periferia de Rio Claro, que os alunos propuseram como questão central das atividades de Educação Matemática o tema de origem ambiental "moradias populares".[28]

> Na nossa sociedade cada pessoa necessita, em média, de 60 m² para residir, 40 m² para o seu trabalho, 50 m² para edifícios públicos e práticas desportivas, 90 m² para o tráfego e 4.000 m² para a produção de seu alimento, em média. Acrescentamos que cada pessoa tem necessidade de 200 litros de água, em média, por dia, para higiene e alimentação. Considerando esses dados, faça um estudo do impacto ambiental da construção de um conjunto habitacional para 15 mil famílias em uma cidade, de um milhão de habitantes. Qual a área verde que seria desmatada e qual o impacto no meio ambiente em termos de produção de oxigênio e vapor de água para a atmosfera? Como ficaria a questão do saneamento? E a do transporte? Qual o destino do lixo deste conjunto habitacional? Se achar preferível, aponte os dados de seu município ou bairro. Qual a qualidade de vida do município ou bairro?

Nesse problema, fica claro que: cada pessoa que pertence a esta sociedade tem direito a uma mesma quantidade de terra para sobreviver com dignidade. Isso implica residir, trabalhar, espaços para práticas desportivas, tráfego e área para produção de alimentos. Essas questões nos remetem não só aos direitos de sucessão como à distribuição de renda. Isso implica discutir com os alunos qual o modelo econômico e a consequente distribuição de riquezas que suporta esse tipo de sociedade. Então perguntas do tipo:

- Qual a renda mínima para a sobrevivência digna das pessoas em uma sociedade sustentável?

---

28. Carvalho, L. M. et al. *A Temática Ambiental e o Processo Educativo*. Rio Claro: DE/IB/UNESP, Projeto de Pesquisa, PADCT/SPEC-II, 1992. Para maiores detalhes sobre a questão de atividades de ensino em Educação Matemática e Educação Ambiental, consultar: Friske, H. D. *Educação Matemática e Educação Ambiental*: uma proposta de trabalho interdisciplinar como possibilidade às generalizações construídas socialmente. Dissertação de mestrado. PGEM/IGCE/RC, 1998. Ou: Escher, M. A. *Educação Matemática e Qualidade de Vida*: a prática da cidadania na escola. Dissertação de mestrado. PGEM/IGCE/RC, 1999. Ou, ainda: Francisco, C. A. *O Trabalho de Campo em Educação Matemática*: a questão ambiental no ensino fundamental. Dissertação de mestrado. PGEM/IGCE/RC, 1999.

- Por que a área, que consta das plantas das casas dos conjuntos habitacionais dos programas governamentais, reserva uma média de vinte e oito metros quadrados para famílias de até cinco pessoas?
- Os direitos relativos à saúde, Educação, segurança, transporte, lazer são respeitados nesses conjuntos habitacionais?
- Por que nas cidades do nosso país convivemos com favelas e mansões?

Outras questões, não menos importantes e derivadas da afirmação que cada pessoa dessa dada sociedade tem direito a uma mesma área para produção de seu alimento, nos remetem à distribuição da terra e ao modelo agrário correspondente. E, assim, poderíamos fazer perguntas, envolvendo-os.

- Qual o modelo de distribuição de terra no nosso país? Este modelo agrário permite a sobrevivência digna de todos?
- O modelo agrário dos latifúndios provoca maior ou menor devastação nas matas?
- Qual a participação dos agrotóxicos e pesticidas, utilizados nas grandes plantações, na poluição dos rios e mananciais de água?
- O direito à terra é derivado do direito de sucessão ou do direito de viver dignamente?

É evidente que várias questões poderiam ser decorrentes do problema proposto. Mas quero destacar as *outras* perguntas que fizemos acima. Todas são perguntas possíveis de serem respondidas matematicamente a partir de uma linguagem racional. Porém, resta a análise das respostas fornecidas, os modelos sugeridos, as implicações sociais, econômicas e políticas de determinadas opções por tal modelo ou tal outro. Apostamos no modelo agrário do latifúndio ou do minifúndio ou de uma reforma agrária ampla politicamente e sustentável economicamente? Quais implicações são originadas na minha opção? É possível ter um desenvolvimento sustentável, em nível planetário, a partir dos índices atuais de distribuição de renda dos países pobres? Essa distribuição é digna, garante um padrão de vida digno, para todos, em países como Brasil, Benin ou Índia? Qual a minha opção? Em que ela implica?

Poderíamos estudar, discutir, analisar e pesquisar os lixões, as doenças, a mortalidade infantil, a expectativa média de vida, a escolaridade, a poluição das terras e das águas, a qualidade do ar, o trabalho infantil ou a escravidão, os juros das dívidas externas, o modelo energético mundial, o Produto Interno Bruto, o consumo desenfreado de alguns países e a decorrente pobreza extrema de outros, o esgotamento de reservas naturais não renováveis. Essas seriam ações táticas, pois se constituem em uma possibilidade de afrontamento, inversão e transformação do poder-saber instituído em Educação Matemática a partir de questões socioambientais.

A perspectiva estratégica objetiva a compreensão da imensa teia de poderes e contrapoderes, que está ramificada capilarmente até os sujeitos, a partir da correlação de forças políticas, sociais, econômicas, culturais e ambientais.

Permite a compreensão de que a essa teia de poderes — constituída a partir da vigilância e da punição, do sequestro de crianças e trabalhadores, do controle do espaço e do tempo — corresponde uma outra de resistências — ao olhar que normaliza, à internação, aos discursos das disciplinas que originam regimes de verdade. Assim, permite compreender o discurso que parte da pedagogia hegemônica em nossa sociedade.

Toda essa articulação nos leva a vislumbrar, nas relações propostas pela integração Educação Matemática e Educação Ambiental, a formação de um dispositivo estratégico foucaultiano. Pois, discute-se: quais são as relações de poder que estão mais próximas e em jogo? Como determinados discursos se tornam possíveis e, ao mesmo tempo, sustentam determinados tipos de poder? Como essas relações de poder se vinculam e como se estabelecem em uma lógica global do poder?

Até aqui o texto construiu-se por deslocamentos, condensações e indicando práticas significantes no espaço da Educação Matemática (o lugar praticado pelos sujeitos da paisagem). Mostra o mapa da rede de poderes que se institui a partir da leitura matemática efetuada, considerando as questões ambientais. Assim, as fronteiras constituem zonas-limite de diferenciação e proximidade, ou seja, nelas existem iguais que são diferentes de "mesmos" delimitados pelos próprios limites. O "outro" tem existência aí. Essa é sua região. Nem uma, nem a outra. A paisagem da fronteira indica cenários de passagem de um lado dela para outro. É uma zona-limite que necessita da resistência para possibilitar a travessia, pois sem essa não poderia ocorrer. Esta é a pretensão central deste ensaio: gerar polêmica, dúvida, debate.

Talvez seja esta possibilidade — a criação de um dispositivo estratégico, de luta, de guerra à pedagogia hegemônica — a que desponte como a mais promissora nas trocas Educação Matemática e Educação Ambiental. Pois permite o estudo sistemático das formas de poder que controlam, exploram, devastam e exaurem o ambiente e, ao mesmo tempo, permite o estudo de como essas formas de poder vinculam-se a uma lógica de poder global. Assim, superamos uma visão puramente biológica das questões socioambientais, objetivando, com elas, uma anatomia do poder exercido sobre o ambiente que, aqui, obviamente, implica a paisagem, o cenário, o caminho, o mapa, a memória e a Educação Matemática na discussão das questões ambientais. Inclui o *sujeito da paisagem*.

Bibliografia

ARENDT, H. *Entre o Passado e o Futuro*. São Paulo: Editora Perspectiva, 1991.

BOSI, A. O Tempo e os Tempos. In: NOVAES, A. (Org.). *Tempo e História*. São Paulo: Companhia das Letras e Secretaria Municipal de São Paulo, 1994.

BOURDIEU, P. *Escritos de Educação*. Petrópolis: Vozes, 1999.

______; PASSERON, J. C. *A Reprodução*. Rio de Janeiro: Livraria Francisco Alves Editora, 1975.

BRESCIANI, S.; NAXARA, M. (Orgs.). *Memória e (Res)Sentimento*: indagações sobre uma questão sensível. Campinas: Editora da UNICAMP, 2001.

BROWN, L. R. (Org.). *Qualidade de Vida 1993*. São Paulo: Globo, 1993.

______. (Org.). *Estado do Mundo 2000*. Salvador: Worldwatch Institute/UMA Editora, 1999.

______. (Org.). *Estado do Mundo 2001*. Salvador: Worldwatch Institute/UMA Editora, 2000.

CARVALHO, L. M. et al. *A Temática Ambiental e o Processo Educativo*. Rio Claro: DE/IB/UNESP, Projeto de Pesquisa, PADCT/SPEC-II, 1992.

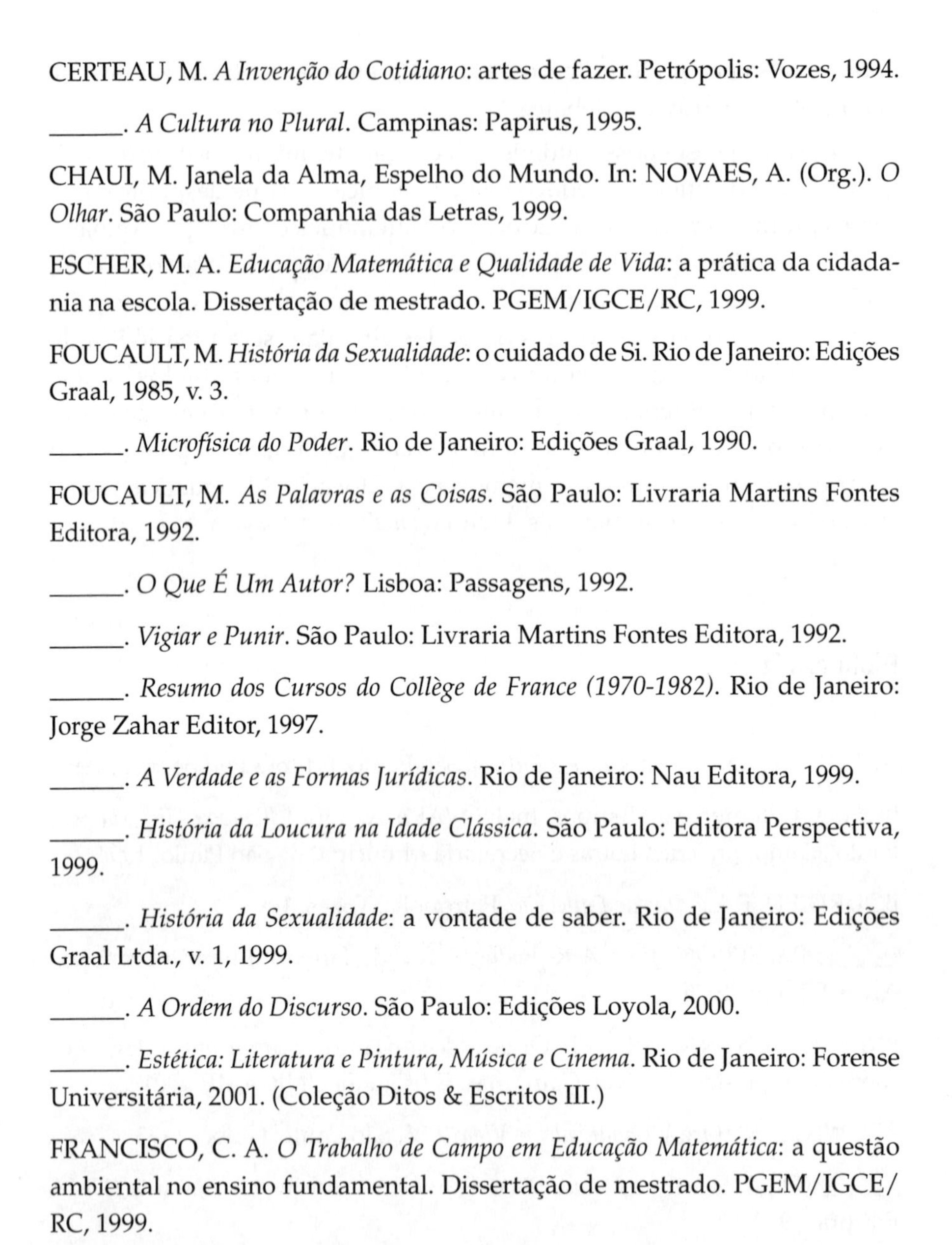

CERTEAU, M. *A Invenção do Cotidiano*: artes de fazer. Petrópolis: Vozes, 1994.

______. *A Cultura no Plural*. Campinas: Papirus, 1995.

CHAUI, M. Janela da Alma, Espelho do Mundo. In: NOVAES, A. (Org.). *O Olhar*. São Paulo: Companhia das Letras, 1999.

ESCHER, M. A. *Educação Matemática e Qualidade de Vida*: a prática da cidadania na escola. Dissertação de mestrado. PGEM/IGCE/RC, 1999.

FOUCAULT, M. *História da Sexualidade*: o cuidado de Si. Rio de Janeiro: Edições Graal, 1985, v. 3.

______. *Microfísica do Poder*. Rio de Janeiro: Edições Graal, 1990.

FOUCAULT, M. *As Palavras e as Coisas*. São Paulo: Livraria Martins Fontes Editora, 1992.

______. *O Que É Um Autor?* Lisboa: Passagens, 1992.

______. *Vigiar e Punir*. São Paulo: Livraria Martins Fontes Editora, 1992.

______. *Resumo dos Cursos do Collège de France (1970-1982)*. Rio de Janeiro: Jorge Zahar Editor, 1997.

______. *A Verdade e as Formas Jurídicas*. Rio de Janeiro: Nau Editora, 1999.

______. *História da Loucura na Idade Clássica*. São Paulo: Editora Perspectiva, 1999.

______. *História da Sexualidade*: a vontade de saber. Rio de Janeiro: Edições Graal Ltda., v. 1, 1999.

______. *A Ordem do Discurso*. São Paulo: Edições Loyola, 2000.

______. *Estética: Literatura e Pintura, Música e Cinema*. Rio de Janeiro: Forense Universitária, 2001. (Coleção Ditos & Escritos III.)

FRANCISCO, C. A. *O Trabalho de Campo em Educação Matemática*: a questão ambiental no ensino fundamental. Dissertação de mestrado. PGEM/IGCE/RC, 1999.

FRISKE, H. D. *Educação Matemática e Educação Ambiental*: uma proposta de trabalho interdisciplinar como possibilidade às generalizações construídas socialmente. Dissertação de mestrado. PGEM/IGCE/RC, 1998.

GINZBURG, C. *Olhos de Madeira*. São Paulo: Companhia das Letras, 2001.

KIDRON, M.; SEGAL, R. *The New State of The World*. New York: Touchstone Book, 1991.

LE GOFF, J. *Memória e História*. São Paulo: Editora da UNICAMP, 1994.

LEONTIEV, A. *O Desenvolvimento do Psiquismo*. Lisboa: Livros Horizonte, 1978.

LURIA, A. R. *Desenvolvimento Cognitivo*. São Paulo: Ícone, 1990.

MACHADO, R. Por uma genealogia do poder. In: FOUCAULT, M. *Microfísica do Poder*. Rio de Janeiro: Edições Graal, 1990.

MUCHAIL, T. S. De Práticas Sociais à Produção de Saberes. In: MARTINELLI, L. M.; ON, M. R. L.; MUCHAIL, T. S. (Orgs.). *O Uno e o Múltiplo nas Relações entre as Áreas do Saber*. São Paulo: Cortez, 1998.

NIETZSCHE, F. *Gaia Ciência*. Lisboa: Guimarães & Cia. Editores, 1984.

______. Obras Incompletas. In: *Os Pensadores*. São Paulo: Nova Cultural, 2 v., 1987.

NOVAES, A. (Org.). *O Olhar*. São Paulo: Companhia das Letras, 1999.

PINTO, A. V. *Ciência e Existência*. Rio de Janeiro: Editora Paz e Terra, 1979.

PNUMA, *Geo-América Latina y el Caribe: Perspectivas del Medio Ambiente*. San José: PNUMA/Universidade de Costa Rica, 2000.

PROUST, M. *Em Busca do Tempo Perdido*. Porto Alegre: Editora Globo, 1958. (7 volumes)

SEIXAS, J. A. Percursos de Memórias em Terras de História: Problemáticas Atuais. In: BRESCIANI, S.; NAXARA, M. (Org.). *Memória e (Res)Sentimento: Indagações Sobre uma Questão Sensível*. Campinas: Editora da UNICAMP, 2001.

SHAMA S. *Paisagem e Memória*. São Paulo: Companhia das Letras, 1996.

SOUZA, A. C. C. de. *Matemática e Sociedade*: um estudo das categorias do conhecimento matemático. Dissertação de mestrado. FE/UNICAMP, 1986.

______. Educação Matemática e a Questão Ambiental. In: *Temas e Debates*. Blumenau: SBEM, v. 5, 1994.

______. História, Sensos Matemáticos e Constructos Reflexivos. *Zetetiké*. Campinas, FE-UNICAMP-CEMPEM, ano 3, n. 3, 1995.

SOUZA, A. C. C. de. O Reencantamento da Razão: Ou pelos Caminhos da Teoria-Histórico-Cultural. In: BICUDO, M. A. V. (Org.). *Pesquisa em Educação Matemática*: Concepções & Perspectivas. São Paulo: Editora da UNESP, 1999.

______. *Sensos Matemáticos*: uma abordagem externalista da Matemática. Campinas: FE/UNICAMP, Tese de Doutorado, 1992.

______. *O Sujeito da Paisagem*: escritos de Educação Matemática e Educação Ambiental. Tese de livre-docência. DE/IB/UNESP, 2001.

SOUZA, G. L. D. *Três Décadas de Educação Matemática*: um estudo de caso da baixada santista no período de 1953-1980. Dissertação de mestrado. PGEM, 1999.

SOUZA, A. C. C. de; SOUZA, G. L. D. de. Cotidiano e Memória. In: *Teoria e Prática da Educação* — Revista semestral do Departamento de Teoria e Prática da Educação da Universidade de Maringá. Maringá, DTP/UEM, v. 4, n. 8, 2001.

UINCN, PNUMA e WWF. *Cuidando do Planeta Terra*: uma estratégia para o futuro da vida. São Paulo: Editora CL-A Cultural Ltda., 1992.

______. *A Formação Social da Mente*. São Paulo: Livraria Martins Fontes Editora, 1989.

VYGOTSKY, L. S. *Pensamento e Linguagem*. São Paulo: Livraria Martins Fontes Editora, 1989.

(Re)traçando trajetórias, (Re)coletando influências e perspectivas:

Uma Proposta em História Oral e Educação Matemática

*Antonio Vicente Marafioti Garnica**

> "Tell it like it was", runs a common American phrase (...) But this is neither so simple nor as easy as it sounds. What happened, what we recall, what we recover, what we relate, are often sadly different, and the answers to our questions may be both difficult to seek and painful to find.[1]
>
> *Bernard Lewis*

Em 1999, o texto que elaborei para o livro *Pesquisa em Educação Matemática*: Concepções & Perspectivas afirmava a possibilidade de se desenvolver uma Filosofia da Educação Matemática segundo um enfoque indutivo-descritivo da prática. Essa afirmação partia do pressuposto de que

* Professor do Programa de Pós-Graduação em Educação Matemática da UNESP, campus de Rio Claro-SP. A pesquisa aqui apresentada conta com o apoio do CNPq.

1. "Conte como era", diz uma frase popular americana (...) Mas isso não é nem simples nem fácil como parece. O que aconteceu, o que lembramos, o que recuperamos, o que relatamos, é com frequência, infelizmente, diferente, e as respostas às nossas perguntas podem ser difíceis de procurar e dolorosas de encontrar.

muitas contribuições significativas para configurar uma Filosofia da Educação Matemática poderiam estar dispersas nos escritos e práticas de vários pesquisadores, embora tais escritos e práticas nem sempre assumissem, de modo explícito, suas epistemologia, ontologia e axiologia fundantes. No mesmo texto ressaltei a importância das metodologias qualitativas de pesquisa nessa trajetória de configuração indutivo-descritiva e, de propósito, vinculei visceralmente Educação Matemática e Filosofia da Educação Matemática, na tentativa de ressignificar o conceito de pesquisa e, em específico, o conceito de pesquisa em Educação Matemática.

Não deve ser estranho ao pensamento científico a necessidade de vincular elementos que, embora aparentemente possam ser trabalhados como disjuntos, auxiliam, em interconexão orgânica, a compreender mais profunda e essencialmente horizontes caros, no caso, à Educação Matemática. Os aspectos filosóficos fundamentam — ou deveriam fundamentar —, segundo penso, tramas metodológicas, práticas e conceitos utilizados no fazer acadêmico, posto que a ciência, sem esse lastro, não pode operar significativamente. À preocupação quanto aos fundantes filosóficos e quanto à metodologia vem juntar-se, nos trabalhos que tenho realizado, as questões referentes à formação dos professores de Matemática. Essa formação, segundo vários pesquisadores, é tão íntima ao que temos concebido por Educação Matemática que acaba por confundir-se com ela: não há prática científica em Educação Matemática que, de um modo ou outro, num momento ou outro, não vise à formação de professores. Esses elementos — a Filosofia, as questões metodológicas e a formação de professores —, interpenetrados, vêm insistentemente fazendo parte do meu cenário de ação como professor e pesquisador dessa área específica. A essa tríade de interesses, mais recentemente, vem juntar-se a História ou, mais especificamente, algumas abordagens historiográficas — bastante particulares e até então pouco exercitadas em Educação Matemática — que têm nos auxiliado — ao menos a mim e ao meu grupo — a compreender alguns caminhos que possibilitem intervenções mais adequadas quanto ao ensino e à aprendizagem.

Uma visada panorâmica no trabalho do grupo "História Oral, 'Concepções' e Educação Matemática",[2] oficialmente constituído no ano de 2001, poderá, aqui, nos servir de guia.

---

2. Do grupo de pesquisa "História Oral, 'Concepções' e Educação Matemática" participam, sob minha coordenação, alunos de graduação, mestrado e doutorado. Nominalmente: Emerson

Tenho defendido, no rastro de Marc Bloch, a concepção de que a História é uma ciência dos homens no tempo e que — ao contrário do que muitas abordagens historiográficas podem nos levar a acreditar — a origem (notadamente fincada no passado, seja ele próximo ou distante) não justifica a permanência (o exercício do presente, do qual se inferem projeções para um futuro). Conhecer esse "passado" — ou as várias versões que constituem "o" passado —, entretanto, é uma das condições *sine qua non* para que possamos construir possibilidades de análise quanto ao que se transforma e o que permanece, sem o que estaríamos continuamente a reinventar a roda.

Aprofundar o estudo quanto à permanência ou à mudança exige, entretanto, ferramentas outras. Foucault, por exemplo, trará contribuições significativas para se entender a profissão (docente ou não) como uma política de verdade:

> (...) face à impossibilidade de existência da verdade (do saber) na ausência do poder e sabendo a natureza essencialmente 'em perspectiva' do conhecimento que nunca se dá de forma definitiva e acabada, compreende-se que o tema "profissão docente" só pode ser entendido a partir destas constatações. O caráter perspectivo do conhecimento não deriva da natureza humana mas, sempre, do caráter polêmico e estratégico do conhecimento: das relações de poder, dos jogos de verdade. Assim, "profissão docente" passa, agora, a ser concebida como um regime de verdade e "profissionalismo docente", em consequência, iluminado a partir dos jogos de verdade (Bernardes, 2003, p. i).

Peirce, por sua vez, pode auxiliar a ressignificar o termo "concepção", tão banalizado nas pesquisas sobre as concepções dos professores de Matemática (que, como se tem afirmado, "fundam" suas práticas):

> As concepções — ou crenças — acerca de algo, segundo Peirce, são regras de ação e, assim sendo, manifestar-se-iam quando descrevemos ações, há-

---

Rolkouski, Heloísa da Silva, Ivani Pereira Galetti, Ivete Maria Baraldi, Maria Edneia Martins, Marisa Resende Bernardes e Rosinete Gaertner. Mais tarde, em meados de 2002, o grupo ampliou-se com a participação dos professores Antonio Carlos Carrera de Souza, Carlos Roberto Vianna, Gilda Lúcia Delgado de Souza e Sílvia Regina Vieira da Silva, e passou a ser chamado de "História Oral e Educação Matemática". Embora todos os trabalhos dos integrantes do grupo dialoguem num campo comum de significados, neste artigo, em especial, faço menção mais específica aos trabalhos do grupo "inicial".

> bitos, posições específicas acerca de como procedemos quando relacionados com algo próprio à nossa prática (...) Vivemos num mundo de mudanças, e mudanças, ou hábitos — nos quais suas verdades estão enraizadas, dando-nos regras para a ação — são frequentemente desafiados e conferidos. Tanto maior será nosso autocontrole quanto mais estáveis forem essas verdades que se mantêm como referências seguras: em outras palavras, gradualmente nossa autocensura torna-se autocontrole. Segundo Peirce, o contato com o mundo permite-nos "supor corretamente" ou, em outras palavras, permite-nos viver a verdade que o hábito ajudou-nos a construir. Assim, o processo de fazer sentido e os hábitos são elementos obviamente relacionados e estão sempre em construção (Garnica e Fernandes, 2002, p. 75-76).

Quer seja tratando de questões relativas ao profissionalismo docente, às concepções de professores de Matemática ou à constituição de um mapa de movimentação em relação à formação de professores no Brasil, temos utilizado, em nossas pesquisas, a História Oral como suporte.

Há ainda uma acirrada discussão sobre os limites e as vantagens da História (re)constituída a partir de depoimentos orais. No momento, temos vasculhado suas potencialidades metodológicas. Pensar a História Oral como metodologia, entretanto, nos trabalhos que temos desenvolvido, não significa reduzi-la a uma prática de coleta e arquivamento de informações. Significa, sim, pensar em regras de ação — associadas, como pretendia também Descartes, a uma ideia de eficácia — e fundamentá-las teórico-filosoficamente, analisando situações, propondo táticas e estratégias (no sentido que lhes dá Certeau), testando seus limites, esclarecendo tanto quanto possível o campo epistemológico e axiológico no qual estão assentadas. Isso, embora constitua uma trama metodológica, é algo muito além disso: é um pensamento aprofundado acerca dos "objetos" que temos a conhecer, dos modos como os conhecemos e das possibilidades de intervenção efetiva na realidade com a qual nos preocupamos. Disso, duas negações se impõem em nosso fazer: *não* estabelecer um regulamento (mas, sim, uma regulação) acerca da utilização da História Oral nas pesquisas em Educação Matemática e *não* estabelecer essa regulação aprioristicamente, como um modelo — ainda que amplo o suficiente — ao qual teriam que se adequar todas as pesquisas.

A proposta do grupo de investigação é, portanto, construir uma metodologia em trajetória: os modos de ação e o pensar sobre esses modos vão se constituindo ao mesmo tempo em que investigações específicas vão sendo desenvolvidas. Cabe a cada uma dessas investigações pavimentar uma parte do terreno, esquadrinhando possibilidades, propondo desafios, considerando os modos como certos problemas detectados foram (ou não) ultrapassados. Tentamos estabelecer, em cada um dos trabalhos do grupo, o hábito de incluir explicitamente — e não só discutir entre os membros —, no *corpus* de cada investigação, uma crítica metodológica que sirva de parâmetro a ser ultrapassado em investigações outras. Com tais intenção e prática, ao que temos chamado "metodologia em trajetória", pretendemos estabelecer uma "regulação" do nosso próprio modo de pesquisar (cf. Garnica, 2001), compartilhando-o com a comunidade mais ampla de educadores matemáticos.

Como História Oral estamos entendendo a perspectiva de, face à impossibilidade de constituir "a" história, (re)constituir algumas de suas várias versões, aos olhos de atores sociais que vivenciaram certos contextos e situações, considerando como elementos essenciais nesse processo as memórias desses atores — via de regra negligenciados pelas abordagens sejam oficiais ou mais clássicas — sem desprestigiar, no entanto, os dados "oficiais", sem negar a importância das fontes primárias, dos arquivos, dos monumentos, dos tantos registros possíveis, os quais consideramos uma outra versão, outra face dos "fatos". Trata-se de investigar o dito e o não dito — e, muitas vezes, tangenciar o indizível — e seus motivos; trata-se de investigar os regimes de verdade que cada uma dessas versões cria e faz valer, com o que se torna possível transcodificar — e, portanto, redimensionar — registros e práticas. Nesse panorama, os historiadores orais — ou os memorialistas — são constituidores de registros: constroem, com o auxílio de seus depoentes-colaboradores, documentos. Tais documentos são, sob nossa ótica, "enunciações em perspectiva" cuja função é preservar a voz do depoente — muitas vezes alternativa e dissonante — ao que classicamente se convencionou chamar de "fato" histórico. Temos negado "o" fato histórico e preferido "as" versões mais dinâmicas, mais vivas, mais personalizadas, menos mitificadas e heroicizadas, que nos permitem (re)traçar um cenário, um entrecruzamento do quem, do onde, do quando e do por quê.

"A realidade", segundo Paul Thompson (1998, p. 25-6), *"é complexa e multifacetada; e um mérito principal da história oral é que, em muito maior amplitude do que a maioria das fontes, permite que se recrie a multiplicidade original de pontos de vista"*. Recriar pontos de vista respeitando vivências está na origem do que temos concebido por História Oral. O surgimento das novas tecnologias de registro — notadamente o gravador — traz para a historiografia uma grande revolução, similar àquela que a imprensa, anteriormente, trouxe, permitindo aos historiadores vislumbrar uma pluralidade de recursos quantitativos e qualitativos. A expressão "História Oral" surge entre os americanos, embora focos bastante nítidos de práticas comuns possam também ser detectados na Europa. À história de seu surgimento vincula-se, via de regra, o nome de Allan Nevins[3], que nega a paternidade a ele atribuída, afirmando, no livro de Dunaway e Baum (1996, p. 30-33): *"A história oral nasce da invenção e da tecnologia modernas. (...) Comecemos reavaliando o mito de que eu fundei a História Oral. A História Oral fundou-se. Ela tornou-se uma necessidade patente, e teria sido trazida à vida em vários lugares, teria desabrochado sob várias e distintas circunstâncias, de qualquer modo"* (tradução nossa).

O interesse pela História Oral ganha fôlego no mundo atual exatamente por estarmos nos questionando sobre a própria concepção de História, quando parece haver um interesse generalizado nos processos que envolvem as memórias, quer sejam individuais ou coletivas, voluntárias ou involuntárias; momento em que a sociedade dos meios de massificação pretende homogeneizar todas as formas de saber e de comunicação social (Santamarina e Marinas, 1994). Os relatos orais como recursos da História estão fortemente vinculados — e, na verdade, surgem ligados — à Antropologia[4]. Em seu início, o recurso das "histórias de vida" é orientado pela

---

3. Vejamos, por exemplo, a proposição de Gattaz em seu *Braços da Resistência* (1996, p. 238-9): "Após a Primeira Guerra Mundial, surgiram novas tendências no sentido inverso ao da história política e das elites. A escola sociológica de Chicago utilizava a entrevista, a observação participante e a biografia como meios privilegiados para a análise da realidade social. Os historiadores estão de acordo (...) sem desmerecer essas iniciativas pioneiras, que o verdadeiro nascimento da História Oral deu-se nos Estados Unidos, após a Segunda Guerra Mundial, quando os gravadores portáteis tornaram possível o registro efetivo da voz. Consideram-se as primeiras gravações de Allan Nevins, em 1948, como o marco de criação deste método".

4. No Brasil, a situação é um pouco distinta. A História Oral surge vinculada à Psicologia Social.

prática antropológica, visando a colocar em circulação, numa sociedade que vai se industrializando, no início do século, outras "formas de vida" além daquelas — do mundo industrializado — já presentes nos estudos. No intervalo entre-guerras, a que os teóricos chamam de "primeira fase", ainda fortemente atrelada aos documentos escritos e feita fundamentalmente como uma série de estudos de caso, vai aos poucos começando a considerar, como foco principal, as populações marginalizadas e casos discrepantes na norma social então vigente. As biografias surgem como instrumento privilegiado, embora a intenção mais fortemente detectada seja a de estudar, a partir de particularizações, os processos e contornos que permitem, criam, mantém e reproduzem a marginalização, o desvio, a exceção. A História Oral, propriamente dita, surge em meados das décadas de 1960/70, privilegiando não mais as exceções, mas grupos e populações de segmentos médios que dão (...) a tonalidade média de uma situação concreta. Com isso inicia-se, na verdade, a reflexão metodológica. Trata-se de abordar o acontecimento social sem classificações prévias, sem procurar "coisificá-lo" ou "factualizá-lo", mas tentando abrir os vários planos discursivos de memórias várias, considerando as tensões entre as histórias particulares e a cultura que as contextualiza. O sujeito, que se constitui a si próprio no exercício de narrar-se, explica-se e dá indícios, em sua trama interpretativa, para a compreensão do contexto no qual ele está se constituindo.

Um trabalho como o nosso, no grupo "História Oral e Educação Matemática", portanto, não poderia negligenciar esse histórico prévio de elaborações teóricas e fazeres diferenciados. Exercitando a possibilidade de uma abordagem indutivo-descritiva da prática — cuja possibilidade e exequibilidade havíamos, em momento anterior, aventado —, procuramos inventariar os trabalhos já desenvolvidos, em Educação Matemática, que se valiam das concepções teóricas e metodológicas que estávamos assumindo. Poucos foram os trabalhos detectados. Foi feito um cuidadoso estudo sobre essas produções para que, em trajetória, pudéssemos detectar limites e potencialidades desse novo referencial como que sugerindo ao grupo possibilidades de continuidades e retomadas. Junto a isso, uma também cuidadosa consulta a teóricos vinculados à História Oral foi feita. Nisso surgiram os nomes de Portelli, Thompson, Joutard, Bosi, Meihy e Gattaz, dentre tantos outros. A essas revisões (sempre em desenvolvimento) vieram juntar-se outros teóricos — agora não somente aqueles da

História Oral — como Foucault, Certeau, Bloch, Ginzburg, Le Goff, Ariès, Ricoeur etc., de cujas obras precisávamos para solidificar o lastro teórico que iria fundar nossas investigações.

A elaboração de um projeto de amplo espectro sobre a formação de professores de Matemática surgiu nessa trajetória de procura. Com isso, vinculavam-se a um plano novo, ainda muito pouco presente nas práticas de pesquisa em Educação Matemática, nossas preocupações anteriores acerca da formação de educadores.

A necessidade de se ressaltar, num histórico acerca da formação de professores no Brasil, perspectivas diversas — e muitas vezes divergentes daquelas "oficiais" —, pontos de vista singulares que nos auxiliassem a formar um cenário nacional quanto a essa formação, sempre foi algo latente, embora muito poucas vezes efetivamente exercitado. Essa constatação torna-se bastante clara se lembrarmos que, de modo geral, o ensino superior no Brasil foi sempre palco para os privilégios das classes dominantes, algo com que marcavam sua distinção. Durante a Primeira República,[5] por exemplo, a formação jurídica era menos uma questão de adquirir conhecimentos do que de servir como legitimadora do direito de mando de quem já o possuía. O título de Bacharel em Direito, à época, possuía a mesma força e simbologia dos títulos nobiliárquicos, como afirma Bergamo (1990). Só os filhos de quem detinha o poder econômico e político poderiam chegar às escolas superiores. Do outro lado, os que não tinham tal poder, não o têm "naturalmente", pois não possuindo conhecimento suficiente, estarão destinados ao desprestigiado trabalho manual e, ideologicamente, a "aceitar" que a condução dos destinos da Nação esteja nas mãos dos "esclarecidos". Além dos cursos de Direito, o desenvolvimento econômico introduz a necessidade de formação superior de cunho mais profissionalizante. Os cursos de Engenharia e Medicina formarão os gerentes intelectuais para a produção e os detentores da ciência capaz de garantir a saúde necessária ao máximo de produtividade. Numa escala um pouco mais abaixo da necessidade para o momento econômico do País, e também do prestígio, vem a formação dada pelos cursos de Agronomia, Farmácia ou Odontologia. Numa escala mais

5. Período político que se estende do final do século XIX até a década de 1930 (mais precisamente, segundo os historiadores, vai de 1889 a 1930).

abaixo de prestígio social, vêm os professores da escola primária. Como os cursos primários são pensados como uma continuidade da vida familiar, a professora desempenhará, nessa estrutura, o papel da figura materna. Mais atualmente, com o nível dos salários pagos aos professores, o contingente feminino passa a dominar também o segundo grau — atual Ensino Médio. Ainda com respeito à relação prestígio do professor *versus* valorização profissional, sabemos que só na década de 1960 os professores tiveram reconhecida sua posição, em termos financeiros, como formados em nível universitário, o que foi interrompido logo após o golpe de 1964.

E não é sem razão que falamos da formação do professor primário. Pesquisadores já afirmaram com bastante clareza que a estrutura atual de nossos cursos de Licenciatura deve mais à Escola Normal (que surge no Brasil no século XIX) do que àquela estrutura criada com a implantação de nossa primeira universidade, a USP, em meados de 1930 (período de decadência da oligarquia paulista).

Sendo recente a formação dessa nossa estrutura educacional, pensamos ser possível — e necessária — a reconstituição de "cenários" de formação de professores num estudo de longa duração e de amplo espectro, abrangendo todo o país, com vários pesquisadores atuando em seus contextos de origem. Já tendo iniciado o projeto com estudos sobre a Educação Matemática na Baixada Santista (no período que abrange de 1950 a 1980) e no oeste do Estado de São Paulo (na região de Bauru, cobrindo o mesmo período), pode-se perceber claramente um certo equívoco quando os historiadores da Matemática, vinculados à Educação Matemática, apontam as Faculdades de Filosofia como responsáveis pela formação dos quadros para o ensino secundário. As vozes que registramos nos trabalhos que temos feito, em uníssono, negam veementemente essa afirmação. A formação de professores para o ensino secundário, até onde podemos compreender, dá-se gerenciada quase que exclusivamente pela prática e, do ponto de vista formal, consolida-se com projetos nacionais — apoucados e apressados — que ocorrem no interior dos Estados, em locais então muitíssimo distantes daqueles poucos centros onde existiam as Faculdades de Filosofia. Esse fator não parece secundário para se entender uma trajetória que, sem ser enriquecida com essas vozes "dissonantes", era tecida como um processo linear que partia dos cursos de Matemática das escolas militares (no século XVII) e chegava à gloriosa constituição do sistema universitário brasileiro iniciada em 1934.

Aos dois trabalhos já citados, que nos têm auxiliado a reconfigurar esse panorama de formação, vêm juntar-se outros. Temos pesquisado a escola rural na região oeste do Estado de São Paulo e a formação de professores (em específico os de Matemática) na região da Nova Alta Paulista e de Rio Claro, e a constituição da CENP (Coordenadoria de Estudos e Normas Pedagógicas). Fora do Estado de São Paulo, temos investigado a história da Educação (Matemática) em Santa Catarina (abrangendo o período de 1850 a 1940) e coloca-se em nosso panorama a possibilidade de investigar o "Norte Novo" do Estado do Paraná. A abrangência cronológica dos estudos é suficiente para mostrar que não temos negligenciado as fontes primárias disponíveis. Mais que isso, temos nos preocupado, em nossas pesquisas, com a formação, consolidação e ampliação de arquivos sobre temas específicos em Educação,[6] com os quais promovemos diálogos (im)pertinentes, visando à nitidez de um objeto até então relativamente obscuro e negligenciado. Além das pesquisas que explicitamente enfrentam a (re)constituição histórica, outros projetos do grupo tratam de questões de outras natureza, ainda que se valendo do referencial teórico dado pelos estudos que desenvolvemos em História Oral. Tais projetos tratam da profissionalização docente, da mudança de concepções dos professores, da identidade de grupos em Educação Matemática e do fracasso do ensino e da aprendizagem.

Em texto recente (cf. Garnica, 2003), ressalto como salutar a convivência de várias abordagens teóricas e metodológicas em Educação Matemática. Isso não significa, entretanto, que os limites das metodologias e de seus pressupostos fundantes não devam ser testados. Esse exercício quanto aos limites teóricos tem sido, em nossa comunidade, muito timidamente operacionalizado, o que fica claro se considerarmos as resistências a novas abordagens e posturas alternativas internas à área. Além disso, é necessário destacar nossa resistência (ou nossa falta de hábito) em questionar o julgamento da produção feito somente a

---

6. Um exemplo disso é o esforço que temos feito para juntar materiais dispersos acerca da CADES, Campanha de Aperfeiçoamento e Difusão do Ensino Secundário.

partir da pureza metodológica (que se restringiria à descrição e justificação técnica dos procedimentos de investigação). Temos nos esforçado muito pouco — se julgarmos que essa necessidade se estende a todos que participam da comunidade e não só a alguns pesquisadores — com relação a colocar sob suspeita nossos fundantes epistemológicos. A sensível ausência de esforços para compreender quais são e como operam nossas concepções sobre o conhecimento nos afasta, cada vez mais, do processo de produção desse conhecimento, sem o que nossos discursos alternativos sobre complexidade e totalidade, por exemplo, naufragam nos já conhecidos processos que não ultrapassam a lógica formal, o princípio-meio-fim linearizado e justificado por um método bem definido, com o que estaremos sustentando apenas ilusória e artificialmente uma comunidade científica.

Ainda que se admita como salutar a convivência dos diversos fazeres metodológicos e suas diversas linhas fundantes, deve-se também ressaltar a necessidade de serem continuamente avaliadas a qualidade e a pertinência com que essa diversidade tem constituído o discurso dos pesquisadores (caso contrário podemos estar incorrendo no equívoco de julgar como apropriada qualquer forma de intervenção balizada por quaisquer parâmetros, com o que tudo seria permitido e tudo seria validado) e, consequentemente, como tem se constituído nosso discurso sobre Educação Matemática. Por esse questionamento passa, necessariamente, aquele sobre a necessidade de constituição de uma comunidade disposta a autorregular-se para o que um desejo político é visceralmente necessário. A constituição do discurso da Educação Matemática vincula-se à constituição de uma comunidade que fala de um *locus* próprio, segura de seu discurso, ainda que buscando recursos e parceiros externos a ela.

Essas considerações, embora perpassem todos os trabalhos desenvolvidos por nosso grupo de pesquisa, serão mais detalhadamente focadas em um projeto de pesquisa específico, cujo objetivo principal é analisar o modo como temos produzido nossas investigações, quais os pressupostos por nós assumidos e como operam, efetivamente, na prática da pesquisa e na ação docente, esses pressupostos. É um projeto que, junto aos outros, pretende avaliar e auxiliar no estabelecimento de parâmetros para aquela regulação da qual anteriormente tratamos.

Arremates e alinhavos

Tecer a trama de uma nova forma de conceber a vinculação entre História e Educação Matemática — num projeto que pretende, explicitamente, inscrever-se na tendência cujo objetivo é conhecer a história da Educação Matemática brasileira — não é uma ação que possa ser desenvolvida de forma individualizada e impunemente. Algumas restrições que temos sentido — e tentado ultrapassar — são provas cabais da dificuldade de implantar, em Educação Matemática, processos de natureza alternativa — ainda que a comunidade esteja bastante familiarizada com os trâmites qualitativos de pesquisa e tenha divulgado com frequência e veemência a necessidade de compreender a perspectiva do "outro". O processo coletivo de trabalho, força motriz de nossas intenções no grupo de pesquisa "História Oral e Educação Matemática", é essencial para criar um comprometimento interno para que, quando levados à comunidade, seus esforços possam sustentar-se consistentemente e serem submetidos à apreciação pública.

Este artigo pretendeu delinear como nossas intenções atuais vinculam-se a nossas preocupações anteriores, mesclando a possibilidade da abordagem indutivo-descritiva da prática, as questões acerca das metodologias qualitativas, da Filosofia e da formação de professores como o terreno a partir do qual trabalhamos uma nova possibilidade — a História Oral — para a Educação Matemática. Este texto deve ser lido como uma forma, ainda que tímida e lacunar, de apresentarmos uma sistematização de nossas intenções e ações atuais à comunidade da Educação Matemática, visando à constituição de seu discurso.

Bibliografia

BERNARDO, M. V. C. (Org.). *Formação do Professor: Atualizando o Debate*. São Paulo: EDUC, 1989.

BERGAMO, G. A. *Ideologia e Contra-Ideologia na Formação do Professor de Matemática*. Dissertação de mestrado. UNESP-Rio Claro, 1990.

BERNARDES, M. R. *As Várias Vozes e seus Regimes de Verdade*: um estudo sobre profissionalização (docente?). Dissertação de mestrado. UNESP de Bauru, 2003.

BICUDO, M. A. V.; GARNICA, A. V. M. *Filosofia da Educação Matemática*. Belo Horizonte: Autêntica, 2001.

BLOCH, M. *Apología para la Historia o el Oficio de Historiador*. México: Fondo de Cultura Económica, 2001.

DUNAWAY, D. K.; BAUM, W. K. (Eds.). *Oral History — An Interdisciplinary Anthology*. New York: Altamira Press, 1996.

ENCICLOPÉDIA EINAUDI. *Método — Teoria/Modelo*. Portugal: Imprensa Nacional — Casa da Moeda, 1992, v. 21.

GARNICA, A. V. M. Pesquisa Qualitativa e Educação (Matemática): de Regulações, Regulamentos, Tempos e Depoimentos. *Mimesis*. Bauru, v. 22, n. 1, p. 35-48, 2001.

______. *História Oral e Educação Matemática*: um inventário. Bauru, Faculdade de Ciências — UNESP, 2002. (Mimeo.)

______. À Escuta de Si-Mesmo e do Outro: um Ensaio sobre Educação Matemática a partir da Formação de Professores. In: *Anais da ANPED*, 2003a.

______. História Oral e Educação Matemática: do Inventário à Regulação. *Zetetiké*. Campinas, FE-UNICAMP-CEMPEM, v. 11, n. 19, p. 9-55, 2003b.

______; FERNANDES, D. N. Concepções de Professores Formadores de Professores: Exposição e Análise de seu Sentido Doutrinário. *Quadrante*. Lisboa, APM, v. 11, n. 2, p. 75-98, 2002.

GATTAZ, A. C. *Braços da Resistência — Uma História Oral da Imigração Espanhola*. São Paulo: Xamã, 1996.

LEWIS, B. *History*: Remembered, Recovered, Invented. Princeton: Princeton University Press, 1975.

PORTELLI, A. *The Death of Luigi Trastulli and Other Stories — Form and Meaning in Oral History*. New York: State University of New York Press, 1991.

SANTAMARINA, C.; MARINAS, J. M. Historias de Vida e Historia Oral. In: DELGADO, J. M.; GUTIÉRREZ, J. (Orgs.). *Métodos y técnicas Cualitativas de Investigación en Ciencias Sociales*. Madri: Editorial Síntesis, 1994, p. 257-285.

SOUZA, G. L. D. de. *Três Décadas de Educação Matemática*: um estudo de caso na baixada santista no período de 1953-1980. Dissertação de mestrado. UNESP-Rio Claro, 1999.

SOUZA, A. C. C. de.; SOUZA, G. L. D. de. Cotidiano e Memória. *Teoria e Prática da Educação*. Maringá, UEM, v. 4, n. 8, p. 63-72, 2001.

THOMPSON, P. *A Voz do Passado — História Oral*. 2. ed. São Paulo: Editora Paz e Terra, 1998.

VIANNA, C. R. *Vidas e Circunstâncias na Educação Matemática*. Tese de doutorado. Faculdade de Educação da USP, 2000.

A investigação científica em História da Matemática e suas relações com o Programa de Pós-Graduação em Educação Matemática

*Rosa Lúcia Sverzut Baroni**
*Marcos Vieira Teixeira**
*Sergio Roberto Nobre**

1. Apresentação

Uma proposta de atuação do Grupo de Pesquisa em História da Matemática (GPHM) e/ou suas relações com a Educação Matemática, junto ao Programa de Pós-Graduação em Educação Matemática da Unesp, *campus* de Rio Claro, foi apresentada em 1999 no artigo "A Pesquisa em História da Matemática e suas Relações com a Educação Matemática", publicado como parte integrante do livro *Pesquisa em Educação Matemática*: Concepções & Perspectivas, organizado por Maria A. V. Bicudo. Baseado naquele documento, e cientes das nossas limitações para desenvolver

* Professores do Programa de Pós-Graduação em Educação Matemática da UNESP, campus de Rio Claro-SP.

pesquisas em História da Matemática, voltadas a atividades educacionais, implementamos algumas diretrizes e campos de atuação para a investigação científica em História da Matemática como área de atuação dentro de um programa de pós-graduação em Educação Matemática.

Antes de apresentarmos as investigações realizadas pelo GPHM, junto ao programa de pós-graduação, faremos algumas observações a respeito das discussões e pesquisas realizadas pelo Movimento Internacional de Atuação da História da Matemática na Educação Matemática. Essas observações foram produzidas a partir do livro *History in Mathematics Education*, editado por John Fauvel e Jan van Maanen, e refletem muitas de nossas inquietações sobre o tema História da Matemática e Educação Matemática.

2. Uma Visão Abrangente do Movimento Internacional de Atuação da História da Matemática na Educação Matemática

Nos últimos 20 anos, aproximadamente, tem-se observado um crescente interesse em História da Matemática pelos professores e educadores, com certo impacto na Educação Matemática. Um grande número de artigos vem aparecendo, contendo reflexões e experiências, e observa-se que vários são os argumentos a favor de incluir a História da Matemática no ensino da Matemática. Os mais comuns são que a História da Matemática fornece uma boa oportunidade para desenvolver nossa visão de "o que é a Matemática" ou que a História da Matemática nos permite ter uma compreensão melhor dos conceitos e teorias. Mas não há consenso em relação a isso.

Diante desse quadro, o tema escolhido pelo Comitê Executivo do ICMI — International Commission on Mathematical Instruction —, para ser apresentado no Congresso Internacional de Educação Matemática no Japão, em 2000, foi "O papel da História da Matemática no ensino e aprendizagem da Matemática", que resultou no livro cujo título é *History in Mathematics Education*. Esse livro foi editado por John Fauvel (Inglaterra) e Jan van Maanen (Holanda) e contou com a colaboração de 62 pesquisadores de vários países, incluindo 3 brasileiros: Circe M. Silva e Silva

(UFES), Sérgio Roberto Nobre (UNESP-Rio Claro) e João Pitombeira de Carvalho (PUC-RJ).

Esse movimento revela a disseminação e amadurecimento das pesquisas nessa área, principalmente em seus aspectos filosófico, cultural e interdisciplinar, mas revela também controvérsias e o muito que ainda se pode fazer, sobretudo na reflexão didática do uso da História da Matemática no ensino e aprendizagem da Matemática.

Em vários países, incluindo o Brasil, já se observa que a inclusão da História da Matemática em livros didáticos e em currículos de cursos de formação de matemáticos e professores de Matemática (equivalentes aos nossos bacharelado e licenciatura) tem sido intensificada e mesmo incentivada. Essa atitude tem um componente político forte, dado que

> Muitas pessoas têm estudado, aprendido e usado matemática há mais de 4000 anos. Sobre o que deve ser ensinado, e como, no fundo são decisões políticas, influenciadas por vários fatores, como a experiência dos professores, expectativa dos pais e dirigentes, e o contexto social de debates sobre o currículo.[1]

Assim, a inserção formal da História da Matemática no âmbito educacional concretiza e fortalece sua relação com a Educação Matemática, abrindo perspectivas de pesquisas em várias frentes. Isso se revela importante, pois ainda há escassez de pesquisas envolvendo diretamente a Educação Matemática. Muitas tratam apenas da própria História da Matemática ou de relatos de professores interessados no uso da História em sala de aula, em geral citando datas e dados biográficos, ou abordando aspectos curiosos ou anedóticos da História, estes, como sabemos, nem sempre comprovados.

Mas que motivações sustentam investigações que relacionam a História e a Educação Matemática? Pudemos extrair vários argumentos que defendem a introdução da História da Matemática no processo educacional como fator de melhoria no ensino de Matemática:

a) o desenvolvimento histórico da Matemática mostra que as ideias, dúvidas e críticas que foram surgindo não devem ser ignoradas

1. Fauvel e Maanen, 2001, p. 1, tradução nossa.

diante de uma organização linear da Matemática. Ele revela que esse tipo de organização axiomática surge apenas após as disciplinas adquirirem maturidade, de forma que a Matemática está em constante reorganização;

b) a História da Matemática levanta questões relevantes e fornece problemas que podem motivar, estimular e atrair o aluno;

c) a História fornece subsídios para articular diferentes domínios da Matemática, assim como expor inter-relações entre a Matemática e outras disciplinas, a Física, por exemplo;

d) o envolvimento dos alunos com projetos históricos pode desenvolver, além de sua capacidade matemática, o crescimento pessoal e habilidades como a leitura, escrita, procura por fontes e documentos, análise e argumentação;

e) os estudantes podem entender que elementos como erros, incertezas, argumentos intuitivos, controvérsias e abordagens alternativas a um problema são legítimos e fazem parte do desenvolvimento da Matemática;

f) os alunos também podem identificar que, além dos conteúdos, a Matemática possui forma, notação, terminologia, métodos computacionais, modos de expressão e representações;

g) os professores podem identificar, na História da Matemática, motivações na introdução de um novo conceito;

h) os professores podem identificar que algumas dificuldades que surgem em sala de aula hoje já apareceram no passado, além de constatar que um resultado aparentemente simples pode ser fruto de uma evolução árdua e gradual;

i) a História pode evidenciar que a Matemática não se limita a um sistema de regras e verdades rígidas, mas é algo humano e envolvente;

j) o estudo detalhado de exemplos históricos pode dar a oportunidade aos alunos de compreender que a Matemática é guiada não apenas por razões utilitárias, mas também por interesses intrínsecos à própria Matemática;

k) a História da Matemática fornece uma oportunidade a alunos e professores de entrar em contato com matemáticas de outras culturas, além de conhecer seu desenvolvimento e o papel que desempenharam. Essa visão mais ampla descaracteriza a falsa visão que passa a Matemática em sua forma moderna, como fruto de uma cultura apenas, a ocidental.

Contrapondo-se a esses argumentos, há outros desfavoráveis à incorporação da História em sala de aula de Matemática:

a) História não é Matemática;
b) a História pode se tornar um dificultador para a compreensão dos conceitos;
c) uma visão distorcida do passado pode impossibilitar uma contextualização eficaz da Matemática;
d) a aversão que algum aluno possa ter à História implicaria uma aversão à História da Matemática e, consequentemente, à Matemática;
e) o estudo do passado é perda de tempo, dado que os avanços da Matemática ocorrem exatamente para resolver problemas complicados;
f) outros fatores de ordem prática tais como: falta de tempo para cumprir o programa; falta de recursos materiais; falta de experiência do professor; dificuldade de avaliação.

Também ocorrem discussões importantes em torno da própria História da Matemática como objeto, assim como em relação ao impacto de seu uso no ensino e aprendizagem da Matemática. Destacamos duas abordagens que produzem reflexões distintas em ambientes de estudo: a primeira trata da presença *implícita* da História. Nesse caso, as pesquisas podem avaliar, no professor, mudança em sua percepção e compreensão da Matemática — o professor passa a ver a Matemática como um processo contínuo de reflexão e progresso, ao invés de uma estrutura definida e composta de verdades irrefutáveis e inquestionáveis ou, também, a perceber a Matemática não como uma sequência de capítulos (Geometria, Álgebra, Análise), mas como um movimento entre diferentes modos de pensamentos. Havendo mudança no professor, pode-se avaliar ainda como esta mudança vai influenciar seu modo de ensinar ou qual o impacto dessa sua nova postura na aprendizagem de seus alunos.

A segunda abordagem se revela quando a presença da História é *explícita* na situação de ensino. Nesse caso, a História pode fazer parte de uma abordagem global em termos de uma estratégia didática ou entrar de uma forma local, sendo usada para o ensino de um tópico particular. Algumas das abordagens que têm sido tratadas são:

- método genético indireto de O. Toeplitz.[2] Esse método dá uma fundamentação a partir da qual o aluno pode avançar gradualmente de uma situação mais simples para a mais complicada. Nessa abordagem, o desenvolvimento histórico serve apenas como orientação ao professor de um caminho a seguir, isto é, certos aspectos de um conceito, que historicamente tem sido reconhecido e usado antes de outros, são provavelmente mais apropriados para se iniciar seu ensino do que modernas reformulações dedutivas;
- problemas antigos para o desenvolvimento de estratégias de pensamento. Essa abordagem pode estimular alunos e professores a comparar suas estratégias com aquelas originais, levando, inclusive, os alunos a perceber vantagens nos símbolos e processos da Matemática dos dias de hoje. Além disso, os alunos podem, ao estudar a evolução histórica de um conceito, notar que a Matemática não é estática e definitiva;
- estudo histórico de algum tópico para entender melhor as dificuldades enfrentadas hoje pelos alunos. Essa abordagem parte da premissa de que o desenvolvimento histórico dos conceitos matemáticos pode ser considerado como uma sequência de pelo menos dois estágios — o intuitivo e o já desenvolvido, podendo haver uma distância de vários séculos entre eles.

Em qualquer um dos casos, há riscos e limitações tais como a dificuldade de entender processos usados por matemáticos antigos, se não for apresentado o contexto histórico; a apresentação isolada de fatos

2. Otto Toeplitz, falecido em 1940, foi um renomado professor alemão de Matemática, que utilizou o chamado método genético indireto, considerando que tal método era o mais adequado para superar as dificuldades que os estudantes enfrentam na passagem do Ensino Médio para a universidade. Sua obra *The Calculus: A Genetic Approach* é o melhor representante da aplicação de tal método.

históricos pode dar uma falsa e truncada impressão da Matemática; a apresentação da visão histórica global pode nos levar a uma Educação em História da Matemática independente das necessidades da Educação Matemática.

Algumas pesquisas divulgadas em publicações de vários países podem ser classificadas nas seguintes categorias:

2.1. Pesquisas que Tratam de Questões Filosóficas, Multiculturais e Interdisciplinares

Nesse aspecto, os estudos, questões e debates têm se colocado sob diversas óticas, tais como:

a) Filosofia e pensamento matemático.
b) Filosofia e desenvolvimento da Matemática.
c) Filosofia da Matemática *versus* Lógica Matemática.
d) Filosofia e escolhas educacionais.
e) cultura e desenvolvimento das ideias matemáticas em diferentes sociedades.
f) aspectos multiculturais e interdiciplinares em reflexões epistemológicas sobre Educação Matemática.

Além disso, são motivadas ou fundamentadas por reflexões que reconhecem a Matemática escolar como uma atividade cultural

> A Matemática escolar reflete o aspecto mais amplo da Matemática como uma atividade cultural. Do ponto de vista filosófico, a Matemática precisa ser vista como uma atividade humana, tanto sendo feita a partir de culturas individuais como também destacando-se sem privilegiar qualquer uma dessas culturas. Do ponto de vista interdisciplinar, estudantes adquirem conhecimento tanto da Matemática como de outros assuntos enriquecidos através da História da Matemática. Do ponto de vista cultural, a evolução da Matemática vem de uma soma de muitas contribuições provenientes de diferentes culturas.[3]

3. Fauvel e Maanen, 2001, p. 39, tradução nossa.

Também podemos identificar que algumas dessas questões giram em torno do que se chama hoje História Social que, no âmbito da História da Matemática, podemos assim caracterizar:

> (...) a História da Matemática, como história das ideias, está estritamente ligada à história da humanidade (ou melhor, faz parte dela). Desta perspectiva nós temos que analisar os contextos cultural, político, social e econômico nos quais essas ideias surgiram.[4]

2.2. *História da Matemática na Formação do Professor*

Embora carente de avaliações efetivas, há uma intensificação no movimento para integrar a História da Matemática na formação do professor. As funções básicas da História da Matemática nessa formação podem ser resumidas em:

- levar os professores a conhecer a matemática do passado (função direta da História da Matemática);
- melhorar a compreensão da Matemática que eles irão ensinar (funções metodológica e epistemológica);
- fornecer métodos e técnicas para incorporar materiais históricos em sua prática (uso da História em sala de aula);
- ampliar o entendimento do desenvolvimento do currículo e de sua profissão (História do Ensino de Matemática).[5]

As pesquisas que visam a incluir aspectos históricos na formação do professor podem ser subdivididas em:

a) as que tratam de experiências na formação inicial. Exemplos:
   - encontrando um lugar para a História na formação de professor de Matemática Elementar — uma experiência em Hong Kong;[6]

4. Fauvel e Maanen, 2001, p. 40, tradução nossa.
5. Fauvel e Maanen, 2001, p. 110, tradução nossa.
6. Fung, *Hong Kong: On Finding a Place for History in Primary Mathematics Teacher Education*. In: Fauvel e Maanen, 2001, p. 110.

- um programa pré-serviço para professores primários, implementado na Grécia e Chipre;[7]
- um módulo histórico para estagiários de escolas secundárias — uma experiência na França.[8]

b) as que tratam de experiências na formação em serviço. Exemplos:

- um breve curso em serviço em História da Matemática — uma experiência na Dinamarca;[9]
- o conceito de função em um treinamento em serviço — uma experiência no Brasil.[10]

As dificuldades encontradas no desenvolvimento desses e de outros projetos são de várias naturezas como, por exemplo, a deficiência ou pouca confiança que o professor de Matemática (ou futuro professor) tem em seu conhecimento sobre História, Política, Economia; a necessidade da cooperação de profissionais de outras áreas, filósofos, por exemplo; o compromisso com outros afazeres — outras disciplinas, no caso da formação pré-serviço, ou excesso de carga didática, no caso da formação em serviço.

2.3. *História da Matemática e sua Incorporação em Sala de Aula*

Este item está diretamente ligado ao anterior, pois o ensino da História da Matemática tem obtido reais avanços no âmbito das universidades, mas ainda são bastante tímidas as iniciativas ou o interesse em levar a História da Matemática a alunos de Ensinos Fundamental ou Médio. Uma das razões poderia ser o fato de que normalmente o professor que

---

7. Philippou e Christou, *A Pre-Service programme for Primary Teachers Implemented in Greece and Cyprus*. In: Fauvel e Maanen, 2001. p. 113.

8. Cousquer, *France: A Historical Module for Secondary School Trainees*. In: Fauvel e Maanen, 2001, p. 127.

9. Heiede, *Denmark: A Very Short In-Service Course in the History of Mathematics*. In: Fauvel e Maanen, 2001, p. 131.

10. Carvalho, *Brazil: The Concept of Function in In-Service Training*. In: Fauvel e Maanen, 2001, p. 137.

ensina História da Matemática em instituições de nível superior não é o mesmo das instituições de ensino básico. E, quando encontramos algum professor secundário ensinando História da Matemática, num viés pedagógico, geralmente é por diletantismo, um trabalho amador, e não porque ele tivesse sido treinado para tal. Embora lentamente, em alguns países isto está mudando. E, para que essa mudança ocorra, é preciso, em primeiro lugar, que os professores dos Ensinos Fundamental e Médio recebam capacitação que os torne aptos a entender sobre a História da Matemática e a conectá-la aos conteúdos trabalhados em sala de aula.

Assim, as experiências que geram essas mudanças estão ocorrendo, apesar dos diversos argumentos desfavoráveis à utilização da História em sala de aula. Acredita-se que a História da Matemática seja um instrumento que destaca o valor da Matemática em sala de aula e mostra aos alunos a amplitude da mesma, fazendo-os perceber que a Matemática vai muito além dos cálculos. Além disso, acredita-se também que a História da Matemática pode apoiar diversas necessidades educacionais e promover mudanças. Neste sentido, o uso da História da Matemática pode servir a diversas situações, dentre as quais as seguintes:

a) apresentar a História da Matemática como elemento mobilizador em salas de aulas numerosas ou com alunos que apresentam dificuldades de aprendizagem;

b) usar a História da Matemática na educação de adultos, promovendo a oportunidade ao aluno de observar, ao longo da história, o esforço de pessoas para superar dificuldades semelhantes àquelas que eles próprios possam estar vivenciando;

c) apresentar as ideias da História da Matemática a alunos bem dotados, que possam estar se sentindo desestimulados perante a classe, satisfazendo ou dando respostas a questionamentos tais como "o quê?", "como?", "quando?";

d) utilizar a História da Matemática como estímulo ao uso da biblioteca;

e) humanizar a Matemática, apresentando suas particularidades e figuras históricas;

f) empregar a História da Matemática para articular a Matemática com outras disciplinas como Geografia, História e Língua Portuguesa (expressão em linguagem, interpretação de texto, literatura);

g) usar a dramatização ou produção de textos para sensibilizá-los sobre as realidades do passado e presente, apresentando as dificuldades e diferenças de cada época.

Outra questão que surge a partir disso é: Como fundamentar, ilustrar, realizar ou implementar tais ações? Essa é a grande e mais polêmica questão. Até o momento não há consenso estabelecido. Embora tenhamos vários exemplos de experiências realizadas, as avaliações são excessivamente acanhadas, não permitindo, ainda, estabelecer parâmetros de conformidade. Vamos listar algumas formas de integrar a História da Matemática em sala de aula, mas observamos que qualquer uma delas apresenta dificuldades inerentes à própria atividade, além de requerer preparo e disposição do professor que vai colocá-la em prática. Destacamos:

a) desenvolvimento de projetos inspirados pela História. Exemplos:
   - uma introdução heurística à análise inspirada pelo seu desenvolvimento histórico;[11]
   - como a História pode ajudar no ensino de conceitos probabilísticos;[12]
   - trigonometria na ordem histórica.[13]
b) Aspectos culturais da Matemática numa perspectiva histórica. Exemplos:
   - sistemas numéricos e suas representações;[14]
   - teorema de Pitágoras em diferentes culturas.[15]
c) Tratamento detalhado de exemplos particulares. Exemplos:
   - como conceitos elementares de geometria euclidiana foram usados para resolver problemas de sobrevivência em tempos passados;[16]

11. Schneider, *A Heuristic Introduction to Anlysis Implicitly Inspired by its Historical Development*. In: Fauvel e Maanen, 2001, p. 145.

12. Lakoma, *How May History Help the Teaching of Probabilistic Concepts?*. In: Fauvel e Maanen, 2001, p. 248.

13. Katz, T*rigonometry in the Historical Order*. In: Fauvel e Maanen, 2001, p. 252.

14. FitzSimons, Heiede e Zhou Zhang, *Number Systems and their Representations*. In: Fauvel e Maanen, 2001, p. 253.

15. Sheng Horng, *The Pythagorean Theorem in Different Cultures*. In: Fauvel e Maanen, 2001, p. 258.

16. Carvalho, *Surveyors' Problems*. In: Fauvel e Maanen, 2001, p. 273.

- teoria da proporção e a geometria de áreas;[17]
- a relação entre Geometria e Física.[18]

d) Aperfeiçoando o conhecimento matemático, por meio da História da Matemática. Exemplos:
   - História da Educação Matemática;[19]
   - ensinando Matemática no segundo grau numa perspectiva histórica;[20]
   - a História e a educação de adultos — ensinando sobre e por meio da História e Etnomatemática.[21]

Também o uso de fontes originais como recurso tem sido observado, mas dentre as várias atividades possíveis, para as quais os aspectos históricos podem ser integrados ao ensino de Matemática, o estudo de uma fonte original é a mais exigente e que demanda mais tempo. Em muitos casos, uma fonte requer um entendimento detalhado e profundo da época em que foi escrita, do contexto geral de ideias, além do entendimento da língua. Podemos destacar três ideias gerais que poderiam descrever melhor os efeitos de estudar uma fonte. Estas são as noções de:

- *substituição*: permite ver a Matemática como uma atividade intelectual ao invés de apenas um corpo de conhecimento ou um conjunto de técnicas;
- *reorientação*: a História nos lembra que alguns conceitos matemáticos foram criados e que isso não ocorreu por geração espontânea;
- *compreensão cultural*: a História nos convida a colocar o desenvolvimento da Matemática no contexto científico e tecnológico de um período particular e na história das ideias e sociedades, e

17. Correia de Sá, *Theory of Proportion and the Geometry of Areas*. In: Fauvel e Maanen, 2001, p. 276.

18. Tzanakis, *The Relation between Geometry and Physics: An Example*. In: Fauvel e Maanen, 2001, p. 283.

19. Gispert e Keung Siu, *History of Mathematics Education*. In: Fauvel e Maanen, 2001, p. 286.

20. Katz, *Teaching Secondary Mathematics in a Historical Perspective. In:* Fauvel e Maanen, 2001, p. 288.

21. Gail FitzSimons, *Adult's Mathematics Educational Histories*. In: Fauvel e Maanen, 2001, p. 289.

também a olhar a História do Ensino da Matemática a partir de perspectivas que se encontram fora das fronteiras estabelecidas pelos conteúdos das disciplinas.

Assim, o uso desse recurso possibilita discutir vários aspectos:

- o valor específico e a qualidade de fontes primárias;
- a compreensão da evolução das ideias;
- a relatividade da verdade e a dimensão humana da atividade matemática;
- as relações entre Matemática e Filosofia;
- as perspectivas em Educação Matemática;
- a integração de fontes primárias em cursos de formação de professor;
- a integração de fontes primárias em sala de aula;
- as estratégias didáticas para integrar fontes.

As dificuldades inerentes à utilização de fontes históricas podem se tornar mais amenas nos casos em que se pode lançar mão de recursos não convencionais, tais como programas computacionais, www, dramatização. Esses recursos, quando disponíveis, podem oferecer oportunidades de melhorar ou mesmo de que aconteçam experiências educacionais importantes.

3. As Pesquisas Desenvolvidas pelo GPHM

Em Rio Claro, desde os primórdios da implantação do Departamento de Matemática, a História da Matemática teve adeptos. Como exemplos, podem ser citados os professores Ubiratan D'Ambrosio, Rubens Gouvea Lintz e Irineu Bicudo, que passaram pelo Departamento e, apesar de não terem a História da Matemática como suas principais linhas de pesquisa, sempre demonstraram grande interesse pela área. Há vários anos, a disciplina História da Matemática figura como disciplina obrigatória aos cursos de bacharelado e licenciatura deste departamento. A partir de meados da década de 90, foi formado o *Grupo de Pesquisa em História da Matemática* (GPHM), registrado no CNPq. Este Grupo de Pesquisa, cujos professores responsáveis são Marcos Vieira Teixeira, Rosa Sverzut Baroni e Sérgio Nobre, foi, e continua sendo, o promotor de diversas atividades acadêmicas voltadas à História da Matemática, que foram realizadas no *campus*. Dentre estas atividades, destacam-se:

- *Simpósio sobre História das Ciências* (1995);
- *II Encontro Luso-Brasileiro de História da Matemática e II Seminário Nacional de História da Matemática* (1997, realizado em Águas de São Pedro);
- *Jornadas Unespianas de História da Matemática* (6 encontros: *Memória X História*, 1998; *1958-1998 — 40 anos de Departamento de Matemática da FFCL Rio Claro*, 1998; *Matemática: Invenção ou Descoberta?*, 1999; *David Hilbert e os Problemas Matemáticos para o Século XX — Cem Anos de História*, 2000; *70 Anos de Vida — 50 anos de Matemática: Relatos Pessoais sobre a História Recente da Matemática no Brasil*, 2001; *Colóquio Mário Tourasse Teixeira*, 2003);
- *Seminários Avançados de História da Matemática;*
- *V Seminário Nacional de História da Matemática* (2003).

Ainda em termos de organização de atividades acadêmicas, membros do Grupo de Pesquisa em História da Matemática participam ativamente da organização dos eventos nacionais e de alguns eventos internacionais. Deve-se destacar que um dos coordenadores do GPHM é o representante brasileiro na Comissão Internacional de História da Matemática. Destaca-se também a participação ativa de membros do GPHM na Sociedade Brasileira de História da Matemática — SBHMat —, que, por sinal, possui sua sede nacional nas dependências do Departamento de Matemática da UNESP-Rio Claro. O secretário-geral e o tesoureiro da SBHMat são docentes deste Departamento. O editor e uma das coeditoras da *Revista Brasileira de História da Matemática: an International Journal on the History of Mathematics* — ISSN 1519-955X —, publicação científica da Sociedade, também são membros do GPHM. As atividades científicas implementadas pelo GPHM se centralizam nas pesquisas realizadas por seus professores-coordenadores, por alunos que frequentam as reuniões do Grupo e por professores que, embora não participem regularmente das atividades do Grupo, mantêm vínculo através da afinidade nas pesquisas.

A História da Matemática no Brasil está intimamente ligada à História da Educação Matemática no Brasil, pois, seja qual for o domínio do conhecimento matemático produzido no Brasil, de alguma forma, ele estará vinculado a questões educacionais. Uma outra razão para tal vinculação diz respeito ao fato de que, para se investigar a história do movimento de Educação Matemática no Brasil, também deve ser levado em consideração o fato de que, juntamente com as questões educacionais, protagonistas deste movimento, sejam eles instituições ou indivíduos, tiveram participações essenciais para o desenvolvimento científico da Matemática no país. Neste sentido, optamos por considerar estas duas áreas de investigação científica como uma única.

O tema relativo à investigação sobre a História da Matemática e da Educação Matemática no Brasil é amplo e pode ser desenvolvido através de diferentes subtemas. Em nosso Grupo de Pesquisa, abrimos algumas frentes de investigação, e delas resultaram, ou ainda estão em andamento, alguns trabalhos científicos. Apresentamos abaixo os itens.

3.1. História Institucional — História de Personagens

O objetivo principal deste projeto de pesquisa é realizar estudos históricos voltados às instituições educacionais que contribuíram para o desenvolvimento da Matemática no Brasil, com ênfase no Estado de São Paulo. Os primeiros trabalhos científicos realizados nesse sentido dizem respeito às primeiras escolas de ensino superior em Matemática no interior do Estado de São Paulo. Foram pesquisadas as origens de três instituições de ensino superior do interior do Estado, que foram pioneiras no campo da Matemática: o curso superior de Matemática da atual Pontifícia Universidade Católica de Campinas, criado em 1942, o curso de Engenharia da Escola de Engenharia da USP — São Carlos, criado em 1953 e o curso superior de Matemática da Faculdade de Filosofia, Ciências e Letras de Rio Claro, atual Unesp-*campus* de Rio Claro, criado em 1958. Os resultados inicialmente alcançados no desenvolvimento destas pesquisas abriram novos horizontes para que outras pesquisas específicas pudessem ser realizadas. Algumas pesquisas relativas a temas específicos decorrentes dessas primeiras pesquisas realizadas também já foram concretizadas. Um exemplo é a pesquisa realizada sobre um movimento de Educação Matemática organizado na UNESP-Rio Claro. Este movimento, intitulado S.A.P.O. — Serviço Ativador em Pedagogia e Orientação — que esteve em atividade em meados da década de 1970, pode-se dizer, serviu como mola propulsora para o movimento acadêmico que culminou com a organização institucional do Programa de Pós-Graduação em Educação Matemática na mesma instituição. Tanto o trabalho referente à história da Faculdade de Filosofia, Ciências e Letras, como o trabalho referente ao S.A.P.O. são documentos históricos que se acrescentam à história do Programa de Pós-Graduação em Educação Matemática, que no ano de 2004 completa 20 anos de existência.

Uma outra investigação científica, abordada pelo Grupo de Pesquisa em História da Matemática, referente ao tema Instituições, diz respeito a investigações históricas sobre a Academia Real Militar e à criação dos primeiros cursos acadêmicos, ligados à Matemática, no Brasil. Assim como no item anterior, este também nos forneceu diferentes caminhos, que passam pela análise histórica sobre o desenvolvimento curricular na instituição acima referida, e também em outras, onde são investigados os desenvolvimentos históricos de determinados conteúdos matemáticos e também de disciplinas presentes nos currículos de algumas instituições. Exemplos de temas de pesquisa desenvolvidos referentes a este assunto são: desenvolvimento histórico da Estatística no Estado de São Paulo; as primeiras dissertações de doutorado defendidas no Brasil; o desenvolvimento da disciplina Cálculo Diferencial e Integral na Escola Politécnica de São Paulo; o aparecimento do Teorema de L'Hospital no decorrer dos tempos em livros didáticos de Cálculo Diferencial e Integral; a história da introdução da disciplina Cálculo Numérico em cursos superiores de Matemática no Brasil; a história da introdução de conteúdos considerados como "matemática finita" em cursos dos Ensinos Fundamental e Médio no Brasil.

Diretamente ligado ao tema história de instituições, está a história de personagens que atuaram nessas instituições e deram grande contribuição ao desenvolvimento da Matemática e da Educação Matemática no

Brasil. Uma pesquisa desenvolvida no Grupo de Pesquisas teve como tema "A Participação da Mulher no Movimento da Matemática e da Educação Matemática no Brasil". Outras pesquisas estão começando a ser desenvolvidas, através da pesquisa histórica sobre a vida e a contribuição à Matemática de docentes que atuaram na fundação de algumas instituições no interior do Estado de São Paulo, com destaque ao Prof. Mário Tourasse Teixeira e Prof. Nelson Onuchic, que foram fundadores do Departamento de Matemática da UNESP-Rio Claro, sendo que o Prof. Nelson Onuchic também teve brilhante participação na Escola de Engenharia da USP de São Carlos.

Contribuições institucionais para o desenvolvimento da Matemática e da Educação Matemática no Brasil não se restringem somente aos institutos superiores. Há também estabelecimentos educacionais de Ensino Fundamental e Médio, estabelecimentos gráfico-editoriais, comunidades religiosas, associações de professores, enfim, esse tema toma grandes proporções quando são consideradas outras instituições externas ao meio acadêmico. Em muitas das instituições acima citadas, encontra-se rico material para a pesquisa em História da Matemática e Educação Matemática no Brasil. Algumas pesquisas que apontam para este direcionamento foram realizadas em nosso Grupo de Pesquisa. A contribuição de jesuítas para o desenvolvimento científico e da Matemática no Brasil, por exemplo, é um tema de grande pertinência em nossas investigações científicas. A organização de imigrantes alemães no Brasil e suas contribuições para o desenvolvimento da Matemática escolar em suas comunidades, o que possibilitou a transferência destas contribuições para o sistema educacional brasileiro, também é uma área de grande interesse para as pesquisas desenvolvidas pelo Grupo. Neste aspecto, destaca-se a relevância de editoras específicas, algumas situadas na região sul do país, que atendiam o professorado alemão no Brasil, e suas publicações de materiais didáticos em Matemática.

3.2. História da Matemática Luso-Brasileira

Classificamos o assunto História da Matemática Luso-Brasileira como um complemento ao tema geral História da Matemática e da Educação

Matemática no Brasil, pois, assim como não se pode desconectar a História da Matemática da História da Educação Matemática, ambas têm também fortes ligações com a História da Matemática em Portugal. Para implementar este tema, como parte de nossas investigações histórico-científicas, foi realizada uma pesquisa na Biblioteca Nacional, na cidade do Rio de Janeiro, com vistas a se ter uma noção sobre os títulos de Matemática ali existentes. Desta pesquisa surgiram outras que culminaram em trabalhos científicos. O elo de ligação entre o desenvolvimento da Matemática em Portugal e Brasil foi assunto de alguns trabalhos realizados em nosso Grupo de Pesquisa. Trabalhos de Pedro Nunes, Manoel de Azevedo Fortes, José Fernandes Pinto Alpoim, dos jesuítas Inácio Monteiro e Monteiro da Rocha e de Anastácio da Cunha foram temas de trabalhos científicos desenvolvidos.

3.3. História da Matemática e sua incorporação em sala de aula

Este tema é considerado pelos coordenadores do GPHM como o mais delicado, pois requer aprofundamentos tanto na parte histórica do conhecimento abordado, como na parte educacional. Apesar de ser um consenso entre diversos pesquisadores de que a História da Matemática é um recurso pedagógico a ser incorporado à sala da aula, poucas são as pesquisas e experiências realizadas em todo o mundo, e, como pudemos ver na primeira parte deste texto, diversos são os argumentos favoráveis e contra essa incorporação. Levando em conta esses argumentos e questionamentos, podemos dizer que um trabalho dessa natureza requer a realização de pelo menos as seguintes tarefas: fazer um levantamento, em livros de História e trabalhos de pesquisa, sobre a história do conteúdo a ser incorporada; refletir sobre como a história daquele conteúdo pode ser incorporada ao seu ensino; propor formas de trabalho que incorporem um conteúdo com a sua história; oferecer um material que possa ser utilizado pelos professores em sua prática docente. Uma das exigências que temos feito para um aluno realizar uma pesquisa, nesse tema, é que ele tenha experiência como professor no nível de ensino em que a pesquisa será realizada. Alguns trabalhos investigativos relativos a este tema foram desenvolvidos no Grupo de

Pesquisa. Os temas abordados são: um estudo relativo à concepção que alguns professores de Matemática possuem sobre a História da Matemática; propostas de trabalho com elementos históricos, visando a conteúdos matemáticos em instituições de nível superior — neste âmbito foram trabalhados os temas de Geometria e Análise Matemática —, que passaremos a descrever.

Dois exemplos

Algumas pesquisas realizadas pelo Grupo de Pesquisa relacionam História da Matemática e Educação Matemática, objetivando produzir reflexos na sala de aula, quer de forma direta, quer indireta. Em ambos os casos, a tentativa é responder a uma questão mais ampla: Como a História da Matemática pode ser concebida e trabalhada no âmbito da Educação Matemática de modo a provocar mudanças no ensino e aprendizagem da Matemática?

A dissertação de mestrado *Um Contexto Histórico para Análise Matemática para uma Educação Matemática*, defendida em junho de 2003 por Marcelo Salles Batarce, caracteriza duas práticas educacionais distintas, mostra o papel da História da Matemática em relação a cada uma delas e exemplifica uma dessas caracterizações utilizando conceitos da Análise Matemática.

O procedimento, no caso, partiu da divisão da pesquisa em duas partes. Na primeira, apresenta suas concepções de Ensino de Matemática e de Educação Matemática, mostrando em que diferem, e como essa diferença se reflete no uso da História da Matemática — a História da Matemática pode significar mais do que uma área essencialmente metodológica, desenvolvedora de ferramentas para o Ensino de Matemática, significando, porém, ela própria, uma Educação Matemática. Na segunda parte, apresenta um exemplo de como se pode considerar um conteúdo matemático (Análise Matemática) diante desta concepção, ou seja, fala-se sobre Matemática de um ponto de vista de Educação Matemática como História da Matemática ou, se desejarmos, de um ponto de vista da História da Matemática como Educação Matemática.

O Ensino de Matemática é apresentado como toda prática que procura se justificar por meio da existência de uma única Matemática de caráter universal, e que atribui para si, como missão, a transmissão dessa Matemática da forma mais precisa possível, tendo por principal tarefa o melhor conhecimento da própria Matemática. Diante dessa concepção, o Ensino de Matemática acredita em uma História da Matemática que revele esta Matemática. Os fatos históricos acabam conectados por uma lógica imposta de forma implícita que, em última análise, é a de uma concepção de Matemática.

A Educação Matemática é apresentada como toda prática que considera determinar e ser determinada por uma concepção de Matemática. A Educação Matemática considera suas práticas e a Matemática instituídas de forma concomitante. Nesse caso, a Matemática abandona seu caráter absoluto e adquire um caráter de relatividade e subjetividade. Nessa concepção, a História da Matemática não necessita ocupar uma posição auxiliar, objetivada exclusivamente para motivar um suposto Ensino de Matemática. Aqui, a História da Matemática se justifica em si mesma como um espaço que considera a existência de distintas concepções de Matemática e, à medida que mostra a existência de uma variedade de Matemáticas, cada uma delas definida em um contexto histórico, relativiza o termo "Matemática".

Diante disso, é mostrado um contexto histórico para Análise Matemática como exemplo de considerações de História da Matemática, do ponto de vista da Educação Matemática. Nesse aspecto, concebe-se a Análise Matemática não apenas como uma tentativa de fornecer rigor e fundamento ao Cálculo, mas como um conjunto de objetos histórico-matemáticos, que criaram necessidades que não existiam, e para elas dispensaram esforços que culminaram em uma crise de fundamentos e no estabelecimento de novas concepções. Nesse caso, o exemplo se dá por meio de agrupamento de objetos da História da Matemática, sugerindo elos que permitem tal agrupamento, de modo a formar uma História da Matemática para a Educação Matemática. Assim, a intenção não é contar a história de uma Análise Matemática preconcebida, mas sugerir uma caracterização da Análise Matemática, através da História, que possa distingui-la de outros objetos matemáticos.

A História da Matemática, concebida como uma Educação Matemática, sustenta um foco alternativo para o ensino de Análise tão plausível quanto aquele considerado nos cursos tradicionais, levando a reflexões sobre os objetivos da Análise na formação de professores. Mas a questão não se limita a apresentar uma proposta de melhoria no ensino de Análise, mas pretende eliminar a crença da preexistência de um objeto determinante das práticas de ensino.

Essa postura diante da História da Matemática como Educação Matemática, exemplificada num contexto da Análise Matemática, abriu perspectivas para o grupo aprofundar questões do tipo: Como a disciplina Análise Matemática foi constituída nos cursos de Matemática, no Brasil?; Quais as causas das dificuldades enfrentadas pelos alunos de licenciatura em Matemática na disciplina Análise Matemática?; Qual o entendimento que o licenciando tem dos números reais quando sai para sua prática? Tais questões têm sido analisadas por alguns membros do grupo e encaminhadas por projetos individuais, um de mestrado e um de doutorado.

A tese de doutorado *Aspectos do Desenvolvimento do Pensamento Geométrico em Algumas Civilizações e Povos e a Formação de Professores*, defendida em agosto de 2003 por Maria Terezinha Jesus Gaspar, é um trabalho teórico, de levantamento bibliográfico e organizacional do material encontrado em livros de História da Matemática, e trabalhos de pesquisa sobre as tradições geométricas na China, Índia, Egito e Babilônia, de indígenas brasileiros e de alguns povos africanos, com algumas indicações de como trabalhar o conhecimento geométrico na formação de professores do Ensino Fundamental e Médio, tomando como referência a dimensão histórica.

Após uma reflexão sobre a Geometria como um objeto de ensino, que procura responder à questão: Por que estudar Geometria em um curso de formação de professores?, apresenta uma discussão sobre a História da Matemática como referencial pedagógico para o ensino da geometria, concluindo, sem evocar o princípio genético, que uma abordagem histórica na Educação Matemática pode ser eficaz na criação de uma abordagem pedagógica para o Ensino de Matemática que leve em conta o desenvolvimento cognitivo dos alunos, e no reconhecimento dos modos de argumentar dos estudantes como correspondentes a problemas do passado. Discute, então, modos de incorporar a História da Matemática nas aulas de Matemática e o papel da História da Geometria na formação de professores.

Considerando que o uso da dimensão histórica exige que o conhecimento matemático e os modos de lidar com esse conhecimento não devam ser vistos de forma isolada, mas que se leve em consideração o contexto social, político e cultural em que esse conhecimento foi gerado, é feita uma breve história das civilizações e grupos sociais, restringindo-se à época em que as ideias e métodos geométricos, que mais tarde analisa, se desenvolveram. Esse material oferece aos professores e aos futuros professores a oportunidade de conhecerem e refletirem sobre o ambiente físico e o contexto político-social-econômico em que certos conhecimentos geométricos foram gerados.

Os conhecimentos geométricos de diversos povos e civilizações, sobre o círculo e o quadrado, o trapézio isósceles, a pirâmide e o tronco da pirâmide, a esfera, o cone e os cilindros são então analisados, ressaltando-se os aspectos associados a rituais religiosos, à astronomia, arquitetura e tecelagem, em que essas formas foram incorporadas à cultura de cada um dos povos. Durante essa análise, são feitas inúmeras indicações de como incorporar o conhecimento geométrico desses povos a um curso de Geometria, seja no Ensino Fundamental e Médio, seja na formação de professores.

Abordando aspectos do desenvolvimento artístico e da produção de artefatos dos povos referidos, é apresentado um estudo sobre o desenvolvimento do conceito de simetria.

Por fim, é feito um estudo sobre o aparecimento do chamado "Teorema de Pitágoras" em algumas civilizações.

Essa tese foi base para o texto do minicurso "Explorando a Geometria através da História da Matemática e da Etnomatemática", ministrado no V Seminário Nacional de História da Matemática, publicado na Coleção História da Matemática para Professores da SBHMat.

Dissertações Defendidas no Programa de Pós-Graduação em Educação Matemática

Mestrado:

A Regra de L'Hospital no Habitat Livro-Texto: Uma Análise do Discurso de Alguns Autores

Autora: Cláudia Laus Ângelo; Orientador: Sergio Nobre

História e Ensino da Matemática: Um Estudo sobre as Concepções do Professor do Ensino Fundamental
Autora: Romélia Mara Souto; Orientador: Sergio Nobre

A Participação Feminina na Matemática e na Educação Matemática no Brasil
Autora: Margarida Mendonça; Orientador: Sergio Nobre

Modelos Geocêntricos de Platão a Ptolomeu: Uma Contribuição para o Ensino da Geometria
Autor: Nelson Peruzzi; Orientador: Sergio Nobre

Uma Abordagem Histórica do Desenvolvimento da Estatística no Estado de São Paulo
Autor: Antonio Rodolfo Barreto; Orientador: Sergio Nobre

A História da Faculdade de Filosofia, Ciências e Letras de Rio Claro e suas Contribuições para o Movimento de Educação Matemática
Autora: Suzeli Mauro; Orientador: Sergio Nobre

O Movimento do S.A.P.O. — Serviço Ativador em Pedagogia e Orientação — e Algumas de suas Contribuições para a Educação Matemática
Autora: Nádia Regina Baccan; Orientador: Sergio Nobre

A Obra "Lógica Racional, Geométrica e Analítica"(1744) de Manoel Azevedo Fortes (1660-1749): Um Estudo das Possíveis Contribuições para o Desenvolvimento Educacional Luso-Brasileiro
Autora: Dulcyene Maria Ribeiro; Orientador: Sergio Nobre

Panorama Histórico do Conceito Infinitesimal: Estudo de Parte da Obra "Principios Mathematicos" de José Anastácio da Cunha
Autor: Inocêncio Fernandes Balieiro Filho; Orientadora: Rosa L. S. Baroni

Uma Investigação sobre as Origens dos Espaços Vetoriais e a Evolução da Análise Geométrica de Leibniz até Grassmann
Autor: Plínio Zornoff Táboas; Orientadora: Rosa L. S. Baroni

A Escola de Engenharia de São Carlos e a Criação de um Curso de Matemática
Autora: Fernanda dos Santos Menino; Orientadora: Rosa L. S. Baroni

História da Criação do Curso de Matemática na Pontifícia Universidade Católica de Campinas
Autora: Adriana de Bortoli; Orientador: Marcos V. Teixeira

Felix Klein: Uma Visão do Cálculo Infinitesimal no Ensino Médio
Autora: Maria Eli Puga Beltrão; Orientadora: Rosa L. S. Baroni

O Doutorado em Matemática no Brasil: Um Estudo Histórico Documentado
Autora: Célia Peitl Miller; Orientadora: Rosa L. S. Baroni

Um Contexto Histórico para Análise Matemática para uma Educação Matemática
Autor: Marcelo Salles Batarce; Orientadora: Rosa L. S. Baroni

Doutorado:

George Green e o Cálculo de Variações: Aspectos Epistemológicos numa Perspectiva Histórica
Autor: Marcos Vieira Teixeira; Orientador: Ubiratan D'Ambrósio

Aspectos do Desenvolvimento do Pensamento Geométrico em Algumas Civilizações e Povos e a Formação de Professores
Autora: Maria Terezinha Jesus Gaspar; Orientador: Sergio Nobre

Bibliografia

BATARCE, M. S. *Um Contexto Histórico para Análise Matemática para uma Educação Matemática*. Dissertação de mestrado. Rio Claro: Unesp, 2003.

FAUVEL, J.; VAN MAANEN, J. (Eds.). *History in Mathematics Education — the ICMI Study*. Holland: Kluwer Academic Publishers, 2000.

GASPAR, M. T. J. *Aspectos do Desenvolvimento do Pensamento Geométrico em Algumas Civilizações e Povos e a Formação de Professores*. Tese de doutorado. Rio Claro: Unesp, 2003.

Educação Matemática indígena:

a constituição do ser entre os saberes e fazeres

*Pedro Paulo Scandiuzzi**

1. Introdução

Concordando com D´Ambrósio (1999) que um dos maiores erros da prática em educação, em particular da Educação Matemática, é desvincular a Matemática das outras atividades humanas, pensei em direcionar este artigo às populações indígenas, que caracteristicamente estão bem distantes da nossa realidade e do nosso cotidiano a ponto de serem chamadas de exóticas.

Trabalhar com essas populações e discutir sobre o universo que faz parte do cotidiano delas é que percebo que estes povos tidos como povos da oralidade necessitam para pronunciar a palavra de um texto que se trata do próprio contexto, e o próprio texto necessita do contexto no qual se enuncia. Todo esse emaranhado de palavras aponta/sinaliza para um caso singular dentro de um espaço maior que estamos acostumados a

* Professor Assistente Doutor do Departamento de Educação da UNESP, São José do Rio Preto e Professor do Programa de Pós-Graduação em Educação Matemática da UNESP, Rio Claro.

chamar de global, isto é, o global é mais que o contexto, é o conjunto de diversas partes ligadas a ele de modo inter-retroativo ou organizacional.

Esse grupo de humanos constitui uma organização para sobreviverem que é também mais ampla que o próprio contexto que denominamos sociedade. As sociedades dos povos indígenas, no contexto brasileiro, são formadas por 230 diferentes grupos étnicos e que falam atualmente 180 línguas, línguas essas provenientes dos troncos linguísticos tupi-guarani: macro-jê, aruak e da família karib, além de alguns grupos indígenas falantes de línguas isoladas. O contexto do qual o texto se enuncia pela palavra é bastante diferenciado no ser, no fazer e no saber.

Esse espaço variegado, à medida que avançamos em nossos pensamentos, faz com que percebamos que tudo isso está dentro do planeta Terra e que as relações de forças sócio-política-econômica-cultural-ecológica contribuem para desorganizar e organizar o contexto, modificando assim o discurso feito pela palavra.

É nesse mundo milenar que se faz presente no planeta Terra, que está geograficamente localizado na demarcação de terra chamada pelos invasores de Brasil, que encontramos os povos indígenas brasileiros encobertos — como diz Enrique Dussel —, com a chegada dos portugueses em 1500.

Neste artigo, a realidade dos povos indígenas no seu processo educacional faz-me reafirmar o que já foi dito na minha dissertação de mestrado de que a nossa realidade faz-nos distanciar desses povos indígenas, e assim podemos observar a afirmação: difícil na cidade um falar com outro. Ora, índio quando se encontra é uma festa, muita conversa, muita alegria, pouca pressa. Nesta mesma dissertação também pactuo a frase de um descendente indígena krenak,

> O que precisamos abolir é o termo: índio brasileiro. É uma expressão colonialista, pois passamos a considerar o indígena como um brasileiro, igual aos demais. Eles são cidadãos especiais, tendo sua própria nação, sua língua e culturas específicas. Hoje, no Brasil há em torno de 200 nações indígenas, falando cerca de 200 línguas diferentes. Isto é muito importante sabermos, pois sempre se falou que no Brasil existe apenas uma língua — a portuguesa.

A sociedade nacional com as nações indígenas presentes faz-me repensar o processo educacional desses povos.

2. A educação indígena

No mundo indígena o saber/fazer e o ser constituem uma diferenciação do nosso proceder educacional chamado por eles do saber/fazer/ser caraíba. Nós, os caraíbas, somos considerados os donos da doença, os invasores, os estupradores. Por isso, faço-me uma pergunta: Como fica a educação escolar indígena se somos vistos dessa maneira?

Entretanto, opto por falar da educação indígena uma vez que poucos falam dela e nem sempre a valorizam. Para os povos indígenas, a criança é muito importante, tanto quanto os velhos. As crianças aprendem desde cedo a observar os mais velhos. Taukane nos informa que *a educação é dada desde que acordamos para a clareza do sol, nós aprendemos vivendo. Vai acontecer, no dia a dia, desde as coisas mais simples até as mais complexas, as sagradas. Aprendemos fazendo junto aos mais velhos.* Mas Taukane nos recorda, também, que existem estágios e etapas de aprendizado comuns na formação social, moral e intelectual. Prestar atenção é uma das características básicas do aprendiz na educação indígena. Ele vai prestar atenção, com os olhos, com o ouvido, para poder reproduzir todo o aprendizado que lhe é ensinado. É nesta reprodução, nos mínimos detalhes, desde fazer um artesanato até o de reinterpretar um mito, que identificamos o sábio aprendiz.

Mas o processo de aprendizagem vai além disso, passando pelo controle emocional. As crianças aprendem a falar baixo, saber silenciar nos momentos de dor, gesticular suavemente. Ela aprenderá este controle emocional no decorrer de sua vida, sobretudo ao receber na sua pele a arranhadeira, nos dias de rituais ou nos dias comuns, e isto na praça pública. A arranhadeira, que parece sob os nossos olhos um instrumento de tortura, também foi analisada por Scandiuzzi (1997) como um recurso à aprendizagem matemática.

A observação constante faz parte da vida diária, e é logo observável pelo educador da nossa cultura. É observando um especialista executar um trabalho que o aprendiz no fazer mostra o saber construído pelo olhar atento e minucioso. O ser vai se construindo à medida que aguça o olhar e sabe repetir o que viu, sabe fazer uso de poucas perguntas ou explicações envolvidas nesse processo. No ritmo diário da vida, as habilidades verbais, as participações nas danças, as canções rituais são ensinadas pelos mais velhos de uma maneira parecida com as nossas escolas. O procedimento desse ensino parecido com as nossas escolas acontece toda vez que o pai sai com o filho para passear pela floresta ou para banhar-se. O pai aproveita esses momentos para contar histórias específicas no trajeto. Com a mãe e a filha acontece o mesmo. Nesses passeios, os filhos aprenderão o relacionamento social com aqueles que encontram.

Mesmo sendo as aldeias possuidoras de uma comunidade não muito populosa, geralmente eles não sabem fazer tudo e para isso existem pessoas que se especializam em determinados artesanatos, em feitiçaria, possibilitando uma cooperação entre eles e o comércio na troca de serviços. Um comércio bem diferenciado do nosso, onde o lucro não é a essência nessa relação, mas sim o estar junto e partilhar aquilo que é possível, numa reciprocidade ímpar.

Então, a educação indígena faz parte da vida diária. Envolve todas as disciplinas que são necessárias ao saber curioso e atento daquele que quer aprender; depende muito da percepção visual, mas abre possibilidades de requerer aulas particulares dos especialistas de acordo com certo pagamento, tais como um peixe, um anzol, um novelo de linha. Mesmo sendo a reprodução dos saberes (técnica) a mais comum, a produção do conhecimento (arte) continua avançando à medida que novas informações são obtidas e para que isso se concretize na vida desses povos existem reuniões diárias de socialização dos saberes no final da tarde, ao amanhecer na hora do banho, e na hora de dormir no espaço doméstico. Uma criança, se for muito atenta e curiosa, construirá seu ser no saber/fazer. Nesse aprendizado aparentemente intuitivo e funcional é que verificamos o criar e o reproduzir, isto é, a arte e a técnica. Estas afirmações provêm também da pesquisadora Francastel (1973, p. 49):

> A imitação e a invenção são dois produtos complementares da atividade humana. A primeira desemboca nas técnicas, a segunda, nas ciências e nas artes, mas ambas brotam por assim dizer do mesmo ramo da vida das sociedades. Não existe oposição natural entre a arte e a técnica.

Além do espaço da aldeia existem outros espaços que formam o ser indígena: a floresta, o rio e/ou a lagoa. Quando alguém se dirige para esses espaços, lhes são dirigidas as perguntas: Onde vai?, O que vai fazer? Faz parte da interação social e, também, é uma forma de controle social. Nesse espaço, o espaço do lixo, pois está fora da aldeia, as regras são infringidas e eles não são condenáveis, pois não estão mais no espaço público. Nesse espaço, a construção do ser indígena é bastante exigente, pois é nele que as crianças e jovens aprenderão a silenciar sobre coisas que viram, aprenderão a diferenciar as regras da praça e do lixo, o que é vital, público e comentável daquilo que é desconsiderável, escondido, mas ambos realizados pelas mesmas pessoas conhecidas da aldeia.

Sendo assim, podemos perceber o significado de uma transferência de localidade de um povo como este. Haveria a perda do padrão de subsistência, toda a sua organização político-social sofreria modificações, além da religião, do misticismo e do sentido histórico e de continuidade como um povo. Que diríamos da transferência do processo educacional?

Essas observações me remetem aos dizeres de Freire (1983, p. 25):

> Educar e educar-se, na prática da liberdade, é a tarefa daqueles que sabem que pouco sabem — por isto sabem que sabem algo e podem assim chegar a saber mais — em diálogo com aqueles que, quase sempre, pensam que nada sabem, para que estes, transformando seu pensar que nada sabem, possam igualmente saber mais.

Acreditar nesses dizeres é querer uma mudança de atitude e postura do professor. O professor não é mais aquele que detém o saber, o poder, o conhecimento. Ele é uma pessoa que interage com um grupo que detém um saber diferenciado do dele e, através do diálogo, o conhecimento é produzido nas duas direções — professor/aluno e aluno/professor — provocando assim um novo saber sociocultural, pois estende o relacionamento dos envolvidos no processo dialogal e os seus espaços — tempo intra — inter — retro relacionais sócio — político — cultural — econômico — ecológicos.

Com isso, fugimos do esquema de que o índio — ou qualquer outro povo — tem de aprender nossos usos e costumes e ficar com estes usos e costumes porque, sob o nosso ponto de vista, são os melhores. Este olhar está além da teoria do construtivismo, pois não temos mais necessidade de ir para, a partir dos conhecimentos deles, acrescentarem os nossos, como se os nossos conhecimentos estivessem acima dos deles.

Sob essas considerações, educar deixará livre o educando para escolher o seu caminho, dentro das curiosidades e desejos que o façam ir à busca de mais conhecimentos. Assim, educar matematicamente será desenvolver, neste diálogo simétrico, formas de um diálogo franco, aberto, que exigirá do educador e do educando um crescer no conhecimento da arte ou técnica de explicar, de compreender, de entender, de interpretar, de relacionar, de manejar e lidar com o entorno sociocultural.

3. Educação indígena e Educação Matemática

Acreditando que a razão da Educação é facilitar e estimular a ação comum, geradora de cultura e de vida social (D'Ambrósio, 1994) e que a comunidade indígena é uma comunidade educativa, protagonista privilegiada de educação, e que seu desenvolvimento não cai do céu (Meliá, 1996), penso que esses diálogos com povos diferenciados exigem um repensar da Educação Matemática. O acréscimo que o respeito pelo ser humano precisa na inter-relação social/educacional faz-nos perceber que, a partir de uma educação indígena existente e tão elaborada como descrita acima, o cultural é parte importante no processo educacional. Por isso tenho me perguntado: Sendo os indígenas detentores de uma educação que os manteve autônomos na vida e na sobrevivência, que contribuição podemos nós, da sociedade nacional, dar a esses povos no que se refere ao campo educacional e especificamente à Educação Matemática?

Uma contribuição sinalizada foi a de Sebastiani (1993) de que devemos fazer uma pesquisa de caráter etnográfico, conhecer a matemática materna dos povos com que estamos em contato. Através dos mitos, os povos indígenas estão construindo seu mundo abstrato e explicando todo o relacionamento que os faz perceber a realidade que os envolve. Neste caso, os mitólogos estão atentos aos aspectos específicos da mitologia, enquanto um matemático deve ver as relações desta mitologia com a construção do raciocínio para dar conta da explicação, compreensão, interpretação, medição do que se encontra ao redor da sociedade estudada.

Como consequência inevitável, tudo isso nos leva ao espaço educacional. A transmissão gerontocrática do conhecimento matemático, produzido e elaborado por estes povos há tantos anos, permanece no seu cotidiano e é mesclado com o conhecimento do novo, que vem emergindo tanto na cultura indígena quanto na sociedade nacional.

Embora levemos conosco as estratégias que facilitam a transmissão do nosso conhecimento matemático, podem surgir situações em que obrigatoriamente utilizaremos de imposição/difusão cultural. Conseguiremos dar o tempo necessário para a transformação do mito? Será que estas situações podem gerar pistas para um novo conhecimento que enobreça o ser humano? O que nos propõem os estudiosos da área?

A linguista Maher (1991) menciona os quatro modelos de educação indígena existentes no Brasil. O primeiro modelo de educação indígena é a educação elaborada pelos próprios indígenas, sem a intervenção dos brancos. O segundo modelo Maher denomina de "programa de submissão", que foi chamado por Meliá (1996) de método assimilacionista, modelo este em que as crianças receberão uma série de conteúdos e funcionarão como receptáculo destes conteúdos. O terceiro modelo é denominado de "programa de transição" (integracionista, para Meliá). Difere do segundo apenas no aspecto tempo, uma vez que será desenvolvida uma educação em que se respeitará o indígena, no primeiro momento, mas que o transformará, com o tempo, em um índio bem "brasileirado", O quarto e último modelo de educação indígena Maher denomina de "programa de desenvolvimento equitativo" (modelo pluralista, para Meliá), no qual *o esforço é para que haja um igual desenvolvimento de ambas as línguas ao longo de todo o currículo escolar* (1996, p. 3). Neste caso, o português é visto como um acréscimo ao repertório linguístico do aprendiz, não como um substituto da língua materna.

A autora Maher opta pelo quarto modelo como sendo o melhor e aí temos uma das interrogações feitas por D'Ambrósio (1994, p. 97):

> Por que devemos nós, educadores brancos, participar, através do Ministério de Educação do Brasil (o Estado), do processo educacional das nações indígenas quando não o fazemos no processo educacional de municípios brasileiros cuja educação é um desastre total?

D'Ambrósio aponta que a *única saída é dar continuidade ao processo de construção e aquisição do conhecimento novo pelos próprios indígenas, como indivíduos e como comunidade* e, por isso, *é essencial a formação de cientistas e de uma elite intelectual indígena.*

Por isso, acredito ser necessária nova linha de trabalho em Educação Matemática, pois as que envolvem transmissão de conteúdos matemáticos sem respeito ao conhecimento da matemática materna podem contribuir para que o contato intercultural não seja o de melhor qualidade. Quando pensamos que será melhor que um povo oprimido, marginalizado, encoberto, aprenda nossos usos e costumes, nosso saber/fazer/ser, podemos estar sendo desrespeitosos pois assim podemos estar afirmando que o que é deles é pior, é desqualificado e assim podemos concordar com Muñoz (1984, p. 2):

> A educação indígena é reconhecida pelos indígenas como educação *para* os indígenas, mas nunca como educação deles. Não é educação própria: ao contrário, é uma educação que pretende "castelhanizar" ou "portugueizar" hoje para "civilizar" amanhã.

4. Etnomatemática como proposta

Podemos, então, ver que — para a Etnomatemática — mesmo o modelo de educação escolar indígena apontado como o melhor por Maher não corresponde às características educacionais exigidas para o desenvolvimento educacional da aldeia.

Portanto, para o etnomatemático, a educação indígena pode se realizar com a presença do educador não índio, não para transferir qualquer tipo ou modelo de conteúdo, mas para que, no diálogo com os povos indígenas, eles possam reconhecer como científicas as construções produzidas por seus antepassados e — através destas produções científicas — compreenderem como se denominam na nossa cultura. O etnomatemático deve reconhecer a produção científica e educacional dos povos indígenas (produção esta milenar) como uma entre tantas outras produzidas por grupos sociais diferenciados.

Esta possibilidade, não apontada por Maher, traz em si um aporte de exigência quanto à postura do educador, à economia e às relações do poder.

Quanto à postura do educador: deverá fazer um exercício consigo mesmo, para respeitar a cultura diferente do outro e solidarizar-se com ela. Isto envolverá um exercício também no campo do poder, pois, se respeito e me solidarizo com a construção do conhecimento do outro diferente, meu saber e fazer não é superior nem inferior ao do outro, desmistificando assim o ditado popular "quem lê sabe mais".

Quanto às relações econômicas: é bem mais sério. Geralmente, os projetos voltados para a Educação dos Povos Indígenas ficam bem caros e desenvolver este modelo exigirá um tempo sem fim, uma vez que este contato e este diálogo se processam lentamente. A "lentidão" do processo se dá devido à necessidade do tempo para melhor compreensão da realidade de ambas as direções, dos índios para com a nossa cultura e nossa para com a cultura indígena. Exigirá que o educador realmente acredite neste diálogo e neste modelo e, muitas vezes, terá de "gastar do seu tempo e do seu bolso" para que possa mostrar a validez de tal modelo.

Podemos perceber que a educação indígena, sem a interferência dos não índios, dos caraíbas, é impossível, pois os meios de comunicação estão presentes em quase todos os lugares da terra, e o processo de globalização acelera o dinamismo cultural. O problema é a postura e **as relações de poder/políticas envolvidas no contato.**

Nesse detalhe, a proposta que segue o programa da Etnomatemática reconhece, aceita e valoriza a pluralidade cultural. Nela, o educador que assessora a formação do professor indígena estará recebendo e dando informações. E, ao fazer isso, através do diálogo, perguntando coisas da cultura, provocará no professor indígena uma busca das construções científicas e educacionais do seu Povo, preparando-o na pesquisa e formando assim um intelectual de elite de sua etnia. Este profissional indígena será semelhante aos nossos profissionais especializados: à medida que avança neste diálogo com a sociedade nacional, aprenderá o português para relacionar-se com o outro, como o fazemos na academia pois, à medida que avançamos nos estudos, sentimos necessidade de saber novas línguas e outras formas de conhecimento.

Com o programa da Etnomatemática reconhecemos, assim, a capacidade social de decisão e direito de participação na programação dos processos de formação dos povos indígenas. Reconhecemos e aceitamos a pluralidade cultural e o direito de manejar, de maneira autônoma, os recursos de sua cultura. Reconhecemos que são eles, os Povos Indígenas, que devem decidir seu futuro, segundo um projeto que parta de seus interesses e aspirações.

Não podemos esquecer o alerta feito por D'Ambrósio (1999) de que existem silêncios de episódios históricos do currículo escolar da sociedade nacional e distorções nas comemorações que evidenciam manipulações desses fatos. Percebemos que uma das propostas para trabalhar com povos/grupos sociais diferenciados é, no momento atual de globalização tanto no campo econômico como no campo educacional e de holização, o programa da Etnomatemática, pois os horizontes se abrem e o profissional da educação pode ampliar a discussão colocando os silêncios omitidos na discussão da sala de aula.

O programa em Etnomatemática, essa subárea da Educação Matemática, adequa-se especificamente aos povos indígenas, uma vez que não podemos falar em educação indígena em geral, mas de diferentes educações dos povos indígenas.

5. A continuidade...

À medida que os dias passam, para a pessoa que segue o programa da linha de pesquisa etnomatemática, é imposta a necessidade de adentrar em outros campos do conhecimento e, como pesquisadores, teremos que apalpar pouco a pouco esses novos temas, uma vez que eles são áreas semânticas para as quais não fomos preparados a refletir e/ou a usar o linguajar específico. Um dos que necessitei para dar conta da minha pesquisa de doutorado foi o campo da editoração, para ajudar-me a compreender melhor o conhecimento sistematizado, produzido pelo povo indígena kuikuro e outros povos indígenas, e esse estudo levou-me à educação inclusiva cultural, para batalhar junto com eles por seus espaços na sociedade nacional.

Nessas pesquisas que envolvem o diferente, o "exótico" e mesmo só encobertos da sociedade nacional, as distâncias entre os sujeitos e o pesquisador, a falta de recursos econômicos muitas vezes impedem e emperram o trajeto. Nesta conclusão, pergunto: Os grupos sociais, considerados pertencentes à sociedade nacional, também não produzem formas e símbolos, crenças e mitos da sua compreensão de mundo? Como sistematizam para a transmissão doméstica ou grupal? A produção desses grupos sociais é pensada quando da elaboração dos conteúdos e avaliações escolares? Seria aqui um momento em que o pesquisador em Etnomatemática com sua postura deve interferir no processo?

Questionamentos não faltam e devem ser buscadas respostas para eles. Uma outra dúvida levantada na área indígena e, acredito eu, cuja busca de resposta abriria caminhos à Etnomatemática e à educação escolar da sociedade nacional foi: Na grande maioria das aldeias indígenas — creio eu também na sociedade nacional — a produção dos bens materiais para o uso cotidiano é feita por gênero. Então podemos pensar em Etnomatemática diferenciada pelo gênero? Ou devemos pensar na produção individual dentro do coletivo do grupo social?

Além disso, precisei dar respostas históricas entre as figuras geométricas e a produção mitológica, estudar mais detalhadamente os sistemas de contagem/numeração produzidos pelo povo indígena, compreender melhor este mundo holicizado e global, que permite a eles a sobrevivência e a vivência.

Porém isto é muito pouco. A Etnomatemática exige que, além dos espaços indígenas, eu avance para os outros setores da sociedade nacional e para as reflexões epistemológicas desse campo do conhecimento. É necessário entender a produção matemática da maioria dos brasileiros e não submetê-la à aceitação da matemática importada, imposta, transplantada e transposta pelos invasores, que só uma classe privilegiada detém. Essa matemática importada é muito importante, mas as outras podem contribuir com o respeito das outras pessoas que produzem a matemática diferenciada e que ocupam outros espaços que não o específico do grupo social dos matemáticos. Essas outras formas de construir as ticas de matema podem contribuir para uma compreensão mais por inteiro e, quem sabe, reconstruir o ser humano tão esquartejado por disciplinas cada vez mais específicas. A linguagem entre estas subdivisões pode contribuir para o não relacionamento entre a sociedade dos humanos.

É preciso construir-se a matemática produzida pelos brasileiros. Construir-se a matemática dos indígenas brasileiros. Relacioná-las e introduzir estas produções dentro da história da matemática construída. Tomar cuidado com o etnocentrismo tão comum nos humanos da nossa sociedade nacional. Viabilizar a socialização do conhecimento adquirido para todos. Há muito trabalho a fazer e pouco tempo a perder.

Será muito importante também que haja uma inter/intrarrelação entre as Etnomatemáticas, pois cada Etnomatemática apreendida exigirá uma maior abertura aos novos conhecimentos e o possível diálogo entre os grupos sociais que a produzem, quando apreendidos esses conhecimentos, se tornará mais próximo e compreensível.

À medida que conhecemos a Etnomatemática de um grupo social, este grupo social passa a fazer parte de nós e seus hábitos e costumes serão respeitados, não serão folclore e nem tidos como "menores", necessitando de uma reeducação.

Bibliografia

D'AMBRÓSIO, U. Memórias del Primer Congresso Iberoamericano de Educación Matemática. In: *Colección de Documentos*. Paris: UNESCO, n. 42, p. 70-82, 1991.

______. A Etnomatemática no Processo de Construção de uma Escola Indígena. In: *Em Aberto*. Brasília, ano 14, n. 63, jul./set. 1994.

______. *Lições da Educação Indígena Multicultural*. Palestra proferida no Seminário de Educação Indígena (digitado). 15/08/1994.

______. A História da Matemática: Questões Historiográficas e Políticas e Reflexos na Educação Matemática. In: BICUDO, M. A. V. (Org.). *Pesquisa em Educação Matemática*: Concepções & Perspectivas. São Paulo: Editora da UNESP, 1999.

FRANCASTEL, P. *A Realidade Figurativa*. São Paulo: Perspectiva/Edusp, 1973.

FREIRE, P. *A Importância do Ato de Ler em Três Artigos que se Complementam*. 5. ed. São Paulo: Cortez, 1983.

______. *Extensão ou Comunicação*. 4. ed. Rio de Janeiro: Paz e Terra, 1979.

MAHER, T. M. Língua Indígena e Língua Materna e os Diferentes Modelos de Educação Indígena. In: *Terra Indígena*. Araraquara: FCL/UNESP, n. 60, p. 52-60, jul./set. 1991.

MELIÁ, B. *Metodologia das Pedagogias Tradicionais Indígenas*. ANE-CIMI, 1996.

MUÑOZ, C. C. *De la Educación Indígena a la Etnoeducación*. CREFAL, 1984.

SCANDIUZZI, P. P. *A Dinâmica da Contagem de Lahatua Otomo e suas Implicações Educacionais: uma Pesquisa em Etnomatemática*. Dissertação de mestrado. FE-UNICAMP, 1997.

______. Arranhadeira, uma Construção Histórica Dentro do Processo de Medir. In: *Anais — Actas do 2º Encontro Luso-Brasileiro de História da Matemática e Seminário Nacional de História da Matemática*. Águas de São Pedro, 1997.

SEBASTIANI, E. F. *A "Matemática-Materna" de Algumas Tribos Indígenas Brasileiras*. Conferência no 1º Encontro Luso-Brasileiro de História da Matemática. Coimbra: 1993.

TAUKANE, D. *Educação Escolar entre os Kurã-Bakairi*. Cuiabá-MT. Dissertação de mestrado. UFMT — Instituto de Educação, 1996.

Espelhos, caleidoscópios, simetrias, jogos e softwares educacionais no ensino e aprendizagem de Geometria

*Claudemir Murari**

1. Introdução

A Geometria, parte integrante do saber matemático, exige linguagem e procedimentos apropriados para que suas relações conceituais e sua especificidade quanto às representações simbólicas sejam entendidas. Por isso, a preocupação dos educadores matemáticos com sua prática pedagógica não é recente. Ela é um ramo da Matemática que possui um campo muito fecundo, e a maneira como for estudada irá refletir no desenvolvimento intelectual, no raciocínio lógico e na capacidade de abstração e generalização do aluno.

No universo da Matemática, as relações são geralmente imaginadas de modo indutivo. Por consequência, os métodos indutivos devem sempre predominar sobre os dedutivos, apesar de o processo dedutivo ser utilizado para uma verificação lógica.

---

* Professor do Departamento de Matemática e da Pós-Graduação em Educação Matemática da UNESP, Rio Claro.

Podemos citar vários pesquisadores relacionados à nossa área de atuação, como Jacobs (1974), Daffer e Clemens (1977) e Barbosa (1993), que têm desenvolvido estudos para ensinar a Geometria através de técnicas pedagógicas que destaquem seus aspectos criativos, estimulando os professores a trabalharem com mais satisfação nas atividades geométricas, transformando sua prática e utilizando técnicas de ensino centradas no estudante e não mais no professor.

Na evolução dos estudos sobre mudanças no ensino da Geometria, temos o aparecimento de metodologias com ênfase nos alunos, em diferentes situações de investigação e aprendizagem. Essa recente orientação deve nortear todo trabalho docente, qualquer que seja a disciplina estudada. Sobre isso, Micotti (1999) afirma:

> As atuais propostas pedagógicas, ao invés de transferência de conteúdos prontos, acentuam a interação do aluno com o objeto de estudo, a pesquisa, a construção dos conhecimentos para o acesso ao saber. As aulas são consideradas como situações de aprendizagem, de mediação; nestas são valorizados o trabalho dos alunos (pessoal e coletivo) na apropriação do conhecimento e a orientação do professor para o acesso ao saber (Micotti, 1999, p. 158).

É preciso, também, que as aulas sejam constituídas de situações que envolvam atividades de resolução de problemas para obtenção de um saber sistematizado. Por isso, as novas propostas acentuam o valor das atividades do aprendiz na apropriação do saber. Assim, somos desafiados, diante das modernas propostas curriculares, a ensinar conteúdos de formas alternativas, sempre com uma postura reflexiva diante de nossa prática.

Relativamente à Geometria, nas atividades em que os estudantes são estimulados a explorar ideias geométricas utilizando material que se pode manipular, proporcionam-se condições para a descoberta e o estabelecimento das relações geométricas existentes no universo.

Tomando como eixo articulador de nossa pesquisa o ensino e aprendizagem de Geometria, iniciamos em 1993 (e prosseguimos até hoje) nossos trabalhos, estudando a utilização de espelhos e caleidoscópios como instrumentos facilitadores na exploração de ideias geométricas. Desenvolvemos nossos estudos visando a contribuir com atividades que proporcionem a manipulação de objetos que fazem parte do contexto em que o estudante vive, para que ele tenha possibilidade de abrir-se ao mundo da Matemática, compreendendo-a.

2. Por que essa linha de investigação?

A escolha desse campo de pesquisa justifica-se porque, desde o início de nossa formação profissional, temos nos envolvido com ele, iniciando-se em 1967, quando fizemos um curso de nível técnico. Depois disso, enquanto aluno da graduação, e estudando as disciplinas relacionadas à Geometria, pudemos avaliar a importância desse ensino em níveis anteriores (Fundamental e Médio), o qual, infelizmente, não tem sido priorizado; ao contrário, tem sido colocado em segundo plano. Vários pesquisadores têm buscado compreender quais fatores contribuem para essa situação. Dentre as investigações de que fizemos uso, podemos destacar as de Perez (1991), de Pavanello (1993) e Lorenzato (1995).

Os resultados das pesquisas de Lorenzato, especialmente, vêm reiterar muitos dos dados encontrados por Perez: a insegurança dos professores e seu despreparo para ministrar as aulas de Geometria e a localização do tema na parte final dos livros didáticos facultam aos professores sentirem-se "justificados" caso, por "falta de tempo", o conteúdo não venha a ser trabalhado.

Porém, o valor do saber geométrico na boa formação do indivíduo é incalculável. Fainguelernt (1995) expressa de modo conveniente essa importância:

> A Geometria oferece um vasto campo de ideias e métodos de muito valor quando se trata do desenvolvimento intelectual do aluno, do seu raciocínio lógico e da passagem da intuição e de dados concretos e experimentais para os processos de abstração e generalização.
>
> A Geometria também ativa as estruturas mentais possibilitando a passagem do estágio das operações concretas para o das operações abstratas. É portanto tema integrador entre as diversas áreas da Matemática, bem como campo fértil para o exercício de aprender a fazer, e aprender a pensar (Fainguelernt, 1995, p. 46).

Além da omissão do ensino de Geometria, a literatura mostra também que muitos professores ficam confusos quanto a "o que fazer" e "como fazê-lo". Esse fato é por nós constatado quando trabalhamos com professores em cursos de formação continuada, nos quais se tematizam experiências e conhecimentos e se discute sobre a Geometria e o seu ensino. Essa convivência com os professores, que fazem parte da realidade educacional, incitou-nos ainda mais a formular projetos, incluindo dispositivos teóricos e práticos para sua concretização, nessa linha de pesquisa voltada para o ensino e aprendizagem de Geometria.

Atuando como professor na Universidade, tivemos oportunidade, desde o nosso ingresso, de trabalhar na disciplina Desenho Geométrico, vivenciando, na prática, metodologias alternativas, bem como, juntamente com alguns pesquisadores, participar de estudos na área de Educação Matemática.

A falta de opções para revigorar o ensino de Geometria nas escolas e a necessidade delas, aliadas às orientações contidas nos *Parâmetros Curriculares Nacionais* para a Matemática (elaborados pelo Ministério da Educação), nos quais se sugere a inclusão de alternativas relativas a metodologias e conteúdos para esse ensino nos níveis Fundamental e Médio, constituíram-se nos motivos que nortearam nossos trabalhos com o uso de espelhos e caleidoscópios.

Assim, desde 1993 temos produzido estudos direcionados a Pavimentações (ou Tesselações) Planas, fazendo uso do material didático denominado caleidoscópio. Já foram elaborados diversos projetos, incluindo o uso deste instrumento, alguns financiados pela CAPES, FAPESP e CNPq, com a finalidade de orientar alunos do curso de graduação em Matemática (Iniciação Científica) e pós-graduação em Educação Matemática (dissertação de mestrado), do Instituto de Geociências e Ciências Exatas da UNESP, *campus* de Rio Claro.

3. O projeto

O nosso projeto, em toda a sua extensão, envolve o estudo de *espelhos, caleidoscópios, simetrias, jogos e softwares educacionais* (relacionados ao ensino de Geometria). Os objetos de nosso estudo se inter-relacionam, pois é por meio dos espelhos que construímos os caleidoscópios, e através dos espelhos e caleidoscópios podem-se visualizar isometrias de figuras geométricas, que tenham estrutura simétrica (linhas de simetria), sem retirá-las do plano e fazê-las coincidirem com sua imagem, obtendo-se reflexões e/ou rotações através de imagens virtuais, que são operações relacionadas à simetria, no que concerne ao seu conceito geométrico.

Os *softwares* educacionais como Cabri Géomètre II, Geometricks, Cinderella e Geometer's Sketchpad, além de outros, foram incorporados ao nosso trabalho por proporcionarem uma interatividade e a consecução de objetivos de natureza matemática e educacional. Pesquisas indicam que o uso do computador pode auxiliar no desenvolvimento cognitivo dos alunos, viabilizando a realização de novos tipos de atividades e de novas formas de pensar e agir (Balacheff e Kaput, 1997).

Ainda que não tenha sido percebido o valor da utilização conjunta dos caleidoscópios e do computador, informamos que essa ligação é reconhecida internacionalmente, tendo sido desenvolvido um *software* denominado Kaleidomania. Na capa da revista *Key Curriculum Press, Innovators in Mathematics Education*, Mathematics Catalog 1999-2000, é apresentado um "menu" de grandes ideias, no qual o Kaleidomania está incluído.

Em nosso estudo há um vínculo entre uma pesquisa de caráter puro, científico, e uma que investiga e valida (ou não) a atividade pedagógica. Portanto, nossa investigação é de natureza educacional. Tencionamos descobrir (quando possível) resultados científicos inéditos, bem como apresentar uma proposta alternativa e facilitadora no ensino-aprendizagem da Geometria Euclidiana e das Não Euclidianas, utilizando alguns objetos manipuláveis, espelhos, caleidoscópios e tecnologia informática.

Há uma variação no número e nas posições dos espelhos para a formação dos diversos tipos de caleidoscópios. Desta forma, tais instrumentos possuem diferentes classificações geométricas e são constituídos de dois, três (equiláteros, isósceles-retângulos e escalenos) e quatro espelhos (quadrados e retangulares), destinados à visualização de pavimentações do plano euclidiano. Estamos elaborando, agora, novos tipos de caleidoscópios que se prestarão para a visualização de pavimentações esféricas e hiperbólicas, e também de poliedros. Alguns desses caleidoscópios serão constituídos de cinco e seis espelhos.

O tema *Tesselações* tem sido tomado como base de estudo pela grande quantidade de problemas de natureza geométrica que se nos apresenta, possibilitando que sejam explorados nos diversos níveis de escolaridade. Vários conceitos geométricos podem ser abordados, como, por exemplo, simetrias, polígonos regulares, relações angulares, bissetriz, mediatriz, ponto médio, perpendiculares etc. Acrescenta-se também o fato de que esse assunto é muito discutido em nossos dias, destacando-se, principalmente, na área de Telecomunicações.

Para um melhor entendimento do leitor, e a fim de situar nosso campo de atuação, há a necessidade de se discorrer, ainda que ligeiramente, sobre *Pavimentação (Tesselação)* e *Bases Substituíveis*.

O vocábulo *pavimentação* tem como sinônimos "tesselação" ou "mosaico" quando utilizado no sentido de recobrimento de uma porção do plano (euclidiano ou não). As pavimentações por nós abordadas são aquelas obtidas por um ou mais conjuntos de polígonos regulares, dispostos de tal forma que não haja vazios ou sobreposições entre eles. Assim, uma dada pavimentação pode apresentar vários arranjos de polígonos na sua formação. Porém, nem todo conjunto de polígonos arranjados ao redor de um ponto repete-se por todo o plano formando uma pavimentação.

Para a visualização de pavimentações através dos caleidoscópios é preciso construir, graficamente (através de régua e compasso ou computador), as *bases substituíveis*. Estas são figuras triangulares, quadradas ou retangulares (de acordo com o formato do caleidoscópio), nas quais são construídos segmentos apropriados que, refletidos pelos espelhos, formarão a pavimentação. Na construção desses segmentos são necessários conhecimentos de bissetriz, mediatriz, perpendicular, ponto médio, polígonos regulares, entre outros conceitos, além de relações angulares e da ação reflexional conjunta dos espelhos sobre tais segmentos.

As bases substituíveis podem ser designadas por vários termos: padrão básico, triângulo-básico ou figura base. Elas podem ser também "geradoras" e "transformadas". As bases substituíveis geradoras são aquelas que não contêm propriamente nenhuma outra. Bases transformadas são aquelas que provêm de uma base geradora e são formadas pelas replicações desta.

O conceito e os tipos de bases substituíveis tornam-se importantes na descoberta das bases que determinam as pavimentações. Esse é um problema intrigante e desafiador, para cuja solução pode-se recorrer a alguns métodos discriminados em Murari (1999). Uma mesma pavimentação possui várias bases (geradoras e transformadas). A quantidade a ser encontrada dependerá da dimensão da porção de pavimentação estudada.

As bases substituíveis possuem regiões produzidas pelos segmentos que, nas reflexões, formarão os polígonos que constituem as pavimentações. Essas regiões podem ser coloridas, o que torna o estudo mais aprazível. À medida que passamos de uma base geradora para uma transformada e suas subsequentes, o número de regiões aumenta, ficando, muitas vezes, difícil de serem construídas manualmente. Nesse momento o computador, especialmente através do *software* Cabri Géomètre II, surge para facilitar e dar maior rapidez ao processo de construção dessas bases, além de ser um agente motivador e auxiliar na aprendizagem.

Atualmente estamos ampliando nosso campo de estudos, dedicando-nos também às Geometrias Não Euclidianas, que incluem a Geometria Esférica e a Geometria Hiperbólica. A escassez de trabalhos com esse enfoque, e o fato de seu ensino ser negligenciado nas instituições de Ensino Médio e Superior, direcionou-nos para esse campo de estudo, a fim de observarmos as possibilidades de uma estratégia estruturada no uso de espelhos poder auxiliar na apreensão dos conteúdos matemáticos trabalhados.

Estamos iniciando esses novos estudos. Faz parte de nossos objetivos disseminar de modo inovador esse saber e fomentar essa prática, sem inquirir, criticar ou julgar qual geometria (plana, esférica ou hiperbólica) é a mais correta para a descrição do mundo físico, aproveitando a infinidade de reflexões que esse conteúdo oferece para levar o estudante a perceber a existência de diferentes geometrias, contribuir para a construção de um pensamento crítico e autônomo, melhorar seu raciocínio geométrico e desenvolver sua percepção espacial.

Na literatura pertinente ao assunto, à qual tivemos acesso, ainda não encontramos um estudo comparativo da maneira como desejamos realizar e compilar as informações. Também, relativamente ao material educacional, pouca coisa existe no mercado e o preço ainda é alto por ser de origem importada. Talvez sejam essas as razões de as Geometrias Não Euclidianas não serem abordadas no Ensino Médio e, geralmente, não fazerem parte do conteúdo programático do curso de graduação em Matemática, sendo, quando muito, oferecido um curso optativo dessa disciplina.

Finalmente, um de nossos objetivos precípuos é a construção e a disponibilização no mercado de um kit de espelhos e caleidoscópios, material pedagógico de baixo custo, que permita a visualização de tesselações planas, esféricas e hiperbólicas. Com esse kit pretendemos sugerir uma metodologia de ensino que enseje aos alunos aprenderem de maneira reflexiva a Geometria, de modo a terem outras percepções do espaço em que vivemos, o qual nos dá a falsa impressão de que é apenas tridimensional, constituído de superfícies perfeitas, planas e retas.

Da maioria de nossos resultados teóricos, elaboramos atividades que são aplicadas a alunos dos diversos níveis de escolaridade (Fundamental, Médio e Superior), as quais, depois de analisadas e avaliadas, vão balizando nossos procedimentos. Também estamos comprometidos com o artigo 2º da LDB 9394/96, que determina que devemos criar ambientes para que o ensino-aprendizagem se realize com o fim de preparar e educar os cidadãos para que se tornem críticos, atuantes, reflexivos e livres.

Na prática, elaboramos sempre atividades que envolvam o laboratório de ensino e o de informática, adotando um enfoque dinâmico da Geometria.

O laboratório de ensino é utilizado como um espaço de discussão e desenvolvimento das atividades, utilizando-se uma abordagem teórica-intuitiva dos conceitos tratados, constituindo-se num lugar onde o aluno participa da construção desses conceitos, manuseando e operando com as figuras geométricas e outros objetos educacionais.

No laboratório de informática temos uma nova forma de comunicar e adquirir conhecimento, agregando à oralidade e à escrita a informática, denominadas por Lévy (1993) de "tecnologias intelectuais". Considerando a importância das "imagens" em nossas atividades, as quais permitem a compreensão ou demonstração de uma relação ou de uma propriedade, o computador vem, através de *softwares* específicos, melhorar e favorecer o processo de ensino-aprendizagem.

Os recursos de visualização, integrados ao material manipulativo, enriquecem a aprendizagem. O tema tesselações, por exemplo, permite-nos dar dinamismo ao ambiente de estudo. Inicia-se com um estudo propedêutico sobre transformações, utilizando-se um e dois espelhos. Uma vez reconhecidos os elementos de cada isometria, identificando através dos espelhos as "reflexões", "translações" e "rotações", procura-se estabelecer o conceito de "congruência". Posteriormente, discute-se sobre a definição de "tesselação", contextualizando-a e estimulando os alunos a identificarem porções de tesselações no ambiente que os cerca.

Após a apresentação do assunto e o conhecimento de várias pavimentações, estudam-se algumas bases que as geram. Descobertas as bases, passa-se à construção gráfica e coloração das mesmas, e consequentes visualizações no caleidoscópio. Depois, estas mesmas bases construídas no laboratório de ensino são também construídas no computador (laboratório de informática), usando macros diversas (do quadrado, do triângulo equilátero, do hexágono regular, do octógono regular ou do dodecágono regular), para obter-se a pavimentação em estudo, ratificando, com rapidez, os resultados encontrados graficamente.

As atividades são elaboradas com base no esforço intelectual do aluno, respeitando suas possibilidades de raciocínio e promovendo situações que estimulem e aperfeiçoem esse raciocínio. Nas situações-problema, os alunos são levados a participar ativamente na busca das soluções, inferindo, formulando hipóteses, inteirando-se com o objeto de estudo. Objetiva-se apresentar uma sequência de atividades, devidamente elaboradas do ponto de vista matemático, que vão gradualmente progredindo em termos de complexidade, com intervenções coerentes, atentando-se sempre para as relações entre o saber científico e o contexto pedagógico.

Os jogos também fazem parte de nossa proposta pedagógica, substituindo os procedimentos dos exercícios escritos, servindo para estimular a percepção individual dos conceitos matemáticos e o raciocínio. Moura (1992) cita que pesquisadores como Piaget, Vygotsky, Elkonin, Leontiev, Rosário, Kamï e Devries, entre outros, justificam a utilização do jogo como fator de aprendizagem. Os jogos são recomendados por estimularem as relações cognitivas, afetivas, verbais, psicomotoras e sociais.

Vários objetivos cognitivos da Matemática podem ser atingidos pelo uso de jogos. Grando (1995) destaca que nos jogos os procedimentos de raciocínio, as regras, as tomadas de decisões e a elaboração de estratégias são equivalentes aos elementos necessários ao pensamento matemático. Então, para inovar na sala de aula, e diante do mérito advindo pela utilização dos jogos, resolvemos incorporá-los, também, sempre que possível, às nossas estratégias educacionais.

O primeiro jogo utilizado foi o "kit de polígonos", um material pedagógico composto de cinquenta peças poligonais, representando polígonos regulares e irregulares (triângulos, quadrados, hexágonos, dodecágonos etc.), todos com mesma medida de lados, recortados de folhas de papel cartão coladas duas a duas e de cores diferentes, a fim de se obterem polígonos de dupla face. Através desse jogo, que se assemelha a um quebra-cabeça, podemos encetar as primeiras noções de tesselações, buscando as possibilidades de configurações de polígonos diferentes ao redor de um vértice, sem que haja superposições ou lacunas. Os outros materiais lúdicos referem-se a jogos com poliedros (cubos) e peças poligonais, representando bases que formam as tesselações.

Numa adequação do trabalho escolar às novas tendências do ensino da Matemática, temos elaborado atividades educacionais cujo desenvolvimento se dá através da Resolução de Problemas. Onuchic (1999) afirma que:

> Na abordagem de Resolução de Problemas como uma metodologia de ensino, o aluno tanto aprende Matemática resolvendo problemas como aprende Matemática para resolver problemas. O ensino da Resolução de Problemas não é mais um processo isolado. Nessa metodologia o ensino é fruto de um processo mais amplo, um ensino que se faz por meio da Resolução de Problemas (Onuchic, 1999, p. 210-211).

Na aplicação das atividades, temos observado o contido na proposta básica apresentada por Onuchic (1999): a classe é dividida em grupos; o papel do professor é o de observador, organizador, consultor, mediador, interventor, controlador e incentivador da aprendizagem; as soluções dos grupos são apresentadas em plenária, com análise de todos os resultados, buscando-se o consenso sobre o resultado pretendido; e, por último, num trabalho conjunto do professor e alunos, é feita uma síntese do que deveria ser assimilado naquela situação de aprendizagem.

A fim de compartilhar experiências, fazer reflexões e discutir resultados, temos participado de vários eventos de natureza científica, apresentando trabalhos em forma de comunicações, minicursos, e fazendo algumas publicações. Entretanto, o primeiro trabalho voltado ao ensino e aprendizagem de Geometria começou a ser estruturado quando de nosso ingresso no programa de Pós-Graduação em Educação Matemática,

IGCE-UNESP, em Rio Claro. Nessa oportunidade, organizamos um amplo estudo das pavimentações formadas por apenas um conjunto (ou arranjo) de polígonos, sendo identificadas muitas das bases substituíveis para esse tipo de pavimentação e compiladas no documento que se constituiu nossa tese de doutorado, que teve como título: *Ensino-Aprendizagem de Geometria nas 7ª e 8ª séries, via Caleidoscópios.*

Além da apresentação do estudo sobre as pavimentações do plano, tivemos como objetivo principal mostrar, nesse trabalho, uma maneira diferente de ensinar Geometria, visando a estimular no aluno interesse, prazer e participação na aprendizagem. Esse intento foi plenamente alcançado, pois os alunos envolviam-se cada vez mais nas atividades, demonstravam satisfação em resolver as questões, buscando diferentes soluções, estabelecendo-se um ambiente agradável. Nossa prática pedagógica incluiu o uso de espelhos (caleidoscópios), através dos quais os conceitos geométricos puderam ser apresentados de um modo não usual, e, também, pudemos desenvolver diversas atividades educacionais, inclusive lúdicas, e, especialmente, aquelas envolvendo resolução de problemas.

Os estudantes ficavam fascinados pelos visuais magníficos obtidos através de bases ou padrões colocados no interior dos caleidoscópios. Ao lançarmos o desafio de justificarem a confecção de um padrão para visualização de um determinado *design* geométrico, aguçamos a curiosidade deles. Entender como eram confeccionados os padrões caleidoscópicos propiciou a aprendizagem em atividades com um e dois espelhos, nas quais foram intencionalmente trabalhados ângulos, diagonais, perpendiculares, reflexão de pontos e figuras, eixo de simetria reflexional, figuras com estrutura simétrica reflexional, orientação, translação, rotação e construção de alguns polígonos regulares.

Quando solicitados a apresentarem um padrão pessoal para visualização nos caleidoscópios, foi necessário recorrer-se à criatividade (que pode ser encorajada) e um pensar reflexivo sobre quais traços (ou segmentos) deveriam ser efetuados para que, nas reflexões dos espelhos, se obtivesse o visual desejado. O bom êxito na elaboração dos padrões apresentados atesta que, através dessa maneira particular de ensinar, houve grande interesse por parte dos alunos em aprender e atesta também que ocorreu a aprendizagem desejada, cujo resultado seria impossível de ser obtido se não houvesse a apreensão dos conteúdos abordados.

Fez parte desse nosso trabalho um referencial teórico matemático, no qual foram reunidas as informações necessárias para subsidiar educadores interessados em utilizar caleidoscópios no ensino de alguns conteúdos de Geometria, em qualquer nível de escolaridade, efetuando, em cada caso, as adequações necessárias. Também foram relatadas, de maneira detalhada, experiências com alunos da 8ª série do Ensino Fundamental (em cuja classe foi aplicada nossa proposta) e com professores da Rede Estadual de Ensino em cursos de aperfeiçoamento. As "notas de aula" que orientaram as atividades empíricas foram também incluídas nesse documento.

Algumas contribuições matemáticas e educacionais surgiram ainda no desenvolvimento do trabalho acima e representam frutos de nossa pesquisa:

- construção do *Caleidoscópio Educacional Modificado* (especialmente indicado para trabalho em grupo);
- estudo particular sobre *espelhos virtuais* quanto à distribuição e processo simultâneo de geração de imagens nos espelhos originais;
- construção do *Caleidoscópio com 4 Espelhos* e obtenção de *teorema* que limita a quatro o número máximo de espelhos na elaboração de um caleidoscópio para que se tenham imagens sem deformações;
- *algoritmo para obtenção de bases:* descoberta de um novo método para se encontrar bases em uma porção de pavimentação do plano. Esse algoritmo permite não só determinar as bases geradoras, como também uma infinidade de bases transformadas, constituindo-se numa verdadeira "fábrica" de bases; e
- *obtenção de pavimentações por polígonos irregulares:* algumas possibilidades de pavimentação do plano com pentágonos irregulares congruentes.

Num nível mais profundo, e representando uma extensão de nossos estudos, mas com aplicação de resultados já obtidos, sob nossa orientação, foram concluídas em 2002 duas dissertações de mestrado com o aporte de novos elementos às nossas estratégias educacionais: os sólidos geométricos e os *softwares* educacionais relacionados ao estudo de Geometria.

Um desses trabalhos, com o título de *Ensino-Aprendizagem de Geometria: uma proposta fazendo uso de caleidoscópios, sólidos geométricos e softwares educacionais*, incluiu o estudo de tesselações espaciais. Nessa abordagem, fez-se a construção, a exploração e o reconhecimento dos sólidos geométricos (regulares ou arquimedianos) que tesselam o espaço, colocando-se em suas faces bases substituíveis para caleidoscópios, visando à obtenção de pavimentações laterais do plano. O emprego de poliedros como recurso pedagógico é incentivado por Kallef (1998), o qual mostra a importância da visualização espacial e das representações gráficas na aprendizagem.

A outra dissertação, intitulada de *Um estudo de pavimentação do plano utilizando caleidoscópios e o software Cabri-Géomètre II*, teve como objetivo apresentar uma estratégia de ensino utilizando caleidoscópios, jogos e o *software* Cabri Géomètre II em atividades de Geometria. Nesse trabalho, fomos gratificados com um resultado matemático original. Ao analisarmos as sequências de bases de diversas pavimentações, observamos que a formação de bases transformadas parecia seguir uma certa regra, cujas regiões iam aumentando de maneira familiar, numa sucessão numérica particular, e que entre elas havia uma razão constante. Assim, propusemo-nos a buscar uma fórmula que determinasse a quantidade de regiões de uma base transformada qualquer. Chegamos a um algoritmo que determina a *n-ésima* base transformada de uma dada pavimentação. Porém, esta fórmula somente se aplica àquelas pavimentações em que o número das regiões das bases transformadas cresce conforme uma PA de segundo grau.

No corrente ano, estamos orientando dois novos trabalhos de dissertação de mestrado que, *a priori*, receberam os seguintes títulos: *Novas tecnologias voltadas para o ensino de geometria não-euclidiana* e *Um conjunto de espelhos como estratégia de ensino em Geometria*. Também estamos direcionando estudos para alguns *softwares* relacionados a fractais, que têm como escopo permear assuntos já estudados na busca de intersecções entre eles.

Em acréscimo aos resultados já relatados, gostaríamos de registrar que tivemos a oportunidade de desenvolver instrumentos didáticos instrucionais, como apostilas e caleidoscópios diversos. Destaca-se a construção de um caleidoscópio de grandes dimensões (ou Gigante, como alguns o denominam), integrando, literalmente, o ser ao saber, o qual está em exposição no Laboratório de Ensino do nosso Departamento, e tem sido requisitado por outras instituições de Ensino Superior de outras cidades (Araraquara (SP) e Catanduva (SP), por exemplo) para ser exibido e manuseado em eventos científicos e comemorativos.

Além disso, como fruto de nosso trabalho, está sendo comercializado um conjunto de cubos com padrões caleidoscópicos em suas faces (Mosaico-cubo). Trata-se de um jogo educacional que inclui um manual com orientações e possibilidades de jogos que representam, na realidade, atividades educacionais que podem ser desenvolvidas de forma lúdica. Igualmente em vias de elaboração está um jogo de bases substituíveis (ainda sem nome), à semelhança de um quebra-cabeça, que permitirá descobrir bases transformadas de uma mesma pavimentação. Essas produções estão sendo viabilizadas junto a uma empresa especializada que está concluindo procedimentos para sua fabricação e distribuição no mercado.

4. Considerações finais

O bom êxito na operacionalização de nossas propostas anteriores tem nos levado à prática de providências concretas na sala de aula, mudando nosso estilo de ensino e o ambiente de aprendizagem dos alunos, através de situações que venham auxiliar os estudantes na criação das representações mentais dos objetos de estudo, na descoberta e reconhecimento de algumas propriedades geométricas, transformando os conhecimentos em saber com significado e compreensão.

Nas situações-problema, os alunos têm trabalhado com régua, compasso, transferidor e espelhos, de maneira quase informal, possibilitando que ideias geométricas antes confusas tenham um significado real. Tratados desse modo, os conteúdos ganham flexibilidade e interatividade. As oportunidades de trabalho em grupo oferecidas pelo material que utilizamos permitem que todos possam manifestar e testar suas ideias e propor soluções consensuais, fazendo com que os aspectos pertinentes ao conhecimento desejado fiquem evidenciados.

O trabalho vem sendo desenvolvido com a finalidade de estimular o aluno a fazer inferências sobre o que observa e a formular hipóteses, desencadeando suas atividades intelectuais e consolidando os conceitos que vão sendo adquiridos.

Nossos procedimentos metodológicos privilegiam o desenvolvimento de habilidades e a interdisciplinaridade com Ciências (nos seus fenômenos óticos, quando se estuda as simetrias e as reflexões das imagens), Desenho Geométrico (na construção das bases) e Educação Artística (na coloração das bases, considerando o aspecto estético, o contraste e a harmonia de cores). Como mediador entre o aluno e o conhecimento, considerando especificidades e implicações, temos organizado situações de ensino-aprendizagem que possibilitem ao aprendiz sistematizar o conhecimento adquirido, ao mesmo tempo em que desenvolve um espírito científico e um pensamento reflexivo.

Finalmente, sabemos das potencialidades e limitações de nossa proposta, e estamos conscientes de que essa é apenas uma possibilidade de trabalho em sala de aula, que utiliza diferentes recursos materiais e didáticos, sublinhando a possibilidade de articulação de objetivos educacionais. Os desafios para a modificação do ensino estão aí a postular uma visão da educação de caráter amplo, apontando para uma convergência de esforços na busca da interdisciplinaridade e da contextualização, de forma que o aprendizado científico e matemático faça parte da formação cidadã do indivíduo. Essa é a nossa singela contribuição.

Bibliografia

BALACHEFF, N.; KAPUT, J. *Computer-Based Learning Environments in Mathematics*. In: BISHOP, A. (Ed.). *International Handbook in Mathematics Education*, 1997, p. 469-501.

BARBOSA, R. M. *Descobrindo Padrões em Mosaicos*. São Paulo: Atual, 1993.

______. *Descobrindo a Geometria Fractal para a Sala de Aula*. Belo Horizonte: Autêntica, 2002.

DAFFER, P. G. O.; CLEMENS, R. S. *Geometry: an Investigative Approach*. Menlo Park: Addison-Wesley, 1977.

FAINGUELERNT, E. K. *O Ensino de Geometria no 1º e 2º Graus:* a Educação Matemática em Revista. São Paulo, SBEM, n. 4, p. 45-53, 1995.

GRANDO, R. C. O Jogo e suas Possibilidades Metodológicas no Processo Ensino-Aprendizagem da Matemática. Dissertação de mestrado, Faculdade de Educação da UNICAMP, Campinas, 1995.

GRUNBAUM, B.; SHEPHARD, G. C. *Tilings and patterns*. New York: W. H. Freeman and Company, 1987.

JACOBS, H. J. *Geometry*. New York: W. H. Freeman and Company, 1974.

KALLEF, A. M. R. *Vendo e Entendendo Poliedros: Do Desenho ao Cálculo do Volume através de Quebra-Cabeças e Outros Materiais Concretos*. Niterói: EdUFF, 1998.

KINGSTON, M. *Mosaics by Reflection. Mathematics Teacher*, n. 50, p. 280-286, 1957.

LÉVY, P. *As Tecnologias da Inteligência: o Futuro do Pensamento na Era da Informática*. Rio de Janeiro: Editora 34, Trad.: Carlos Irineu da Costa, 1993.

LORENZATO, S. *Por Que não Ensinar Geometria?* A Educação Matemática em Revista. São Paulo: SBEM, n. 4, 1995, p.3-13.

MICOTTI, M. C. O. *O Ensino e as Propostas Pedagógicas*. In: BICUDO, M. A. V. (Orgs.). *Pesquisa em Educação Matemática*: Concepções & Perspectivas. São Paulo: Editora da UNESP, p. 153-167, 1999.

MOURA, M. O. *A Construção do Signo Numérico em Situação de Ensino*. Tese de doutorado. São Paulo: USP, 1992.

MURARI, C. Ensino-aprendizagem de Geometria nas 7ª e 8ª séries, via caleidoscópio. Tese de doutorado. IGCE, UNESP-Rio Claro, 1999.

ONUCHIC, L. R. Ensino-Aprendizagem de Matemática através da Resolução de Problemas. In: *Pesquisa em Educação Matemática*: Concepções e Perspectivas. São Paulo: Editora da UNESP, p. 199-218, 1999.

PAVANELLO, R. M. *O Abandono do Ensino da Geometria no Brasil*: Causas e Consequências. Zetetiké: Campinas, n. 1, 1993.

PEREZ, G. *Pressupostos e Reflexões Teóricas e Metodológicas da Pesquisa Participante no Ensino de Geometria para as Camadas Populares*. Tese de doutorado, Faculdade de Educação da UNICAMP, 1991.

POLYA, G. *A Arte de Resolver Problemas*. Rio de Janeiro: Interciência, 1977.

WEYL, H. *Simetria*. São Paulo: Edusp, 1997.

Novas reflexões sobre o ensino-aprendizagem de Matemática através da resolução de problemas

*Lourdes de la Rosa Onuchic**
*Norma Suely Gomes Allevato***

1. Introdução

É sabido que a Matemática tem desempenhado um papel importante no desenvolvimento da sociedade e que problemas de Matemática têm ocupado um lugar central no currículo escolar desde a Antiguidade. Hoje, esse papel se mostra ainda mais significativo. A necessidade de se "entender" e "ser capaz" de usar Matemática na vida diária e nos locais de trabalho nunca foi tão grande.

Muitos esforços estão sendo feitos para tornar o ensino da Matemática mais eficiente. É preciso que muito mais gente saiba Matemática e a saiba bem.

---

* ICMC-USP-São Carlos-SP; Professora do Programa de Pós-Graduação em Educação Matemática da UNESP, campus de Rio Claro-SP.

** Doutoranda do Programa de Pós-Graduação em Educação Matemática da UNESP de Rio Claro-SP.

Sempre houve muita dificuldade para se ensinar Matemática. Apesar disso todos reconhecem a importância e a necessidade da Matemática para se entender o mundo e nele viver. Como o elemento mais importante para se trabalhar Matemática é o professor de Matemática, e como este não está sendo bem preparado para desempenhar bem suas funções, as dificuldades neste processo têm aumentado muito. Questionamentos como: Por que educar? Por que Matemática? O que é Matemática e onde e como a Matemática é usada? fazem parte da vida do professor que nem sempre está preparado para respondê-los.

O século XX, ao longo de reformas sociais, mostrou-se um provocador de muitos movimentos de mudança na Educação Matemática mundial. A Educação Matemática foi se tornando um assunto de grande interesse, sendo, muitas vezes, responsável por imensos debates.

Gente de todo o mundo está trabalhando na reestruturação da Educação Matemática. Ensinar bem Matemática é um empenho complexo e não há receitas fáceis para isso. Não há um caminho único para se ensinar e aprender Matemática.

Mudar nosso sistema de Educação Matemática radicalmente, tendo como primeiro objetivo atingir a vasta maioria dos estudantes, é criar uma consciência do quê, do como e do por quê da Matemática. Tal consciência nos faz chegar a duas importantes razões para mudar: para que os cidadãos de amanhã apreciem o papel penetrante da Matemática na cultura onde vivem e para que os indivíduos que têm interesse em Matemática e talento para ela sejam expostos à sua verdadeira natureza e extensão.

2. As reformas e a Resolução de Problemas no século XX

No início do século XX, o ensino de Matemática foi caracterizado por um trabalho apoiado na repetição, no qual o recurso à memorização de fatos básicos era considerado importante. Anos depois, dentro de outra orientação, os alunos deviam aprender com compreensão, os alunos deviam entender o que faziam. Essas duas formas de ensino não lograram sucesso quanto à aprendizagem dos alunos. Na verdade, alguns alunos aprendiam, mas a maioria não.

Nessa época começou-se a falar em resolver problemas como um meio de aprender Matemática mas, nas décadas de 1960 e 1970, o ensino de Matemática no Brasil e em outros países do mundo foi influenciado por um movimento de renovação conhecido como Matemática Moderna. Essa reforma que, como as outras, não contou com a participação de professores de sala de aula, deixava de lado as anteriores. Ela apresentava uma Matemática estruturada, apoiada em estrutura lógica, algébrica, topológica e de ordem, e enfatizava a teoria dos conjuntos. Realçava muitas propriedades, tinha preocupações excessivas com abstrações Matemáticas e utilizava uma linguagem universal, precisa e concisa. Entretanto, acentuava o ensino de símbolos e uma terminologia complexa que comprometia o aprendizado. Nessa reforma o ensino era trabalhado com um excesso de formalização, distanciando-se das questões práticas.

Todas essas reformas não tiveram o sucesso esperado. Os questionamentos continuavam: Estariam essas reformas voltadas para a formação de um cidadão útil à sociedade em que vivia? Buscavam elas ensinar Matemática de modo a preparar os alunos para um mundo de trabalho que exige conhecimento matemático? Os anos 70 marcaram uma era de crescimento preocupada com um currículo de Matemática projetado, inicialmente, para um aumento no escore de testes de habilidades básicas, também chamados testes de habilidades computacionais.

Concomitantemente a isso, no início da década de 70, tiveram início investigações sistemáticas sobre Resolução de Problemas e suas implicações curriculares. A importância dada à Resolução de Problemas é, portanto, recente e somente nessa década é que os educadores matemáticos passaram a aceitar a ideia de que o desenvolvimento da capacidade de resolver problemas merecia mais atenção. A caracterização da Educação Matemática, em termos de Resolução de Problemas, reflete uma tendência de reação a caracterizações passadas, que a configuravam como um conjunto de fatos, como o domínio de procedimentos algorítmicos ou como um conhecimento a ser obtido por rotina ou por exercício mental. No fim dos anos 70, a Resolução de Problemas emerge, ganhando espaço no mundo inteiro.

Discussões no campo da Educação Matemática no Brasil e no mundo mostram a necessidade de se adequar o trabalho escolar às novas tendências que podem levar a melhores formas de se ensinar e aprender Matemática.

Nos Estados Unidos, o NCTM — *National Council of Teachers of Mathematics* (Conselho Nacional de Professores de Matemática)[1] respondeu àquela preocupação com uma série de recomendações para o progresso da Matemática escolar nos anos 80, no documento *An Agenda for Action* (NCTM, 1980). Foram chamados para colaborar neste trabalho todos os interessados, pessoas e grupos, para, juntos, num esforço cooperativo massivo, buscar uma melhor Educação Matemática para todos. A primeira dessas recomendações diz "resolver problemas deve ser o foco da Matemática escolar para os anos 80". Havia, entre os educadores matemáticos, um interesse crescente em fazer da Resolução de Problemas um foco do currículo de Matemática.

Durante a década de 80, muitos recursos em Resolução de Problemas foram desenvolvidos, visando ao trabalho de sala de aula, na forma de coleções de problemas, listas de estratégias, sugestões de atividades e orientações para avaliar o desempenho em Resolução de Problemas. Muito desse material passou a ajudar os professores a fazer da Resolução de Problemas o ponto central de seu trabalho.

Entretanto, muito possivelmente devido a uma falta de concordância entre as diferentes concepções que pessoas e grupos tinham sobre o significado de Resolução de Problemas ser o foco da Matemática escolar, o trabalho dessa década não chegou a um bom termo (Onuchic, 1999; Schroeder e Lester, 1989). Schroeder e Lester (1989) apresentam três caminhos diferentes de abordar Resolução de Problemas que ajudam a refletir sobre essas diferenças: teorizar sobre Resolução de Problemas; ensinar a resolver problemas; e ensinar Matemática através da Resolução de Problemas. Eles ressaltam que, embora na teoria essas três concepções de trabalhar Resolução de Problemas possam ser separadas, na prática elas se superpõem e acontecem em várias combinações e sequências. O que se observou é que, a essa época, ainda havia muitos estudantes que não sabiam Matemática apesar de haver bons resolvedores de problemas.

A partir do fim da década de 80, o NCTM, em busca de uma nova reforma para a Educação Matemática, publicou:

---

1. O NCTM é uma organização profissional, sem fins lucrativos. Conta com mais de 125000 associados e é a principal organização para professores de Matemática desde K-12 (Pré-primário-Escola Secundária).

- *Curriculum and Evaluation Standards for School Mathematics*, em 1989;
- *Professional Standards for Teaching Mathematics*, em 1991;
- *Assessment Standards for School Mathematics*, em 1995.

Desde então está ocorrendo uma revolução na Educação Matemática, revolução essa que, no entender de Van de Walle (2001), é mais positiva, mais penetrante e mais amplamente aceita do que qualquer outra mudança feita antes. Essa revolução chamou por uma reforma e, para que ela fosse bem-sucedida, tornou-se necessária uma base sólida de pesquisa para apoiá-la.

A publicação *Curriculum and Evaluation Standards for School Mathematics* foi projetada para falar àqueles muito próximos de poder tomar decisões sobre o currículo de Matemática: professores, supervisores e promotores de materiais instrucionais e currículo e descreve a Matemática que todos os estudantes devem saber e ser capazes de fazer. Posteriormente, foram criadas: a publicação *Professional Standards for Teaching Mathematics*, que ilustra caminhos pelos quais os professores podem estruturar as atividades em sala de aula, de modo que os alunos possam aprender a Matemática descrita em *Curriculum and Evaluation Standards for School Mathematics*, e a publicação *Assessment Standards for School Mathematics*, que contém os princípios em que professores e educadores se apoiem para construir práticas de avaliação que ajudem no desenvolvimento de uma Matemática forte para todos.

Esses *Standards* não pretendiam dizer, passo a passo, como trabalhar esses documentos. Ao contrário, queriam apresentar objetivos e princípios em defesa de que práticas curriculares, de ensino e de avaliação pudessem ser examinadas. Eles queriam estimular políticos educacionais, pais, professores, administradores, comunidades locais e conselhos escolares a melhorar os programas de Matemática em todos os níveis educacionais.

Em 1990, o NSF (*National Science Foundation*) financiou uma coleção, em larga escala, de projetos de materiais instrucionais para todos os níveis de ensino: elementar, médio e secundário. Surgiu uma nova geração de currículos alinhados com os *Standards*.

Para dar conta dessas novas ideias foi preciso que novo enfoque fosse dado às salas de aula e que se tivesse uma visão expandida dos algoritmos. Outra característica encontrada nesses currículos é o uso de contextos na Resolução de Problemas como um meio de desenvolver os conteúdos matemáticos e fazer conexões com outras áreas. Estes currículos retratam a Matemática como uma disciplina unificada por tópicos coerentemente integrados.

A partir de 1995 começou, nos Estados Unidos, uma verdadeira "guerra matemática". Houve uma série de críticas à reforma proposta pelos *Standards*, mas a luta continuou. O NCTM, então, após uma década de aplicação das ideias defendidas nos *Standards*, trabalhou sobre críticas e sugestões recebidas e produziu a publicação *Principles and Standards for School Mathematics*, que foi lançada em abril de 2000 e é conhecida como os *Standards* 2000.

Os *Standards* 2000 colocam seis **Princípios** a serem seguidos dentro de seu trabalho: **Equidade**; **Currículo**; **Ensino**; **Aprendizagem**; **Avaliação**; e **Tecnologia**, sendo que estes princípios precisam estar profundamente ligados aos programas da Matemática escolar. Respeitando esses princípios, são apresentados cinco **Padrões de Conteúdo**: **Números e Operações**; **Álgebra**; **Geometria**; **Medida**; e **Análise de Dados e Probabilidade**, que descrevem explicitamente o conteúdo a ser trabalhado e que os alunos devem aprender. Os outros cinco padrões são **Padrões de Processo: Resolução de Problemas; Raciocínio e Prova; Comunicação; Conexões;** e **Representação**, que realçam os caminhos de se adquirir e usar o conhecimento do conteúdo trabalhado.

Os *Standards* sugeriram profundas mudanças em quase todos os aspectos do ensino e da aprendizagem de Matemática. Os *Standards* 2000 refinam e elaboram as mensagens dos documentos originais dos *Standards*, conservando intacta sua visão básica.

No Brasil, apoiados em ideias dos *Standards* do NCTM, foram criados os PCN — *Parâmetros Curriculares Nacionais*:

- PCN-Matemática — 1º e 2º ciclos — 1ª a 4ª séries — 1997;
- PCN-Matemática — 3º e 4º ciclos — 5ª a 8ª séries — 1998;
- PCN-Matemática — Ensino Médio — 1999.

Os objetivos gerais da área de Matemática, nos PCN, buscam contemplar várias linhas para trabalhar o ensino de Matemática. Esses objetivos têm como propósito fazer com que os alunos possam pensar matematicamente, levantar ideias Matemáticas, estabelecer relações entre elas, saber se comunicar ao falar e escrever sobre elas, desenvolver formas de raciocínio, estabelecer conexões entre temas matemáticos e de fora da Matemática e desenvolver a capacidade de resolver problemas, explorá-los, generalizá-los e até propor novos problemas a partir deles.

Como enfrentar as mudanças preconizadas pelos PCN? Quantos professores estão preparados para utilizar suas recomendações e levar aos seus alunos, em suas salas de aula, um conteúdo que pode se encaixar dentro de determinados padrões de conteúdo, suportados por padrões de procedimento bem estruturados?

Especificamente no que se refere à Matemática, os PCN indicam a Resolução de Problemas como ponto de partida das atividades Matemáticas e discutem caminhos para se fazer Matemática na sala de aula.

3. Uma concepção em Resolução de Problemas

Ao se iniciar um novo século, na verdade um novo milênio, é preciso admitir que a visão colocada em 1989 pelos *Standards* não se realizou. Houve progresso, a mudança é visível, se bem que lenta, e a revolução continua.

No livro *Elementary and Middle School Mathematics*, o autor John A. Van de Walle (2001), em seu prefácio, afirma que esse livro reflete o crescimento e a mudança que está ocorrendo de modo contínuo na Educação Matemática e que ele foi projetado para ajudar o aluno a ser a parte mais importante desse crescimento e a desenvolver nele confiança e compreensão enquanto faz Matemática.

Van de Walle (2001) coloca que os professores de Matemática, para serem realmente eficientes, devem envolver quatro componentes básicos em suas atividades: gostar da disciplina Matemática, o que significa fazer Matemática com prazer; compreender como os alunos aprendem e constroem suas ideias; ter habilidade em planejar e selecionar tarefas e, assim, fazer com que os alunos aprendam Matemática num ambiente de Resolução de Problemas; ter habilidade em integrar diariamente a avaliação com o processo de ensino a fim de melhorar esse processo e aumentar a aprendizagem.

Essas quatro ideias foram trabalhadas no contexto do movimento da reforma em Educação Matemática, uma revolução na Matemática escolar que começou em 1989 quando o NCTM publicou seu primeiro documento *Standards* e que continua no século XXI com a publicação dos *Standards* 2000.

No capítulo III de seu livro — *Developing Understanding in Mathematics* — Van de Walle (2001) apresenta a visão construtivista de aprendizagem dizendo que o Construtivismo está firmemente arraigado na escola cognitiva de psicologia e nas teorias piagetianas, nas quais se acredita que as crianças não absorvem ideias enquanto seus professores as apresentam, pois as crianças são as criadoras de seu próprio conhecimento. De fato, todas as crianças e, também, todas as pessoas, a todo o tempo, constroem ou dão sentido às coisas que percebem ou pensam.

Diz ele que o fato de construir qualquer coisa no mundo físico requer ferramentas, materiais e esforço e que, também para se construir ideias, isso é necessário. As ferramentas de que se necessita para construir a compreensão são as ideias e o conhecimento que já se tem. Os materiais usados para construir a compreensão podem ser coisas que vemos, ouvimos ou tocamos. Às vezes esses materiais só existem em nossos pensamentos e ideias. Para construir esse conhecimento, o esforço que se deve despender é um processo de pensar ativo e reflexivo e se a mente não estiver ativa nada acontecerá.

Van de Walle (2001) fala que todo conhecimento, matemático ou outro, consiste de representações de ideias internas ou mentais que nossa mente constrói. Pode-se distinguir dois tipos de conhecimento matemático: conceitual e procedimental. Sabemos que os conceitos são representados por palavras e símbolos matemáticos e que o conhecimento conceitual, em Matemática, consiste de relações lógicas construídas internamente e que existem na mente como parte de uma rede de ideias. O conhecimento de procedimentos, em Matemática, é o conhecimento de regras e de procedimentos que se usa ao executar tarefas rotineiras e, também, do simbolismo que é usado para representar Matemática. Estes procedimentos e símbolos podem ser conectados ou apoiados por conceitos mas, na verdade, poucas relações cognitivas são necessárias para se ter o conhecimento de um procedimento. Enfim, os procedimentos são rotinas aprendidas passo a passo para realizar uma tarefa.

Os conceitos matemáticos que os alunos criam, num processo de construção, não são as ideias bem formadas concebidas pelos adultos. Novas ideias são formadas pouco a pouco, ao longo do tempo, quando os alunos refletem ativamente sobre elas e as testam através dos muitos diferentes caminhos que o professor pode lhes oferecer. Aí está o mérito das discussões entre os estudantes em grupos de trabalho. Quanto mais condições se deem aos alunos para pensar e testar uma ideia emergente, maior é a chance de essa ideia ser formada corretamente e integrada numa rica teia de ideias e de compreensão relacional.

Nesse contexto se insere a metodologia de "Ensino-Aprendizagem de Matemática através da Resolução de Problemas", que se constitui num caminho para se ensinar Matemática através da Resolução de Problemas e não apenas para se ensinar a resolver problemas. Nela, conforme já foi recomendado nos PCN, o problema é um ponto de partida e, na sala de aula, através da Resolução de Problemas, deve-se fazer conexões entre os diferentes ramos da Matemática, gerando novos conceitos e novos conteúdos. Numa sala de aula onde o trabalho é feito com a abordagem de ensino-aprendizagem de Matemática através da Resolução de Problemas, busca-se usar tudo o que havia de bom nas reformas anteriores: repetição, compreensão, o uso da linguagem Matemática da teoria dos conjuntos, Resolução de Problemas e, às vezes, até a forma de ensino tradicional.

4. Ensinar Matemática através da Resolução de Problemas

Para Van de Walle (2001), muitas vezes se fala em trabalhar com problemas para se ensinar Matemática sem se ter uma ideia clara do que é um problema. Há muitas diferentes concepções de problema. Para nós, é tudo aquilo que não sabemos fazer, mas que estamos interessados em fazer. Para ele, um problema é definido como qualquer tarefa ou atividade para a qual os estudantes não têm métodos ou regras prescritas ou memorizadas, nem a percepção de que haja um método específico para chegar à solução correta.

Assim, é importante reconhecer que a Matemática deve ser trabalhada através da Resolução de Problemas, ou seja, que tarefas envolvendo problemas ou atividades sejam o veículo pelo qual um currículo deva ser desenvolvido. A aprendizagem será uma consequência do processo de Resolução de Problemas.

Van de Walle (2001) diz, ainda, que ensinar Matemática através da Resolução de Problemas não significa, simplesmente, apresentar um problema, sentar-se e esperar que uma mágica aconteça. O professor é responsável pela criação e manutenção de um ambiente matemático motivador e estimulante em que a aula deve transcorrer. Para se obter isso, toda aula deve compreender três partes importantes: antes, durante e depois. Para a primeira parte, o professor deve garantir que os alunos estejam mentalmente prontos para receber a tarefa e assegurar-se de que todas as expectativas estejam claras. Na fase "durante", os alunos trabalham e o professor observa e avalia esse trabalho. Na terceira, "depois", o professor aceita a solução dos alunos sem avaliá-las e conduz a discussão enquanto os alunos justificam e avaliam seus resultados e métodos. Então, o professor formaliza os novos conceitos e novos conteúdos construídos.

Vale relembrar que, em 1989, a publicação *Curriculum and Evaluation Standards*, do NCTM, dizia que a Resolução de Problemas deveria ser o objetivo principal de todo o ensino de Matemática e uma parte integrante de toda a atividade Matemática, e que os alunos deveriam fazer uso de abordagens em Resolução de Problemas para investigar e compreender os conteúdos matemáticos. Durante dez anos permaneceu evidente a ideia de que Resolução de Problemas era um veículo forte e eficiente para a aprendizagem Matemática. Os *Standards* 2000 afirmam de uma maneira convincente que Resolução de Problemas não é só um objetivo da aprendizagem Matemática mas, também, um meio importante para se fazer Matemática. Esta visão está longe de ser alcançada. Entretanto, na sala de aula, onde os professores têm adotado esta abordagem, o entusiasmo de professor e alunos é alto e ninguém quer voltar a trabalhar com a forma de ensino tradicional.

Para Van de Walle (2001), a Resolução de Problemas deve ser vista como a principal estratégia de ensino e ele chama a atenção para que o trabalho de ensinar comece sempre onde estão os alunos, ao contrário da forma usual em que o ensino começa onde estão os professores, ignorando-se o que os alunos trazem consigo para a sala de aula. Diz ainda que o valor de se ensinar com problemas é muito grande e, apesar de ser difícil, há boas razões para empreender esse esforço.

O ensino-aprendizagem de um tópico matemático deve sempre começar com uma situação-problema que expressa aspectos-chave desse tópico e técnicas Matemáticas devem ser desenvolvidas na busca de respostas razoáveis à situação-problema dada. O aprendizado, deste modo, pode ser visto como um movimento do concreto (um problema do mundo real que serve como exemplo do conceito ou da técnica operatória) para o abstrato (uma representação simbólica de uma classe de problemas e técnicas para operar com estes símbolos).

Sem dúvida, ensinar Matemática através da Resolução de Problemas é uma abordagem consistente com as recomendações do NCTM e dos PCN, pois conceitos e habilidades matemáticos são aprendidos no contexto da Resolução de Problemas. O desenvolvimento de processos de pensamento de alto nível deve ser promovido através de experiências em Resolução de Problemas, e o trabalho de ensino de Matemática deve acontecer num ambiente de investigação orientada em Resolução de Problemas.

Em nossa visão, a compreensão de Matemática, por parte dos alunos, envolve a ideia de que compreender é essencialmente relacionar. Esta posição baseia-se na observação de que a compreensão aumenta quando o aluno é capaz de: relacionar uma determinada ideia Matemática a um grande número ou a uma variedade de contextos, relacionar um dado problema a um grande número de ideias Matemáticas implícitas nele, construir relações entre as várias ideias Matemáticas contidas num problema. Ressalte-se que as indicações de que um estudante entende, interpreta mal ou não entende ideias Matemáticas específicas surgem, com frequência, quando ele resolve um problema.

Acreditamos que, ao invés de fazer da Resolução de Problemas o foco do ensino de Matemática, deveríamos fazer da compreensão seu foco central e seu objetivo. Com isso não pretendemos tirar a ênfase dada à Resolução de Problemas, mas sentir que o papel da Resolução de Problemas no currículo passaria de uma atividade limitada para engajar os alunos, depois da aquisição de certos conceitos e determinadas técnicas, para ser tanto um meio de adquirir novo conhecimento como um processo no qual pode ser aplicado aquilo que previamente havia sido construído (Onuchic, 1999).

5. A Resolução de Problemas como metodologia — aspectos didáticos

A maioria (se não todos) dos importantes conceitos e procedimentos matemáticos pode ser melhor ensinada através da Resolução de Problemas. Tarefas e problemas podem e devem ser dados de modo a engajar os alunos no "pensar sobre" e no desenvolvimento de Matemática importante que eles precisam aprender.

Esta proposição pode nos parecer extrema ou irrealista. Em vez de aceitá-la cegamente ou rejeitá-la, vamos primeiro considerar por que ela pode ter sentido.

Não há dúvida de que ensinar com problemas é difícil. As tarefas precisam ser planejadas ou selecionadas a cada dia, considerando a compreensão dos alunos e as necessidades do currículo. É frequentemente difícil planejar mais do que alguns poucos dias de aula à frente. Se há um livro-texto tradicional, será preciso, muitas vezes, fazer modificações. Entretanto, há boas razões para se fazer esse esforço:

- Resolução de Problemas coloca o foco da atenção dos alunos sobre ideias e sobre o "dar sentido". Ao resolver problemas, os alunos necessitam refletir sobre as ideias que estão inerentes e/ou ligadas ao problema;
- Resolução de problemas desenvolve o "poder matemático". Os estudantes, ao resolver problemas em sala de aula, se engajam em todos os cinco padrões de procedimento descritos nos *Standards* 2000: Resolução de Problemas; raciocínio e prova; comunicação; conexões e representação, que são os processos de fazer Matemática, além de permitir ir bem além na compreensão do conteúdo que está sendo construído em sala de aula;
- Resolução de Problemas desenvolve a crença de que os alunos são capazes de fazer Matemática e de que Matemática faz sentido. Cada vez que o professor propõe uma tarefa com problemas e espera pela solução, ele diz aos estudantes: "Eu acredito que vocês podem fazer isso!" Cada vez que a classe resolve um problema, a compreensão, a confiança e a autovalorização dos estudantes são desenvolvidas;

- Resolução de Problemas provê dados de avaliação contínua que podem ser usados para tomar decisões instrucionais, ajudar os alunos a ter sucesso e informar os pais;
- é gostoso! Professores que experimentam ensinar dessa maneira nunca voltam a ensinar do modo "ensinar dizendo". A excitação de desenvolver a compreensão dos alunos através de seu próprio raciocínio vale todo o esforço e, de fato, é divertido, também para os alunos;
- a formalização de toda teoria Matemática pertinente a cada tópico construído, dentro de um programa assumido, feita pelo professor no final da atividade, faz mais sentido para os alunos.

6. A Resolução de Problemas e as tecnologias informáticas

A este cenário apresentado agregam-se, agora, novos elementos, aqueles trazidos pela presença da tecnologia nos ambientes de ensino. Entre as tecnologias informáticas (TI), como estão sendo chamadas, destacam-se os computadores, as calculadoras e a Internet, entre outros.

Os debates acerca de sua inserção no ensino se intensificam e trazem respostas, alternativas de utilização e novas dúvidas. A renovação da prática docente e a instituição de novos objetivos e funções da educação escolar, inegavelmente, incluem considerar as TIs. Não é mais possível ignorar que sua utilização no ensino tem alterado profundamente as abordagens de ensino, a dinâmica das aulas e as formas de pensar.

A grande oferta de novos produtos (*softwares*, jogos etc.) ampliam as possibilidades de seu uso. Especificamente em Educação Matemática, aproveitando as possibilidades de exploração e experimentação que estes sistemas oferecem, alunos e professores vivenciam ambientes de aprendizagem extremamente favoráveis à construção ou reconstrução do conhecimento.

Algumas pesquisas em Educação Matemática têm contribuído substancialmente para o aprimoramento e o aprofundamento da compreensão de questões relativas à aprendizagem, em ambientes em que são utilizados recursos informáticos, em situações envolvendo Resolução de Problemas. Em Allevato e Onuchic (2003) pode-se perceber como, através de um programa implementado em linguagem de programação JAVA,[2] um estudante desenvolveu elaborado raciocínio lógico matemático e perfeito encadeamento de ideias Matemáticas para resolver um problema de divisibilidade.

Outros estudos exploram e analisam as potencialidades educativas das TIs que se manifestam, entre outras, pela sua enorme capacidade de cálculo numérico ou gráfico, de geração rápida e precisa de imagens, de produção recursiva de dados e de modelação. A exploração das possibilidades de representação algébrica, numérica e gráfica (representações múltiplas) que, por exemplo, o computador oferece, a coordenação dessas representações e a compreensão das relações que as vinculam permitem ao aluno conectar conhecimentos que, de outra forma, permaneceriam separados; porém, se conectados, geram compreensões Matemáticas mais amplas e completas (Borba, 1994; Villarreal, 1999). As já destacadas possibilidades de representação numérica, algébrica e gráfica dos computadores permitem que os alunos, ao moverem-se livremente e coordenarem representações, apropriem-se de noções visuais que os auxiliem nos processos algébricos formais e reciprocamente. Cabe destacar que a visualização tem ocupado posição de destaque nos estudos referentes à associação do computador ao ensino de Matemática.

Ademais, o computador permite relacionar a descoberta empírica com as representações Matemáticas algébricas e, ainda, confirmar numericamente modelos algébricos por meio da possibilidade de infindáveis simulações. Estas características o tornam um poderoso recurso quando associado à Resolução de Problemas.

Ao utilizar o computador na Resolução de Problemas que visam à introdução de um novo conceito, o processo subsequente de formalização dos conteúdos matemáticos, conforme tem sido mostrado nas pesquisas atuais, apresenta-se amplamente facilitado devido a esta abordagem empírica e experimental que o computador possibilita. O significado de um conceito matemático é interiorizado pelo aluno, tornando o processo de formalização Matemática mais fácil e natural. Assim,

---

2. Linguagem bastante valorizada atualmente pela possibilidade de utilização na elaboração de aplicações para a Internet, no desenvolvimento de aplicações comerciais e na construção de jogos.

o tempo gasto pelos alunos nas atividades de Resolução de Problemas apresentados antes da formalização do conteúdo que o professor deseja apresentar é "recuperado" no decurso das atividades de formalização. Um exemplo desta abordagem é apresentado em Allevato e Onuchic (2002), em que a utilização do computador foi associada ao processo de construção do conceito de taxa média de variação através da resolução de um problema.

7. A produção científica em Resolução de Problemas na Unesp

Na UNESP-Rio Claro, o grupo de pesquisas, o GTERP, Grupo de Trabalho e Estudos sobre Resolução de Problemas, coordenado pela primeira autora deste capítulo, tem sido o núcleo gerador de atividades de aperfeiçoamento, de investigações e de produção científica na linha de Resolução de Problemas.

Este grupo é constituído por alunos do programa de Pós-Graduação em Educação Matemática (PGEM), que desenvolvem pesquisa nesta linha, e é aberto à participação de outros alunos regulares do programa que têm interesse em aprofundar seus conhecimentos, alunos especiais em busca de amadurecimento de seus futuros projetos de pesquisas e professores em geral, que visam a aprimorar sua prática docente.

O GTERP se reúne semanalmente, desde 1989, para estudar textos didáticos e científicos que configuram o quadro atual das investigações e pesquisas na linha de Resolução de Problemas. Também propõe e discute metodologias e propostas de ações didáticas com vistas ao aperfeiçoamento e implementação de novas práticas em sala de aula de Matemática em todos os níveis de escolaridade.

Os membros produzem trabalhos que são levados a apresentações em congressos regionais, nacionais e internacionais, e que são publicados em revistas de divulgação que circulam no meio científico e de ensino.

Um dos aspectos marcantes da filosofia de trabalho do grupo é buscar incessantemente desenvolver estudos que efetivamente atinjam a sala de aula, ou seja, que estejam relacionados com questões de ensino-aprendizagem-avaliação, tanto sob a perspectiva do aluno quanto do professor. O grupo tem colaborado com projetos em parceria com instituições públicas de Ensino Fundamental e Médio. Um desses é o projeto, financiado pela FAPESP, intitulado "Desenvolvimento e Avaliação de uma Pedagogia Universitária Participativa no Ensino Médio: Atividades com Ênfase em Matemática, Ciências e Comunicação", envolvendo o Instituto de Estudos Avançados da USP-São Carlos e a Escola Estadual Sebastião de Oliveira Rocha.

As dissertações e teses já produzidas e em andamento, desenvolvidas por alunos do programa de PGEM ou por alunos de outras instituições, membros do GTERP, e sob a orientação da primeira autora deste capítulo, também se voltam a todos os níveis de ensino e abrangem este amplo espectro de possibilidades que o grupo visa a contemplar na Educação Matemática. As que foram defendidas até 1998 foram apresentadas em Onuchic (1999). A seguir, faremos uma breve descrição das que foram elaboradas após esta data ou que ainda estão em fase de elaboração.

Maria Lúcia Boero — *A Introdução da Disciplina "Ensino-aprendizagem da Matemática através da Resolução de Problemas" no curso de Licenciatura em Matemática da Faculdade de Ciências Biológicas, Exatas e Experimentais da Universidade Presbiteriana Mackenzie: Uma Proposta de Mudança* — 1999.

A autora propôs uma mudança na grade curricular do curso de Licenciatura de sua instituição. Sua preocupação maior foi com a formação Matemática dos professores que a universidade lança no mercado. Ela propõe a inclusão da disciplina "Ensino-aprendizagem de Matemática através da Resolução de Problemas" para contribuir com a formação desses futuros professores.

Márcio Pironel — *A Avaliação Integrada no Processo de Ensino-Aprendizagem da Matemática* — 2002.

A pesquisa foi apoiada na Metodologia de Romberg (1992). A aplicação de problemas para introduzir novos conceitos e novos conteúdos foi feita, em sala de aula de Magistério, utilizando a metodologia de ensino-aprendizagem de Matemática através da Resolução de Problemas. O autor procurou construir a avaliação do processo de ensino-aprendizagem na sala de aula de Matemática de modo a torná-la parte integrante desse processo. Apresentou também instrumentos alternativos de avaliação visando à construção de um cidadão crítico, reflexivo, criativo e participativo.

Elizabeth Quirino de Azevedo — *Ensino-aprendizagem das equações algébricas através da Resolução de Problemas* — 2002.

A autora levantou a questão da importância do ensino-aprendizagem das equações algébricas no Ensino Médio. Defendeu essa importância ao deixar claro que as equações algébricas enfeixam um programa de ensino de Matemática ao longo de doze anos de escolaridade e criou um projeto alternativo de trabalho para o ensino deste conteúdo através da Resolução de Problemas para ser testado por professores em salas de aula de Ensino Médio. Utilizou a Metodologia de Romberg (1992) para sua pesquisa.

Wagner José Bolzan — *A Matemática nos Cursos Profissionalizantes de Mecânica* — 2003.

O autor defende a adoção da metodologia de ensino-aprendizagem da Matemática através da Resolução de Problemas para o trabalho em sala de aula, em uma escola profissionalizante de mecânica industrial, para contribuir significativamente para a formação do profissional mecânico, ligando a Matemática aprendida academicamente com a Matemática da prática de oficina. A metodologia de pesquisa adotada foi a de Romberg (1992).

Walter Paulette — *Novo Enfoque da Disciplina Matemática e suas Aplicações, no Curso de Administração de Empresas da Universidade Paulista-Unip* — 2003.

O autor propõe mudanças na ementa e no conteúdo programático da disciplina Matemática, ministrada no curso superior de Administração de Empresas da Unip, a partir de experiências de ensino realizadas utilizando a metodologia de ensino-aprendizagem de Matemática via Resolução de Problemas. Nesse modelo os conteúdos matemáticos foram construídos a partir de situações-problema retiradas do contexto da área de Administração de Empresas. A pesquisa foi desenvolvida através das diretrizes da Metodologia de Romberg (1992).

Mariângela Pereira — *O Ensino-Aprendizagem de Matemática através da Resolução de Problemas no 3° Ciclo do Ensino Fundamental* — 2004.

As unidades temáticas Divisibilidade e Números Racionais foram selecionadas para o trabalho em sala de aula. A autora pretende analisar a contribuição da metodologia de ensino-aprendizagem de Matemática através da Resolução de Problemas no trabalho de Matemática do 3° ciclo do Ensino Fundamental, a partir de um certo número de problemas geradores desses conceitos e conteúdos. O trabalho de pesquisa seguiu a Metodologia de Romberg (1992).

Norma Suely Gomes Allevato — *Associando o computador à resolução de problemas fechados: análise de uma experiência* — 2005.

A pesquisa é voltada para o Ensino Superior e pretende analisar de que forma os alunos relacionam o que fazem na sala de aula, quando utilizam lápis e papel, com o que fazem no laboratório de informática, quando estão utilizando o computador na resolução de problemas fechados sobre funções. Apoiada na metodologia de Romberg (1992), a autora realizou investigações em sala de aula através de observações das ações dos estudantes e do professor responsável pela turma de alunos, em aulas realizadas em sala de aula convencional e em laboratório de informática.

8. Considerações finais

Como disse Shulman (1988, p. 5), "educação é um campo de estudo, um local que contém fenômenos, eventos, instituições, problemas, pessoas e processos que, por si sós, constituem a matéria-prima para investigações de muitos tipos". Romberg (1992) escreveu que é importante considerar a Educação Matemática como um campo de estudo. Ele concorda com Shulman (1988), afirmando que a escola é complexa e, assim, as perspectivas e os procedimentos de investigação escolar têm sido usados para pesquisar questões oriundas dos processos envolvidos no ensino e na aprendizagem de Matemática nas escolas, assim como de questões inerentes a esses processos.

Entendendo-se por educadores matemáticos pessoas profissionalmente preocupadas com o ensino e a aprendizagem de Matemática em qualquer nível, uma pergunta que se lhes coloca é: Por que a Educação Matemática é tão importante no século XXI? Como resposta poderíamos observar que a quantidade de Matemática que se espera que os alunos saibam é muito grande. O mundo está se tornando mais matemático. Reconhecemos que as decisões muitas vezes tomadas poderiam se aproveitar de percepções Matemáticas. Entretanto, responsáveis por tomada de decisões importantes, com frequência, não conseguem pensar matematicamente e não conseguem perceber que o fato de pensar matematicamente poderia ajudá-los. Essa falta de consciência, diz Willoughby (2000), é uma falha tanto da Matemática que se ensina quanto do modo como ela é ensinada.

O objetivo dos professores deveria ser o de ajudar as pessoas a entenderem Matemática e encorajá-las a acreditar que é natural e bom poder continuar a usar e aprender Matemática sempre que necessário. É essencial que se ensine de modo que os alunos possam ver a Matemática como algo natural e agradável em seu ambiente.

Nossas reflexões, apresentadas neste trabalho, pretendem oferecer, àqueles que compartilham conosco de uma busca por melhora do trabalho em sala de aula em qualquer nível, uma sugestão: o ensino de Matemática através da Resolução de Problemas. Acreditamos que esta metodologia de ensino possa contribuir sobremaneira para uma aprendizagem mais efetiva e significativa desta disciplina. Esperamos que este trabalho seja útil àqueles que se dedicam ao seu ensino.

Bibliografia

ALLEVATO, N. S. G.; ONUCHIC, L. R. A Resolução de um Problema de Divisibilidade Através da Linguagem JAVA Promovendo Reflexões sobre a Utilização dos Computadores no Ensino de Matemática. *Revista Interciência*. Catanduva, FAFICA, ano 4, n. 2, p. 15-20, 2004.

ALLEVATO, N. S. G.; ONUCHIC, L. R. A Resolução de Problemas e o Uso do Computador na Construção do Conceito de Taxa Média de Variação. *Revista de Educação Matemática*. São Paulo, SBEM, ano 8, n. 8, p. 37-42, 2002.

BORBA, M. C. Computadores, Representações Múltiplas e a Construção de Ideias Matemáticas. Bolema, ano 9, especial 3, p. 83-101, 1994.

BRASIL. MEC. *Parâmetros Curriculares Nacionais*: Matemática — 1º e 2º ciclos. Brasília, MEC, 1997.

______. *Parâmetros Curriculares Nacionais*: Matemática — 3º e 4º ciclos. Brasília, MEC, 1998.

______. *Parâmetros Curriculares Nacionais*: Matemática — Ensino Médio. Brasília, MEC, 1999.

KILPATRICK, J.; SILVER, E. A. Unfinished Business: Challenges for Mathematics Educators in the Next Decades. In: *Learning Mathematics for a New Century*. Reston: NCTM, 2000, cap.16, p. 223-235.

NATIONAL COUNCIL OF TEACHERS OF MATHEMATICS. *An Agenda for Action*. Reston: NCTM, 1980.

______. *Curriculum and Evaluation Standards for School Mathematics*. Reston: NCTM, 1989.

______. *Setting a Research Agenda*. Reston: NCTM, 1989.

______. *Professional Standards*. Reston: NCTM, 1991.

______. *Assessment Standards for School Mathematics*. Reston: NCTM, 1995.

______. *Principles and Standards for School Mathematics*. Reston: NCTM, 2000.

ONUCHIC, L. R. Ensino-Aprendizagem de Matemática através da Resolução de Problemas. In: BICUDO, M. A. V. (Org.). *Pesquisa em Educação Matemática*: Concepções & Perspectivas. São Paulo: Editora da UNESP, cap. 12, p. 199-220, 1999.

______. Educação Matemática & Perspectivas e Desafios. *Anais da 11ª Conferência Interamericana de Educação Matemática*. Blumenau: Universidade Regional de Blumenau, p. 1-12, 2003.

______. Ensino de Matemática através da Resolução de Problemas e Modelagem Matemática. *Anais da 11ª Conferência Interamericana de Educação Matemática*. Blumenau, Universidade Regional de Blumenau, p. 1-11, 2003.

ROMBERG, T. A. Perspectives on Scholarship and Research Methods. In: GROWS, D. A. (Ed.). *Handbook of Research on Mathematics Teaching and Learning*. Reston: NCTM, cap. 3, p. 49-64, 1992.

SCHROEDER, T. L.; LESTER Jr., F. K. Developing Understanding in Mathematics via Problem Solving. In: TRAFTON, P. R.; SHULTE, A. P. (Eds.). *New Directions for Elementary School Mathematics*. Reston: NCTM, p. 31-42, 1989.

SHULMAN, L. S. Disciplines of Inquiry in Education: An Overview. In: JAEGER, R. M. (Ed.). *Complementary Methods for Research in Education*. Washington, DC: American Educational Research Association, p. 3-20, 1988.

VAN DE WALLE, J. A. *Elementary and Middle School Mathematics*. New York: Longman, 2001.

VILLARREAL, M. E. *O Pensamento Matemático de Estudantes Universitários de Cálculo e Tecnologias Informáticas*. Tese de doutorado. Instituto de Geociências e Ciências Exatas, UNESP-Rio Claro, 1999.

WILLOUGHBY, S. S. Perspectives on Mathematics Education. In: *Learning Mathematics for a New Century*. Reston: NCTM, cap. 1, p. 1-15, 2000.

O Ensino de Estatística no contexto da Educação Matemática

*Maria Lucia Lorenzetti Wodewotzki**
*Otavio Roberto Jacobini***

1. Introdução

As grandes transformações de ordem científica e tecnológica que vêm ocorrendo na sociedade moderna, sobretudo nos sistemas de informação e comunicação, garantem ao homem um volume incalculável de informações dos mais variados tipos, com facilidade e rapidez no acesso a elas e, principalmente, possibilidades concretas de manipulação dessas informações. Nesse contexto, há a necessidade de espaços que permitam aos indivíduos qualificar, selecionar, analisar e contextualizar informações, de modo que elas possam ser incorporadas às suas próprias experiências.

Daí o crescente interesse pelo processo de ensino e aprendizagem da Estatística nas últimas décadas do século passado, principalmente na

---

* Professora do Programa de Pós-Graduação em Educação Matemática da UNESP, campus de Rio Claro-SP.

** Professor da PUC-Campinas e membro do Grupo de Pesquisa em Educação Estatística da UNESP-Rio Claro.

Europa e nos Estados Unidos. Esse interesse é justificável, pois através do desenvolvimento do raciocínio estatístico tem-se uma maneira própria de organizar e analisar informações, possibilitando a compreensão de sua estrutura e interpretações adequadas.

No que diz respeito aos estudos sobre ensino e aprendizagem da Estatística, trabalhos como os de Garfield (1995 e 2002) e Lovett e Greenhouse (2000) entre outros, privilegiam os aspectos psicopedagógicos. Nesses trabalhos, a ênfase recai sobre questões do tipo *Como se aprende estatística?* ou *O que é o raciocínio estatístico e como ele se desenvolve?*. Outros estudos evidenciam maior interesse nos aspectos instrumentais, como, por exemplo, aqueles sobre a utilização de gráficos e de simulação (Cook et al., 1996); sobre aprendizagem cooperativa (Dietz, 1993; Giraud, 1997; Garfield, 1993; Rumsey, 1998); utilização de recursos de multimídia (Moore, 1993; Velleman e Moore, 1996); aplicação da modelagem matemática e da tecnologia (Jacobini e Wodewotzki, 2001 e 2003; Ferreira e Wodewotzki, 2003) e sobre a utilização de projetos de interesse da comunidade (Anderson e Sungur, 1999).

A relevância dos trabalhos citados está na concordância dos autores em relação a uma aprendizagem mais significativa para o aluno, como decorrência do processo investigativo na sala de aula. Nesse processo, a responsabilidade pelas informações é do estudante, em contraposição ao recebimento dessas informações já prontas, de forma passiva, sem esforço e sem significado para ele. É o estudante que busca, seleciona, faz conjecturas, analisa e interpreta as informações para, em seguida, apresentá-las para o seu grupo, sua classe ou sua comunidade. Portanto, um processo que favorece a contextualização das informações e oferece oportunidades relevantes para reflexões e para críticas, sobretudo quando se trata de informações de ordem social.

Preocupações com o desenvolvimento do raciocínio estatístico e com a compreensão de conceitos também são objetivos desejáveis, presentes em todas essas abordagens, uma vez que incentivam as interpretações, ao invés de fazerem prevalecer os cálculos. Finalmente, não menos relevante é a presença de questões relacionadas com a escolha dos meios mais adequados para resoluções dos problemas e trabalhos com projetos realizados por grupos de estudantes, com ênfase nos relatórios escritos.

Assim, o objetivo deste artigo é, à luz dessas considerações psicopedagógicas e instrumentais, refletir sobre o ensino dos conteúdos estatísticos no Brasil, principalmente no que diz respeito aos fundamentos filosóficos e científicos que norteiam a Educação Matemática, bem como especificar as linhas investigativas do Grupo de Pesquisa em Educação Estatística do programa de Pós-graduação em Educação Matemática, na UNESP-Rio Claro.

2. O pensamento estatístico

Atualmente os Parâmetros Curriculares Nacionais são indicativos e norteadores para a elaboração de currículos de todas as disciplinas, do Ensino Fundamental ao Ensino Médio. Esses parâmetros, no que diz respeito à Matemática, realçam a importância da relação dos conteúdos matemáticos estudados na escola com questões intrínsecas à vida cotidiana dos estudantes (PCN, 1997). A "matemática da vida" destaca-se no documento oficial com o objetivo de serem superados procedimentos mecânicos na resolução de problemas. Esse destaque se dá de tal forma que a Matemática possa contribuir para a inserção do educando, como cidadão, no mundo do trabalho e nas relações sociais e culturais (Lima, 2001).

Nesses mesmos parâmetros e nessa importante relação entre a Matemática e o dia a dia, desejável em todos os níveis escolares, encontramos também recomendações e orientações para a presença do pensamento estatístico nos conteúdos matemáticos. No ensino superior a Estatística é ministrada em praticamente todos os cursos, com ênfase na estatística descritiva e em questões relacionadas com a inferência estatística. No entanto, apesar da importância do pensamento estatístico na abordagem dos conteúdos programáticos, a sua presença raramente é percebida.

Para Bradstreet (1996), enfatizar o pensamento estatístico em cursos de Estatística significa direcionar o aprendizado para as etapas que compõem um trabalho quantitativo, e não estudar isoladamente métodos e conceitos estatísticos. Para a compreensão, tanto das técnicas como do pensamento estatístico, o autor recomenda o trabalho com dados reais, que sejam relevantes para os estudantes e, principalmente, obtidos por eles mesmos.

Em qualquer um dos níveis de ensino, entendemos o pensamento estatístico como uma estratégia de atuação, como um pensamento analítico, além, naturalmente, do próprio procedimento estatístico (Figura 1).

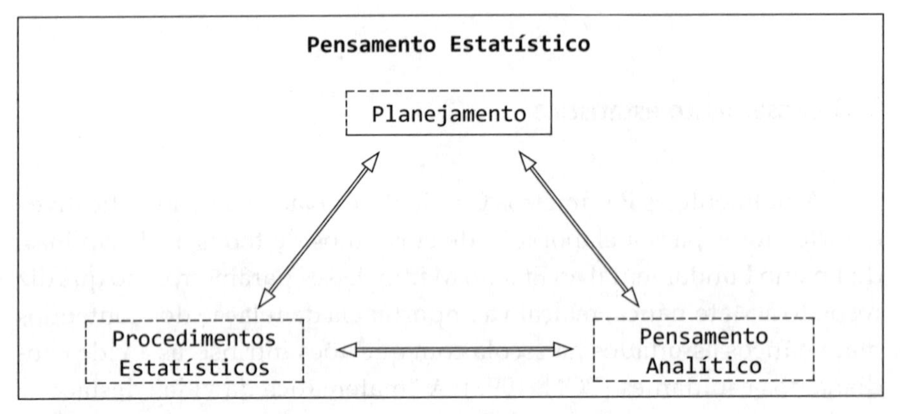

Figura 1. Esquema representativo do pensamento estatístico (fonte: Jacobini, 1999).

A estratégia é um elemento essencial para o planejamento de um trabalho quantitativo simples, tanto para a elaboração de um projeto, a definição de hipóteses e de variáveis, como para a escolha dos sujeitos e para o processo de coleta de dados. Vemos o pensamento analítico como uma atitude estatística, ou melhor, uma atitude crítica do estudante, não apenas em relação às técnicas, com ou sem a presença da informática, mas principalmente em relação aos resultados obtidos no contexto em que os dados se encontram inseridos (social, comunitário, político, ambiental etc.). A preocupação com o pensamento analítico crítico fundamenta-se na prática educacional crítica, presente nos estudos de Freire (1978, 1982 e 1996), Skovsmose (1996, 2000 e 2001) e D'Ambrósio (1999, 2001). Incluímos também nesse pensamento analítico a importante compreensão, por parte dos estudantes, da presença da variabilidade e da incerteza na Estatística.

Os próprios procedimentos, considerados como um dos lados do tripé que compõe o pensamento estatístico, e através dos quais os fenômenos são coletados, quantificados, classificados, distribuídos, analisados, representados e visualizados, devem ser trabalhados em sala de aula com o olhar do professor voltado para o planejamento do trabalho (estratégia) e, principalmente, para o pensamento analítico. Nesse enfoque do pensamento estatístico, deve estar sempre presente a pergunta: *Por que fazer?*, motivando a necessidade do fazer e do como fazer.

Nessa concepção curricular, em qualquer um dos níveis de ensino, os estudantes devem ser preparados para escolher projetos, aprender a formular questões, planejar e coletar efetivamente os dados, escolher os métodos estatísticos adequados, resumir as informações e criticar os resultados obtidos, elaborar relatórios que sejam objetivos e críticos e entender as limitações da Estatística, geradas principalmente pela incerteza e pela variabilidade.

3. O ensino de estatística e a sua relação com a Educação Matemática

No Brasil, as preocupações com os conteúdos estatísticos no Ensino Fundamental e Médio, quase inexistentes até meados dos anos 90, ou com pedagogias exclusivamente relacionadas com o ensino e com a aprendizagem dos seus conteúdos, vêm gradualmente transformando-se em objeto de estudo.

Vemos as diretrizes expressas nos Parâmetros Curriculares Nacionais, no que se referem ao Ensino Fundamental, como resultados tanto dessas preocupações como dos estudos delas decorrentes. Essas diretrizes destacam a importância da presença do pensamento estatístico nos conteúdos para os currículos de Matemática:

> Um olhar mais atento para a nossa sociedade mostra a necessidade de acrescentar a esses conteúdos aqueles que permitem ao cidadão "tratar" as informações que recebe cotidianamente, aprendendo a lidar com dados estatísticos, tabelas e gráficos, a raciocinar utilizando ideias relativas à probabilidade e à combinatória (PCN, 1997, p. 53).

A maioria dos livros didáticos escritos recentemente, em conformidade com essas diretrizes, inclui esses conteúdos estatísticos. Imenes e

Lellis (1997) e Lopes (2000), por exemplo, incorporam esses avanços relacionados com a Estatística em todos os livros que compõem as suas coleções destinadas às quatro últimas séries do Ensino Fundamental.

Entretanto, em relação ao Ensino Médio, apesar das recomendações dos Parâmetros Curriculares Nacionais, não encontramos elementos para a composição de uma ementa orientadora em relação aos conteúdos estatísticos. Acreditamos que, a par das noções básicas de probabilidade, princípios de estimação estatística e testes de hipóteses podem ser explorados no Ensino Médio, fazendo uso de aplicações do cotidiano do aluno.

No Ensino Superior percebemos que a preocupação em relação ao ensino de Estatística é mais acentuada nos espaços científicos relacionados com a própria Estatística e organizados por estatísticos ou professores de Estatística. Em outubro de 1997, por exemplo, alguns professores de Estatística da Faculdade de Filosofia e Ciências da UNESP de Marília, preocupados com o ensino da disciplina nos diversos cursos ministrados na Universidade, decidiram organizar um evento, denominado Primeiro Encontro de Ensino de Estatística na Graduação, que teve como objetivo principal promover uma discussão sobre os principais problemas que envolvem o ensino e a aprendizagem da disciplina. Esse Encontro teve sequência no ano seguinte, também em Marília. Com preocupação semelhante foi organizada em Florianópolis, na Universidade Federal de Santa Catarina, em julho de 1999, uma conferência internacional sobre experiências e perspectivas do ensino de Estatística.

Seguindo uma tendência mundial, espaços para a Educação Estatística[1] estão sendo abertos nos eventos científicos organizados no Brasil e relacionados com a pesquisa em Estatística. Na 47ª Reunião Anual da Região Brasileira da Sociedade Internacional de Biometria, ocorrida em Rio Claro em maio de 2002, por exemplo, dentre as oito seções temáticas propostas, uma delas teve como referência o ensino de Estatística e nela várias comunicações científicas foram apresentadas.

1. Apesar do termo Educação Estatística ou Educação em Estatística ser utilizado desde algum tempo em outros países, apenas a partir do Encontro Nacional de Educação Matemática (ENEM) de 2001 essa denominação passou a ser também utilizada no Brasil como referência às discussões pedagógicas relacionadas com o ensino e com a aprendizagem da Estatística ou de conceitos e de aplicações estatísticas.

Destaque ao ensino dos conteúdos estatísticos tem sido dado nos seminários internacionais relacionados com a Estatística Aplicada, promovidos pelo Instituto Interamericano de Estatística. O IX Seminário, ocorrido no Rio de Janeiro no ano de 2003, teve como temática "Estatística na Educação e Educação em Estatística", e nele pedagogias relacionadas com o ensino de Estatística foram apresentadas em 37 comunicações científicas e 24 pôsteres.

Entretanto, diferentemente do que ocorre nas discussões específicas da própria Estatística, não encontramos o mesmo entusiasmo em relação ao ensino da disciplina nos eventos relacionados com a Educação Matemática. Nos dois últimos Encontros Nacionais de Educação Matemática, ocorridos em 1998 e em 2001 (VI e VII ENEM), por exemplo, discussões específicas relacionadas com o ensino de Estatística — conteúdos curriculares, pedagogias em sala de aula, utilização de dados reais, ênfase no pensamento estatístico, importância da tecnologia tanto como instrumento didático como operacional — estiveram ausentes das conferências, dos debates e das palestras.

No VI ENEM, apenas duas oficinas de trabalho e três comunicações orais relacionavam-se aos conteúdos estatísticos. No VII ENEM, o ligeiro acréscimo tanto no oferecimento das oficinas (cinco), como na apresentação de comunicações orais (cinco), não pode ser considerado significativo. A mesma situação pôde ser percebida em outro importante evento relacionado com a Educação Matemática, a XI Conferência Interamericana de Educação Matemática, realizada no ano de 2003 em Blumenau, quando apenas cinco das cento e quatro comunicações científicas tiveram como foco o ensino de Estatística.

A situação torna-se mais preocupante quando, ao analisarmos as comunicações e as oficinas apresentadas nesses três congressos, verificamos que elas foram conduzidas, nos diferentes eventos, quase que exclusivamente pelos mesmos pesquisadores, o que nos leva à interpretação de que, no âmbito da Educação Matemática, são poucos os estudiosos preocupados com a Educação Estatística. Entretanto, apesar desta desconfortável situação, vemos com bastante otimismo a constituição no último ENEM, em 2001, de um grupo de trabalho dirigido exclusivamente para discussões de questões específicas do ensino de Estatística e de Probabilidade. Acreditamos ter sido este um passo significativo para a inserção da Educação Estatística no âmbito da Educação Matemática.

As dissertações e teses elaboradas em programas de pós-graduação em Educação Matemática constituem também importantes fontes para análise de tendências e de interesses. Ao consultarmos alguns desses programas, encontramos poucas pesquisas dirigidas exclusivamente à presença da Estatística na sala de aula. Citamos, como principal exemplo, a pós-graduação em Educação Matemática na UNESP-Rio Claro, um dos mais importantes programas brasileiros nessa área de estudo, onde, em vinte anos de vivência, houve apenas duas dissertações de mestrado relacionadas ao ensino de Estatística: a de Panaino (1997), dirigida não só para a inclusão de tópicos estatísticos no Ensino Fundamental, mas também para a análise da sua inter-relação com alguns conteúdos matemáticos, e a de Jacobini (1999), voltada para o trabalho com a aplicação da Modelagem Matemática para ensinar conceitos estatísticos no curso de Ciências Sociais.[2]

No Programa de Pós-graduação da Faculdade de Educação da UNICAMP, destacamos a tese defendida por Wada (1996), relacionada com o estudo das representações de professores do terceiro grau sobre Estatística e ensino, e as dissertações apresentadas por Lopes (1998), com ênfase na presença do ensino de Estatística e de Probabilidade na Escola Fundamental, e por Silva (2000), com enfoque nas atitudes dos alunos de graduação com relação à Estatística. Encontramos também na UNICAMP algumas pesquisas relacionadas com análise combinatória, porém não as consideramos como trabalhos com enfoques no pensamento estatístico. Consideramos pertinente destacar a dissertação apresentada por Coutinho (1994), relacionada com o ensino de Probabilidade a partir de uma abordagem baseada em distribuições de frequência, e a defendida por Souza (2002), com ênfase nas distribuições de probabilidade e com especial atenção na distribuição binomial, sendo ambas da Pós-graduação em Educação Matemática da PUC-São Paulo.

Como não consultamos os programas de pós-graduação em Educação Matemática de outras universidades brasileiras, não podemos generalizar nossas conclusões. Imaginamos, entretanto, que nessas uni-

2. A dissertação defendida por Antonio Rodolfo Barreto, em 1999, faz uma análise histórica da implantação da Estatística no Estado de São Paulo, destacando os primeiros colaboradores e os trabalhos iniciais elaborados. Entretanto, ela não aborda questões relacionadas com o ensino de Estatística.

versidades a situação relacionada com pesquisas sobre o ensino e aprendizagem de Estatística não seja muito diferente das que encontramos na UNESP e na UNICAMP.

4. O grupo de pesquisa em Educação Estatística na UNESP-Rio Claro

Procuramos, no início deste artigo, caracterizar a importância dos conteúdos estatísticos em todos os níveis escolares. Percebemos, entretanto, a quase ausência de investigações sobre pedagogias relacionadas com o ensino e com a aprendizagem desses conteúdos no âmbito da Educação Matemática. Notamos também que, se por um lado essas investigações são realizadas em número cada vez maior no próprio domínio da Estatística, por outro elas ocorrem com mais ênfase em relação ao ensino da disciplina no terceiro grau.

Por tratar-se de uma área cujo domínio está sendo construído e se ampliando na sociedade moderna, tornam-se relevantes estudos e pesquisas que não somente tratem de modo sistemático e abrangente os conteúdos, mas que também viabilizem troca de experiências com a intenção de garantir legitimidade à Educação Estatística enquanto parte constitutiva de parâmetros curriculares.

Com o objetivo de aprofundar nossas investigações sobre o ensino de Estatística em todos os níveis escolares e estreitar as relações entre a Estatística e a Matemática, sob a ótica educacional, criamos recentemente, no Programa de Pós-graduação em Educação Matemática da UNESP-Rio Claro, um grupo de estudos em Educação Estatística. Os trabalhos dirigidos ao ensino de Estatística que temos desenvolvido nesse grupo relacionam-se, principalmente, com a Modelagem Matemática, a tecnologia e a educação a distância, a Educação Ambiental, a análise e as aplicações da Estatística Multivariada com a presença da investigação e da reflexão na sala de aula. Esse grupo de pesquisa pretende dar prosseguimento à colocação e discussão de questões relativas à Educação Estatística buscando, por um lado, compreender e interpretar experiências na área a partir de resultados já alcançados e, por outro, abordar novas propostas, sobretudo em relação ao Ensino Fundamental.

Ele tem como principais linhas de pesquisa o trabalho com modelagem ou projetos de trabalho e o trabalho com a investigação e a reflexão na sala de aula, ambos apoiados na tecnologia informática e com ênfase no pensamento estatístico. A seguir apresentamos resumidamente alguns significados dos estudos realizados.

4.1. A Modelagem Matemática aplicada ao ensino de Estatística em cursos de graduação

O crescente número de aplicações da Estatística nas diversas áreas do conhecimento, particularmente nas ciências humanas e sociais, tem exigido não só um aumento no número de cursos introdutórios de Estatística, mas também que os alunos, ao concluírem esses cursos, estejam aptos para participar do planejamento de pesquisas, analisar criticamente um conjunto de dados e interpretar, também criticamente, os resultados de pesquisas publicadas em livros, revistas e periódicos. No entanto, a formação deficiente em Matemática tem dificultado a esses estudantes o acompanhamento dos cursos de Estatística, principalmente quando estes são desenvolvidos de forma tradicional, com base apenas em conceitos, ênfase nas técnicas e no formalismo matemático, contando com exemplos pré-formulados e, na maioria das vezes, desvinculados da realidade dos alunos.

Em nossos estudos nos preocupamos com a aplicabilidade de uma alternativa de ensino para cursos introdutórios de Estatística — interdisciplinar e voltada para o pensamento estatístico — que tem na Modelagem Matemática o seu principal instrumento pedagógico. O *software* estatístico Minitab e a planilha eletrônica Excel são utilizados tanto para o desenvolvimento das aulas práticas como para a obtenção dos resultados estatísticos de pesquisas realizadas pelos alunos.

As aplicações dessas pesquisas em alguns cursos que ministramos mostraram que, além de possibilitar o ensino de uma Estatística prática e com significados para os estudantes, a utilização da Modelagem Matemática minimiza, nos alunos, os efeitos das tensões na manipulação de números e de fórmulas, principalmente naqueles que apresentam formação deficiente em matemática. Os principais resultados dos nossos estudos encontram-se publicados em Jacobini (1999) e em Jacobini e Wodewotzki (2001).

4.2. Os recursos da educação a distância como apoio à aplicação da Modelagem Matemática em cursos de Estatística

As experiências pedagógicas relatadas em revistas especializadas ou em congressos relacionados com a Educação Matemática confirmam o sucesso da aplicação da modelagem no ensino de matemática. No nosso entender, entretanto, o relacionamento entre o programa da disciplina e os temas de trabalho, as necessidades de pesquisas (realizadas muitas vezes através da Internet) e a dinâmica dos grupos de alunos em suas atividades dificultam a aplicação da modelagem em sala de aula.

Com o objetivo de encontrar alternativas para minimizar tal problema, propomos incorporar à aplicação da Modelagem Matemática, em cursos introdutórios de Estatística, os três principais cenários que caracterizam a educação a distância: a Internet (pela riqueza de possibilidades de investigação), o correio eletrônico (pela agilidade e eficiência na troca de informações) e os ambientes de multimídia (pelas inúmeras possibilidades pedagógicas).

Os resultados de nossos trabalhos pedagógicos mostram, de um lado, a eficácia da integração entre esses ambientes de aprendizagem para a superação das dificuldades citadas e, de outro, indicam que deve haver preocupação com o controle do tempo destinado às tarefas, com a cobrança das atividades dos estudantes e com as dispersões em função da distância aluno-professor. Percebemos uma tendência no aluno de, ao se sentir "livre" da sala de aula, postergar atividades relativas ao trabalho e dar prioridades a outras tarefas, como, por exemplo, aquelas sujeitas à avaliação em disciplinas que exigem a presença em classe. A adoção de um contrato pedagógico entre alunos e professor e a elaboração de um cronograma rígido de trabalho contribuem para minimizar a ocorrência de dispersões. Os principais resultados dos nossos estudos encontram-se publicados em Jacobini e Wodewotzki (2003).

4.3. A Investigação e a Reflexão na aula de Estatística

Nos modelos pedagógicos constituídos exclusivamente para que situações-problema (em geral exercícios) se encaixem com perfeição dentro do assunto que está sendo explorado pelo professor, uma visão alienadora da Matemática ou da Estatística aflora, destaca-se e choca-se com a visão libertadora apresentada por Paulo Freire (1982). Não há diálogo e sim um monólogo dissertativo; não há crítica, mas uma aceitação natural e espontânea da fala de quem sabe, dirigida para quem não sabe, e, quando há reflexão, ela se manifesta apenas em relação aos assuntos curriculares.

Uma pedagogia de ensino baseada na investigação e na reflexão contrapõe-se a esses modelos e compõe, na sala de aula, um cenário fortemente relacionado com o ensino de uma Matemática crítica, no qual ao conhecer centrado na investigação, na indagação e na reflexão sobre o que se aprende e para que se aprende é dada a mesma importância conferida à aprendizagem de conceitos, habilidades e às aplicações (Skovsmose, 2001).

Nesse contexto, as preocupações com a investigação são dos estudantes, quer das situações estatísticas, quer das não estatísticas que compõem o objeto em estudo, com a construção (ou escolha) de modelos que se adaptam aos dados disponíveis para conseguir respostas às perguntas levantadas (modelagem), com as críticas e com as reflexões tanto dos resultados alcançados quanto das suas consequências para a comunidade em particular e para toda a sociedade. Nessa caracterização pedagógica que fazemos, ampliamos o conceito de reflexão e incluímos também como reflexões decorrentes do trabalho investigativo: o processo de amadurecimento dos participantes; as discussões entre eles (matemáticas/estatísticas ou não); as transformações ocorridas em seu pensamento e em sua maneira de agir e seu envolvimento enquanto cidadãos, ambos decorrentes desse amadurecimento e dessas discussões; as aplicações dos resultados obtidos em algum contexto (social, político, econômico, educacional, a própria sala de aula ou a escola etc.) que, direta ou indiretamente, tenha alguma relação com os atores envolvidos; e o seu envolvimento com a comunidade relacionada com esse contexto.

Construímos, nos cursos de Estatística que ministramos, os cenários investigativos e reflexivos a partir do trabalho com projetos. Destacamos neste artigo os projetos relacionados com pesquisas de intenção de votos entre os universitários e com orçamentos municipais democráticos elaborados a partir da participação popular (denominados Orçamentos Participativos). As principais reflexões, decorrentes dos trabalhos investigativos realizados pelos alunos, surgiram dos debates, na Universidade, sobre os resultados da pesquisa de intenção de votos, que contaram com a presença de professores e de estudantes de diversos cursos, e do trabalho relacionado com composições orçamentárias e princípios democráticos para fazê-las, desenvolvido com alunos da 8ª série de uma escola pública na periferia de Campinas.

4.4. A presença da Estatística na Educação Ambiental

No contexto da Modelagem e da Educação Ambiental, temas motivadores, além de educativos, relacionados com a água, o lixo, a energia elétrica e o desmatamento, foram abordados estatisticamente com os estudantes. Em seus trabalhos os alunos puderam perceber a necessidade de organizar os dados coletados e, com o apoio da informática (no caso, do Excel), resumi-los com a intenção de obter uma melhor visualização das informações levantadas, facilitando a análise e interpretação dos resultados.

As experiências realizadas com alunos do Ensino Fundamental e Médio revelaram entendimento dos conceitos envolvidos quando, ao analisarem os gráficos e as soluções encontradas, eles constataram a necessidade de novos direcionamentos no processo de coleta de dados e informações uma vez que, estando esses alunos com seus olhares voltados para a realidade, detectaram a existência de erros na digitação dos dados e/ou na interpretação das informações. Citamos como exemplos: a percepção do erro ocorrido na digitação dos valores relacionados com o volume de lixo, erro esse observado a partir da análise do gráfico correspondente e também ao comparar com o cálculo da média do volume anual de lixo produzido; a perda de água considerada muito grande observada ao validar o modelo de dimensionamento da capacidade da estação de tratamento de água com o funcionário do DAAE (Departamento Autônomo de Água e Esgoto de Rio Claro), devido à interpretação errada das palavras desse funcionário.

Assim, o trabalho com uma situação real permitiu aos alunos refletirem sobre as suas conclusões, colocando-os num posicionamento crítico, principalmente ao interagirem com os funcionários responsáveis pelos dados e informações recebidas no momento de validar as suas soluções. Desse modo, tiveram a oportunidade de conhecer melhor a realidade social na qual estão inseridos, com possibilidade de atuar sobre ela.

Esse estudo mostrou que, através da utilização da Modelagem Matemática no tratamento de questões ambientais, é possível tornar mais significativa para os alunos a aprendizagem de conceitos matemáticos e estatísticos, além de ampliar a conscientização sobre os problemas ambientais existentes em nosso planeta. Os principais resultados desse estudo encontram-se publicados em Ferreira (2003) e em Ferreira e Wodewotzki (2003).

4.5. Análise e aplicações da Estatística Multivariada

Em cursos de graduação, independentemente da área a que se vinculam, quase sempre se estuda apenas a Estatística Univariada. Entretanto, pela importância dos procedimentos de análise estatística multivariada para as ciências sociais e humanas em geral e para a educação em particular, optou-se por incluí-los entre as perspectivas de estudo deste grupo.

Um dos trabalhos já realizados constitui-se em um exemplo de aplicação desses procedimentos, sobretudo da Análise de Agrupamento e de Ordenação, a resultados dos exames vestibulares da UNESP. No primeiro caso trata-se de um conjunto de métodos que surgiu da preocupação inicial de biólogos, antropometristas e psicólogos, em avaliar numericamente as semelhanças ou dissemelhanças entre organismos com vistas à elaboração de esquemas de classificação (Mezzich e Solmon, 1980). Já os métodos de Ordenação objetivam a simplificação da natureza do fenômeno observado, para um melhor entendimento de sua estrutura de inter-relacionamento. Contudo, mais especificamente, buscam posicionar teoricamente pontos que podem ser sujeitos (ou objetos) ou então variáveis, ao longo de um sistema de eixos coordenados, num espaço de menor dimensão que o original, e de tal modo que reflitam alguma propriedade fundamental do fenômeno ou característica observada.

O trabalho completo encontra-se em Wodewotzki (1998) e teve por objetivo caracterizar o desempenho dos candidatos relativamente aos currículos próprios de cada uma das áreas do conhecimento — biológicas, exatas e humanas — além de investigar também a diferenciação de rendimento em conhecimentos específicos dos candidatos a essas diferentes áreas.

De um modo geral alguns currículos mostraram-se diferenciados nas áreas em estudo, quer quanto à variável conhecimentos específicos, quer quanto à média final dos candidatos nos exames vestibulares analisados. Para cada uma das áreas em estudo, os resultados da prova de conhecimentos específicos e a média final classificatória, ambos relativos às matrículas nos diferentes currículos, puderam oferecer indicações sobre o nível de dificuldade ou de dedicação exigidos dos candidatos para o seu desenvolvimento. Uma consulta aos relatórios VUNESP relativos ao período estudado permite concluir que, no conjunto dos anos e para os currículos que compõem cada uma das áreas envolvidas, as médias finais e as notas da prova de conhecimentos específicos são acentuadamente melhores nos cursos que apresentam maiores índices de procura.

Uma outra possibilidade de verificação de resultados, quanto ao comportamento das variáveis em estudo, diz respeito, por exemplo, a situações bastante diferentes exibidas por currículos semelhantes. Como exemplo, os currículos de Licenciatura/Bacharelado em Matemática de um dado *campus* e os de Licenciatura e Bacharelado (em separado) de outro. Embora se trate de iniciativa para desenvolver estudos em Matemática, o envolvimento do aspecto Licenciatura revelou-se como agente modificador.

Pela importância relativa no desempenho futuro dos candidatos selecionados em cada um dos currículos, independentemente do período de docência, é que para as análises de agrupamento e ordenação foram utilizadas apenas suas notas em conhecimentos específicos.

Assim, algumas considerações podem ser feitas a partir dos fenogramas obtidos e das projeções tridimensionais. Tomando como exemplo apenas a área de ciências exatas para todos os anos do estudo, pode-se observar uma ordenação mais homogênea dos seus currículos, do que nas áreas de ciências biológicas e ciências humanas. Os fenogramas evidenciam dois grandes grupos: em um deles, todas as Engenharias, as Ciências da Computação, o Bacharelado em Química (*campus* de Araraquara) e, em 1997, o currículo de Sistemas de Informação (*campus* de Bauru), e, no outro grupo, os demais currículos. Este último, ainda caracterizado de forma melhor por dois subgrupos: a) currículos de Geologia, Química (Licenciatura), Física e Matemática de Rio Claro e b) currículos de Engenharia Cartográfica, Estatística, Física e Matemática (de outros *campi*). Além destas, múltiplas são as possibilidades de exame de resultados como estes.

5. Considerações finais

Em nosso estudo percebemos uma crescente preocupação com o ensino dos conteúdos estatísticos em que, paralelamente aos interesses curriculares que envolvem o planejamento do estudo quantitativo e a aprendizagem das técnicas estatísticas, destaca-se a formação crítica dos estudantes, tanto em relação a essas técnicas como em relação aos resultados obtidos. Essa nossa percepção encontra eco nas diretrizes expressas pelos atuais Parâmetros Curriculares Nacionais e em alguns livros pedagógicos de Matemática, no momento em que eles propõem o desenvolvimento curricular através da coleta, organização, representação, comunicação e interpretação de dados que fazem parte do cotidiano dos alunos.

Notamos também que, em relação ao terceiro grau, esse interesse tem se transformado em objeto de investigação muito mais no próprio domínio da Estatística do que no campo da Educação Matemática.

Apesar da Estatística constituir-se em um campo específico de estudo, não a vemos dissociada da Matemática e, principalmente em relação às investigações sobre o ensino e a aprendizagem dos seus conteúdos, acreditamos que elas, além de não serem exclusivas nem de um campo nem do outro, devam ser realizadas concomitantemente e com intercâmbios dos resultados alcançados.

No grupo de trabalho que recentemente criamos, temos como objetivo principal conduzir nossos estudos sobre o ensino e a aprendizagem de Estatística à luz dos fundamentos filosóficos e científicos que norteiam a Educação Matemática. Em nossas investigações elegemos como linhas prioritárias o trabalho com a Modelagem ou com projetos e a presença da investigação e da reflexão nas aulas de Estatística, ambos apoiados pela tecnologia e com ênfase no pensamento estatístico.

Bibliografia

ANDERSON, J. E.; SUNGUR, E. A. *Community Service Statistics Projects. The American Statistician*, v. 53, n. 2, p. 132-136. May 1999.

BARRETO, A. R. *Uma Abordagem Histórica do Desenvolvimento da Estatística no Estado de São Paulo*. Dissertação de Mestrado. Instituto de Geociências e Ciências Exatas, UNESP-Rio Claro, 1999.

BRADSTREET, T. E. Teaching Introductory Statistics Courses so that Nonstatistician Experience Statistical Reasoning. *The American Statistician*, v. 50, n. 1, p. 69-78, 1996. *Parâmetros Curriculares Nacionais para o Ensino de Matemática* (PCN). Brasil: Ministério de Educação e Cultura, 1997.

COOK, D. et. al. Using Graphics and Simulation to Teach Statistical Concepts. *The American Statistician*, v. 50, n. 4, p. 342-351, 1996.

COUTINHO, C. Q. S. *Introdução ao Conceito de Probabilidade por uma Visão Frequentista*: estudo epistemológico e didático. Dissertação de mestrado. PUC-São Paulo, 1994.

D'AMBRÓSIO, U. A História da Matemática: Questões Historiográficas e Políticas e Reflexos na Educação Matemática. In: BICUDO, M. A. V. (Org.). *Pesquisa em Educação Matemática*: Concepções & Perspectivas. Rio Claro: Editora da UNESP, p. 97-116, 1999.

______. *Etnomatemática*: elo entre as tradições e a modernidade. Belo Horizonte: Autêntica, 2001.

DIETZ, E. J. A. Cooperative Learning Activity on Methods of Selecting a Sample. *The American Statistician*, v. 47, n. 2, p. 104-108, 1993.

FERREIRA, D. H. L. *O Tratamento de Questões Ambientais através da Modelagem Matemática*: um trabalho com alunos do ensino fundamental e médio. Tese de doutoramento. UNESP-Rio Claro, 2003.

______; WODEWOTZKI, M. L. L. *O Tratamento de Questões Ambientais através da Modelagem Matemática no Ensino Fundamental*. III Congresso Internacional de Educação: Educação na América Latina nestes Tempos de Império. São Leopoldo: UNISINOS, 2003.

FREIRE, P. *Pedagogia do oprimido*. 6. ed. Rio de Janeiro: Paz e Terra, 1978.

______. *Ação Cultural para a Liberdade*. 6. ed. São Paulo: Paz e Terra, 1982.

FREIRE, P. *Pedagogia da Autonomia*: saberes necessários à prática educativa. 26. ed. São Paulo: Paz e Terra, 2003 (1ª edição em 1996).

GARFIELD, J. How Students Learn Statistics. *International Statistical Review*, v. 63, n. 1, p. 25-34, 1995.

______. Teaching Statistics using Small-group Cooperative. Learning. *Journal of Statistics Education*. 1993. Disponível em: <http://www.stat.ncsu.edu/info/jse/v1n1garfield.html>. Acesso em: julho 1993.

______. The Challenge of Developing Statistical Reasoning. *Journal of Statistics Education*. Disponível em <http://www.amstat.org/publications/jse/vion3/garfieldhtml>. Acesso em julho 2002.

GIRAUD, G. Cooperative Learning and Statistics Instruction. *Journal of Statistics Education*, n. 3, v. 5. Disponível em: <http://www.amstat.org/publications/jsev5n3/giraud.html>. Acesso em julho 1997.

IMENES, L. M.; LELLIS, M. *Matemática*. São Paulo: Scipione, 1997.

JACOBINI, O. R. *A Modelação Matemática Aplicada no Ensino de Estatística em Cursos de Graduação*. Dissertação de mestrado. Instituto de Geociências e Ciências Exatas, UNESP-Rio Claro, 1999.

______; WODEWOTZKI, M. L. L. A Modelagem Matemática Aplicada no Ensino de Estatística em Cursos de Graduação. *Bolema*. Rio Claro, ano 14, n. 15, p. 47-68, 2001.

______. *Mathematical Modeling and Distance Education: An Analysis of Application in Graduation Courses*. International Conference about Teaching and Learning in Higher Education: New Trends and Innovations. Universidade de Aveiro, Portugal, 2003.

LIMA, L. M. P. *Interpretação de gráficos da mídia impressa*: problemas de representação e visualização. VII Encontro Nacional de Educação Matemática. Rio de Janeiro, 2001.

LOPES, A. J. *Matemática Hoje é Feita Assim*. São Paulo: FTD, 2000.

LOPES, C. A. E. *A Probabilidade e a Estatística no Ensino Fundamental*: uma análise curricular. Dissertação de mestrado. Faculdade de Educação, UNICAMP, 1998.

LOVETT, M. C.; GREENHOUSE, J. B. Äpplying Cognitive Theory to Statistics Instruction. *The American Statistician*, v. 54, n. 3, p. 196-206, 2000.

Anais da Reunião Anual da Região Brasileira da Sociedade Internacional de Biometria (47ª). Departamento de Estatística, Matemática Aplicada e Computação. Rio Claro: UNESP, 2002.

MEZZICH, J. E.; SOLOMON, H. *Taxonomy and Behavioral Science*. London: Academic Press, 1980.

MOORE, D. S. The Place of Video in New Styles of Teaching and Learning Statistics. *The American Statistician*. V. 47, n. 3, p. 172-176, 1993.

PANAÍNO, R. *Estatística no Ensino Fundamental*: uma proposta de inclusão de conteúdos matemáticos. Dissertação de Mestrado. Instituto de Geociências e Ciências Exatas, UNESP-Rio Claro, 1997.

RUMSEY D. J. A Cooperative Teaching Approach to Introductory Statistics. *Journal of Statistics Education*, v. 1, n. 6. Disponível em: <http://www.stat.ncsu.edu/info/jse/v6n1/rumsey.html>. Acesso em: julho 1998.

SILVA, C. B. *Atitudes em Relação à Estatística*: um estudo com alunos de graduação. Dissertação de mestrado. Faculdade de Educação, UNICAMP, 2000.

SKOVSMOSE, O. Critical Mathematics Education: Some Philosophical Remarks. In: *International Congress on Mathematics Education. Selected Lectures*. Sevilha: S. A. E. M., p. 413-425, 1996.

______. Cenários para Investigação. *BOLEMA*. Rio Claro, ano 13, n. 14, p. 66-91, 2000.

______. *Educação Matemática Crítica*: a questão da democracia. Campinas: Papirus, 2001.

SOUZA, C. A. *A Distribuição Binomial no Ensino Superior*. Dissertação de mestrado. PUC-São Paulo, 2002.

VELLEMAN, P. F.; MOORE, D. S. Multimedia for Teaching Statistics: Promises and Pitfalls. *The American Statistician*, v. 50, n. 3, p. 217-225, 1996.

WADA, R. S. *Estatística e Ensino: Um Estudo sobre Representações de Professores do 3º Grau*. Tese de doutoramento. Faculdade de Educação, UNICAMP, 1996.

WODEWOTZKI, M. L. L. *Análise Estatística de Resultados dos Exames Vestibulares da Unesp*: período de 1994 a 1997. Tese de livre-docência, Instituto de Geociências e Ciências Exatas, UNESP-Rio Claro, 1998.

Prática reflexiva do professor de Matemática

*Geraldo Perez**

Diante de uma crescente conscientização da profissionalização do magistério, que reflete uma profunda insatisfação e descontentamento pela baixa aprendizagem, por parte dos alunos, somos levados a sonhar com uma nova educação, que vise a criar novos ambientes e que proporcione mudanças em posturas e formação pré-serviço e continuada de professores de Matemática, com características de pesquisadores em seu ambiente de trabalho.

O que nos leva a essa intenção está focalizado nas dissertações e teses que temos orientado no Programa de Pós-Graduação em Educação Matemática na UNESP — *campus* de Rio Claro-SP — nos últimos anos, nas quais algumas questões relevantes têm sido levantadas:

1. por que a sugestão do professor desenvolver papel de pesquisador em sala de aula?
2. a existência de novos ambientes pode coincidir com a criação de laboratórios de Educação Matemática tanto na formação pré-serviço como na formação continuada do professor de Matemática?

* Professor do Programa de Pós-Graduação em Educação Matemática da UNESP, campus de Rio Claro-SP.

3. o que significa desenvolver cidadania através da sala de aula de Matemática a fim de formar o homem como um todo e não apenas como mais um aluno, ou seja, transformando o aluno em sujeito da educação?
4. qual o significado para desenvolvimento profissional?

A análise dessas questões, entre outras, permitiu grande avanço nas discussões, por nós coordenadas, sobre formação pré-serviço e continuada do professor de Matemática.

O processo de ensino-aprendizagem envolvendo o aluno, o professor e o saber matemático é visto como um dos principais projetos de investigação em Educação Matemática. Nossa trajetória profissional nos tem mostrado que a maioria dos alunos encontra dificuldades para aprender os conceitos matemáticos e poucos conseguem perceber a utilidade e aplicação do que aprenderam.

Para nós, esses fatos nos remetem à formação de professores de Matemática. Na tentativa de motivar seus alunos, alguns professores começam utilizando recompensas, passando depois para a punição (na avaliação). Outros assumem uma atitude defensiva, dizendo que os alunos não estão interessados porque lhes faltam os pré-requisitos necessários para a compreensão e o consequente interesse pela matéria. Outros, ainda, atribuem o fracasso dos alunos à falta de capacidade. No entanto, a falta de interesse para estudar Matemática pode ser resultante do método de ensino empregado pelo professor, que usa linguagem e simbolismo muito particular, além de alto grau de abstração.

João Pedro da Ponte, pesquisador português, inicia seu texto *Da Formação ao Desenvolvimento Profissional* (1998), alertando-nos que "falar de formação é um terrível desafio (...) porque a formação é um daqueles domínios em que todos se sentem à vontade para emitir opiniões, de onde resulta a estranha impressão que nunca se avança".

Cabe aqui lembrar que, segundo Ponte, "muitos professores continuam achando que o seu papel é receber formação, não se assumindo ainda como os protagonistas que deveriam ser neste processo. A formação 'formal' continua a ser um suporte fundamental do desenvolvimento profissional". Investigar sobre a sua própria prática de formação é uma condição para o progresso profissional. É, também, a única forma de ser coerente no seu discurso e na sua ação.

Ou seja, a profissão docente exige o desenvolvimento profissional ao longo de toda a carreira; a formação é um suporte fundamental do desenvolvimento profissional; o desenvolvimento profissional de cada professor é da sua inteira responsabilidade e visa a torná-lo mais apto a conduzir um ensino da Matemática adaptado às necessidades e interesses de cada aluno, contribuindo para melhorar as instituições educativas, assim como a realização pessoal e profissional; o desenvolvimento profissional envolve diversos domínios, como a Matemática, o currículo, o aluno, a aprendizagem, a instrução, o contexto de trabalho e o autoconhecimento. A chave da competência profissional é a capacidade de equacionar e resolver problemas da prática profissional. A investigação, a curiosidade, o pensamento organizado aliado à vontade em resolver os problemas são ingredientes essenciais para o progresso em qualquer domínio da atividade humana. Não basta conhecer proposições e teorias. É preciso estudo, trabalho e pesquisa para renovar e, sobretudo, reflexão para não ensinar apenas "o que" e "como" lhe foi ensinado.

A formação do professor deverá constituir novos domínios de ação e investigação, de grande importância para o futuro das sociedades, numa época de acelerada transformação do ser humano, que busca desenvolver seu projeto de cidadania. Exige-se, hoje, da profissão docente, competências e compromissos não só de ordem cultural, científica e pedagógica mas, também, de ordem pessoal e social, influindo nas concepções sobre Matemática, educação e ensino, escola e currículo.

Estas visões levam as instituições formadoras a repensarem as diretrizes dos cursos de formação (inicial e continuada) passando a considerar a *reflexão do professor* sobre sua prática e seu *desenvolvimento profissional* como fatores de grande importância (Perez, 1999).

1. Desenvolvimento profissional e reflexão

A *reflexão* é vista como um processo em que o professor analisa sua prática, compila dados, descreve situações, elabora teorias, implementa e avalia projetos e partilha suas ideias com colegas e alunos, estimulando discussões em grupo.

Para isso, o professor precisa ter ausência de preconceitos e disposição para aceitar e implementar novas ideias, ter atitudes de responsabilidade baseada em princípios éticos e ter entusiasmo e coragem para adotar atitudes novas.

Consideramos, segundo Canavarro e Abrantes (1994, p. 293), o professor:

> como um profissional que desempenha um papel exigente e complexo, e não uma espécie de técnico que apenas aplica receitas em situações conhecidas e pré-determinadas. Reconhecemos que existem muitas rotinas no seu trabalho mas há igualmente muitos "casos" únicos e difíceis, muitos desafios para os quais precisa mobilizar saberes e competências de diversos domínios, alguns mais acadêmicos e outros de natureza mais prática.

Estes saberes e competências constituem um conhecimento profissional que não se reduz à formação inicial ou a cursos de atualização, mas também não se confunde com a experiência, estando em permanente evolução.

Imaginamos, assim, uma mudança sobre a concepção de formação continuada na qual são elementos cruciais a *reflexão* sobre a prática pedagógica e a *colaboração* e *discussão* entre os professores.

Os pesquisadores Canavarro e Abrantes, junto a um programa de formação, numa perspectiva de desenvolvimento de projeto de intervenção na sala de aula, explicitam os aspectos fundamentais ao trabalho em três pontos: *o trabalho colaborativo*, onde durante o trabalho se pode perceber o grupo como uma unidade, sendo importante a troca de experiências; *a reflexão*, isto é, o ambiente de reflexão, discussão e análise crítica; e *os projetos profissionais*, que são pontos fundamentais do desenvolvimento profissional, notadamente para o *professor pesquisador*. Outro ponto importante é que no quadro de um projeto comum, tanto os êxitos como os fracassos são resultados de um grupo, e não responsabilidade individual de cada professor.

Para um outro pesquisador, Ponte (1996, p. 193), o conceito de desenvolvimento profissional é relativamente recente nos debates sobre a formação de docentes dos diversos níveis de ensino. Segundo ele, "sua importância resulta da constatação que uma sociedade em constante mudança impõe à escola responsabilidades cada vez mais pesadas. Os conhecimentos e competências adquiridos pelos professores antes e durante a formação inicial tornam-se insuficientes para o exercício das suas funções ao longo de toda a sua carreira".

A noção de desenvolvimento profissional para Ponte (1996, p. 194) é uma noção próxima da noção de formação, mas não é uma noção equivalente. Segundo o autor, algumas diferenças podem ser observadas:

> A formação está muito associada à ideia de "frequentar" cursos, numa lógica mais ou menos "escolar"; o desenvolvimento profissional processa-se através de múltiplas formas e processos, que inclui a frequência de cursos mas também outras atividades, como *projetos, troca de experiências, leituras, reflexões* (...). Na formação o movimento é essencialmente de fora para dentro, cabendo-lhe absorver os conhecimentos e a informação que lhe são transmitidos; com o desenvolvimento profissional está-se a pensar num movimento de dentro para fora, na medida em que toma as decisões fundamentais relativamente às questões que quer considerar, aos projetos que quer empreender e ao modo como os quer executar; ou seja: o professor é objeto de formação mas é sujeito no desenvolvimento profissional. Na formação atende-se principalmente (se não exclusivamente) aquilo em que o professor é carente; no desenvolvimento profissional parte-se dos aspectos que o professor já tem mas que podem ser desenvolvidos (...). A formação tende a ser vista de modo compartimentado, por assuntos ou por disciplinas, como na formação inicial (...); faz-se formação em avaliação, em MS-DOS, em cultura islâmica; o desenvolvimento profissional, embora possa incidir em cada momento num ou noutro aspecto, tende sempre a implicar a pessoa do professor como um todo. A formação parte invariavelmente da teoria e muitas vezes (talvez na maior parte) não chega a sair da teoria; o desenvolvimento profissional tanto pode partir da teoria como da prática; e, em qualquer caso, tende a considerar *a teoria e a prática interligadas.*

Por outro lado, Mizukami (1996), ao trabalhar com o conceito de desenvolvimento profissional, analisa o percurso profissional como sendo o resultado da ação conjugada de três processos de desenvolvimento: *o desenvolvimento pessoal, o da profissionalização* e *o da socialização profissional.* O desenvolvimento pessoal é concebido como resultado de um processo de crescimento individual, em termos de capacidades, personalidade, habilidades, interação com o meio. A profissionalização é concebida como desenvolvimento profissional, como resultado de um processo de aquisição de competências, tanto de eficácia no ensino como de organização do processo de ensino-aprendizagem. A socialização profissional, por sua vez, implica as aprendizagens do professor relativas às suas interações com seu meio profissional, tanto em termos normativos quanto interativos: são consideradas tanto a adaptação ao grupo profissional ao qual pertence e à escola na qual trabalha, como as influências de mão dupla entre o professor e o seu meio.

A profissionalização apontada por Mizukami depende do "interior do professor", ou seja, o seu modo de ser e a formação por ele recebida e, neste aspecto, coincide com Ponte (1996, p. 196), que analisa o desenvolvimento profissional ao longo da carreira do professor, relacionando-o à sua cultura, enfatizando que:

> a cultura profissional dos professores é muito marcada pelo individualismo e pelo espírito defensivo. Há na atitude de muitos professores um grande desinvestimento (cumpre-se estritamente o mínimo e por vezes menos que o mínimo). A função do professor tende a ser marcada pela desresponsabilização (não tendo que prestar contas perante ninguém, não é difícil atribuir as responsabilidades de tudo o que ocorre ao Magistério).

Um outro ponto que podemos salientar é a questão de se saber, hoje em dia, se o professor é alguém que vive a sua atividade como uma profissão o tempo inteiro ou que se desdobra por várias ocupações e responsabilidades. Na verdade, há várias maneiras de estar em cada momento na profissão. Pensamos como Ponte que as classifica em três grandes grupos:

> *os investidos*, que vivem a sua profissão com entusiasmo e sentido de responsabilidade, remando muitas vezes contra ventos e marés (e que não são poucos);
> *os acomodados*, que não têm esperança de ver ocorrer qualquer mudança significativa no ensino e que encaram a sua profissão fundamentalmente como um meio de sobrevivência;
> *os transitórios*, que estão na profissão apenas de passagem, à espera de mudar para outra atividade em que se sintam melhor.

Assim, é possível salientar que a forma como se vive a profissão está estreitamente ligada à noção que se tem de identidade profissional, e que esta é um aspecto decisivo que condiciona muito do que o professor faz ou está receptivo para vir a fazer num futuro próximo.

Por outro lado, a formação inicial deve proporcionar aos licenciados um conhecimento que gere uma atitude que valorize a necessidade de uma atualização permanente em função das mudanças que se produzem, e fazê-los criadores de estratégias e métodos de intervenção, cooperação, análise, reflexão e a construir um estilo rigoroso e investigativo (Perez, 1999, p. 271).

A importância de encarar a formação na perspectiva do desenvolvimento profissional resulta da constatação de que uma sociedade em constante mudança impõe à escola responsabilidades cada vez maiores. Introduzir esse conceito representa uma nova perspectiva de olhar os professores de Matemática, pois, ao valorizar-se o seu desenvolvimento profissional, eles passam a ser considerados como profissionais autônomos e responsáveis, com múltiplas facetas e potencialidades próprias (Ponte, 1996, p. 195).

O conceito de desenvolvimento profissional é extremamente amplo, havendo uma literatura bastante diversificada que se enquadra nessa perspectiva, discutindo-se, por exemplo, os ciclos de carreira.

Para Candau (1996, p. 149) os ciclos da carreira do professor apresentam, para a formação continuada, o desafio de romper com modelos padronizados e a criação de sistemas diferenciados que lhe permitam explorar e trabalhar os diferentes momentos de seu desenvolvimento profissional, de acordo com suas necessidades específicas.

Huberman (1993) identifica sete etapas básicas no ciclo do magistério, que devem ser concebidas dialeticamente: (1) entrada na carreira; (2) estabilização; (3) experimentação e inovação; (4) confronto com as múltiplas facetas da profissão; (5) serenidade por aumento da confiança; (6) conservadorismo e lamentações; (7) desinvestimento (pessoal e institucional) no final da carreira profissional.

É fundamental que o professor de Matemática acredite no seu potencial, acredite que sua prática é muito importante e que possui momentos riquíssimos, os quais merecem uma discussão/reflexão coletiva.

Nossa opinião sobre o ensino reflexivo coincide com a de Donald Schön, um de seus grandes precursores, onde consideramos que as crenças, os valores, as suposições que os professores internalizam sobre ensino, matéria, conteúdo curricular, alunos, aprendizagem, estão na base de sua prática em sala de aula. "A reflexão oferece-lhes a oportunidade de conscientizarem-se das crenças, valores e suposições subjacentes à sua prática. Possibilita também autoavaliarem sua atuação no alcance de metas estabelecidas e lhes permite articular suas próprias compreensões e a reconhecê-las em seu desenvolvimento pessoal" (Mizukami, 1996).

Aqui, defendemos as mesmas ideias que estão presentes em Perez (1999), enfatizando que o processo de reflexão sobre a prática, proposto por Schön (1995, p. 83), explicita duas maneiras de como o conhecimento em ação é desenvolvido e adquirido: *a reflexão-na-ação* e *a reflexão-sobre-a-ação*.

Reflexão-na-ação é a que ocorre simultaneamente à prática, na interação com as experiências, permitindo ao professor dialogar com a situação, elaborar um diagnóstico rápido, improvisar e tomar decisões diante da ambiguidade, do inesperado e das condições efetivas do momento.

Reflexão-sobre-a-ação refere-se ao pensamento deliberado e sistemático, ocorrendo após a ação, quando o professor faz uma pausa para refletir sobre o que acredita ter acontecido em situações vividas em sua prática.

Para nós, a ideia de que a reflexão na prática e sobre ela é importante para que o professor conquiste sua autonomia e se torne um membro atuante na escola, pois

> os professores que não refletem sobre o seu ensino aceitam naturalmente esta realidade quotidiana das suas escolas, e concentram os seus esforços na procura de meios eficazes e eficientes para atingirem seus objetivos e para encontrarem soluções para os problemas que os outros definiram no seu lugar. Os professores não reflexivos aceitam automaticamente o ponto de vista normalmente dominante numa dada situação (Zeichner, 1993, p. 22, in Perez, 1999, p. 273).

Schön (1995, p. 81) destaca ainda a noção do *saber escolar*. Para ele, essa noção deve existir antes de tudo, isto é, "um tipo de conhecimento que os professores supostamente devem possuir e transmitir aos alunos. É uma visão dos saberes como fatos e teorias aceitas, como proposições estabelecidas na sequência de pesquisas. O saber escolar é tido como certo, significando uma profunda e quase mística crença em respostas exatas. É molecular, feito de peças isoladas, que podem ser combinadas em sistemas cada vez mais elaborados de modo a formar um conhecimento avançado. A progressão dos níveis mais elementares para os níveis mais avançados é vista como um movimento das unidades básicas para a sua combinação em estruturas complexas de conhecimento".

Aliadas a essa ideia estão as de que o aluno possui conhecimentos extraescolares, adquiridos em seu cotidiano, fora da escola.

Sobre o sucesso dos alunos no cotidiano e o fracasso na escola, Schön (1995, p. 82), interpela:

> Se o professor quiser familiarizar-se com este tipo de saber, tem de lhe prestar atenção, ser curioso, ouvi-lo, surpreender-se e atuar como uma espécie de detetive que procura descobrir as razões que levam crianças a dizer certas coisas. Este tipo de professor esforça-se por ir ao encontro do aluno e entender o seu próprio processo de conhecimento, ajudando-o a articular o seu *conhecimento-na-ação* com o saber escolar. Este tipo de ensino é uma forma de *reflexão-na-ação* que exige do professor uma capacidade de individualizar, isto é, de prestar atenção a um aluno, mesmo numa turma de trinta, tendo a noção do seu grau de compreensão e das suas dificuldades.

Para Schön (1995, p. 83), "o processo de *reflexão-na-ação*, pode ser desenvolvido numa série de 'momentos', sutilmente combinados, numa habilidosa prática de ensino. Existe, primeiramente, um momento de surpresa: um professor reflexivo permite-se ser surpreendido pelo que o aluno faz. Num segundo momento, reflete sobre esse fato, ou seja, pensa sobre aquilo que o aluno disse ou fez e, simultaneamente, procura compreender a razão por que foi surpreendido. Depois, num terceiro momento, reformula o problema suscitado pela situação; talvez o aluno não seja de aprendizagem lenta, mas, pelo contrário, seja exímio no cumprimento das instruções. Num quarto momento, efetua uma experiência para testar a sua nova hipótese; por exemplo, coloca uma nova questão ou estabelece uma nova tarefa para testar a hipótese que formulou sobre o modo de pensar do aluno. Este processo de reflexão-na-ação não exige palavras. Por outro lado, é possível olhar retrospectivamente e *refletir sobre a reflexão-na-ação*. Após a aula, o professor pode pensar no que aconteceu, no que observou, no significado matemático que lhe deu e na eventual adoção de outros sentidos. *Refletir sobre a ação* é uma ação, uma observação e uma descrição, que exige o uso de palavras".

Mizukami (1996, p. 61), interpretando as ideias de Schön, ressalta que ele propõe uma epistemologia da ação: *o conhecimento na ação*. Essa epistemologia explicita duas formas de como o conhecimento na ação é desenvolvido e adquirido. A *reflexão-sobre-a-ação* se refere ao pensamento deliberado e sistemático, dirigido a ações, e é usualmente utilizada e entendida em programas de formação e em parte considerável da literatura sobre ensino reflexivo. É semelhante ao processo que ocorre quando se faz uma pausa e se atenta para o que se acredita ter ocorrido numa dada situação. A *reflexão-na-ação*, por sua vez, ocorre nas interações com a experiência que resultam em formas frequentemente repentinas e não antecipadas pelas quais se vê a experiência diferentemente.

Schön ainda salienta outras ideias designadas por emoções cognitivas. Representa tudo o que tem a ver com confusão e incerteza. É impossível aprender sem ficar confuso. Mas isso significa que a aprendizagem requer que se passe por uma fase de confusão. E existe algo mais incômodo ou mais marcante do que a confusão? Dizer numa sala de aula: *Estou confuso*, é o mesmo que dizer, eu sou burro. Segundo o mesmo pesquisador (1995, p. 85), "um professor reflexivo tem a tarefa de encorajar e reconhecer, e mesmo de dar valor à confusão dos seus alunos. Mas também faz parte das suas incumbências encorajar e dar valor à sua própria confusão. Se prestar a devida atenção ao que os alunos fazem, o professor também ficará confuso. E se não ficar, jamais poderá reconhecer o problema que necessita de explicação".

Para ele, o grande inimigo da confusão é a resposta que se assume como verdade única. Se só houver uma única resposta certa, que é suposto o professor saber e o aluno aprender, então não há lugar legítimo para a confusão. Entretanto, a escola muitas vezes não favorece a prática reflexiva, estando os professores que procuram esta prática em conflito com sua burocracia.

O que significa, então, formar um professor para que ele se torne *capaz de refletir na sua prática e sobre ela?*

Uma das saídas é, segundo Schön (1995, p. 89), o denominado por *practicums reflexivos*, que podem ocorrer em diferentes estágios da formação e da prática profissional, e que implica um aprender fazendo, em que os alunos começam a praticar, na presença de um tutor, juntamente com os colegas que estão em idêntico grau de aprendizagem, mesmo antes de compreenderem racionalmente o que estão a fazer, podendo experimentar e cometer erros, tomar consciência desses erros, e tentar de novo, de outra maneira (in Perez, 2002). Neste sentido:

> Independente de área específica de conhecimento, linha teórica e/ou proposta pedagógica adotada (assumida individual ou grupalmente), nível de ensino e tipo de escola em que atua, o professor é o principal mediador entre os conhecimentos socialmente construídos e os alunos. É ele, igualmente, fonte de modelos, crenças, valores, conceitos e pré-conceitos, atitudes que constituem, ao lado do conteúdo específico da disciplina ensinada, outros tipos de conteúdos por ele mediados (Mizukami, 1996, p. 60).

Segundo Mizukami, a premissa básica do ensino reflexivo considera que as crenças, os valores, as suposições que os professores têm sobre ensino, matéria, conteúdo curricular, alunos, aprendizagem etc. estão na base de sua prática de sala de aula. A reflexão oferece a eles a oportunidade de se tornarem conscientes de suas crenças e suposições subjacentes a essa prática. Possibilita, igualmente, o exame de validade de suas práticas na obtenção de metas estabelecidas. Pela reflexão eles aprendem a articular suas próprias compreensões e a reconhecê-las em seu desenvolvimento pessoal.

Os processos de *aprender a ensinar* e de *aprender a profissão*, ou seja, de aprender a ser professor, e aprender o trabalho docente, são processos de longa duração e sem um estágio final estabelecido *a priori*. Tais aprendizagens ocorrem, grande parte das vezes, nas situações complexas que constituem as aulas. A complexidade da sala de aula é caracterizada por sua multidimensionalidade, simultaneidade de eventos, imprevisibilidade, imediaticidade e unicidade. Professores enfrentam interesses e exigências que continuamente competem entre si e as decisões tomadas representam um equilíbrio entre múltiplos custos/benefícios. Eventos inesperados e interrupções variadas podem, por sua vez, mudar igualmente a condução do processo instrucional. Sendo uma atividade interativa, nem sempre as aulas saem de acordo com o planejado. Os professores lidam diariamente com situações complexas e considerando o ritmo acelerado das atividades e as múltiplas variáveis em interação, há pouca oportunidade para que eles possam refletir sobre os problemas e trazer seus conhecimentos à tona para analisá-los e interpretá-los.

Aprender a ensinar constitui, assim, um processo que perpassa toda a trajetória profissional dos professores, mesmo após a consolidação profissional.

2. Considerações finais

Uma visão holística e bem desenvolvida da Matemática poderá conduzir a diferentes estilos de ensino e de aprendizagem. Estes deverão levar em conta fatores emocionais e sociais, formas de organização das aulas, relação com outras áreas do conhecimento (e do currículo) e o uso que é feito dos manuais, propostas e parâmetros curriculares.

Portanto, a forma como a escola está organizada, os recursos existentes, e os hábitos de trabalho dos professores e do corpo administrativo influenciam o que se passa na sala de aula. O mesmo se pode dizer de influências do meio, tais como: as atitudes dos pais, dos familiares e colegas, e as imagens que transmitem da Matemática, envolvendo mitos culturais a seu respeito.

Com relação a esses aspectos, torna-se necessário identificar:

- a formação inicial dos professores e seu desenvolvimento profissional;
- os objetivos da Escola e seu currículo;
- o que os alunos "buscam" na escola, por que "fracassam" e o que a escola lhes "oferece".

O professor deve estar imerso no mundo cultural, social e político em que vivemos, apresentando conhecimentos sobre esses aspectos, para se relacionar com os alunos como cidadão, com conhecimentos que extrapolem as fronteiras de sua disciplina, posicionando-se como "pesquisador" em sala de aula e fazendo uso de uma didática que contemple aspectos sociológicos, psicológicos e pedagógicos, procurando relacionar Matemática e sociedade.

Desenvolvimento profissional do professor pesquisador e prática reflexiva representam, para os autores citados e para este pesquisador, dois dos principais elementos que devem nortear a formação inicial e continuada do professor e, somente através deles, é que será possível "modificar", no professor, suas posturas, crenças, concepções e competências, levando-se em consideração seu saber, seu conhecimento e sua cultura extraescolar.

O *professor pesquisador e reflexivo* é o profissional que consegue incorporar o "ensino adquirido pela sua experiência", assim como pela experiência dos colegas.

Entendemos ser fundamental que o professor incorpore a reflexão sobre a sua prática para que seja capaz de tomar as decisões fundamentais relativamente às questões que quer considerar, os projetos que quer empreender, e ao modo como os quer efetivar, deixando de ser um simples executor e passando a ser considerado um profissional investigador e conceptor. A reflexão na prática e sobre ela, portanto, é considerada um momento indispensável para o desenvolvimento profissional do professor e para o desenvolvimento de uma nova cultura profissional (Perez, 1999, p. 274).

Não devemos continuar a refletir e discutir com os colegas apenas para "elencar, detectar e mostrar" quais os problemas atuais da educação brasileira. Toda essa reflexão sobre a prática do professor deve encorajar o desenvolvimento de ações concretas que modifiquem sua prática pedagógica. Uma das primeiras providências que devemos tomar é não deixar que os alunos ingressem nas universidades com uma concepção de professor — lembrando daqueles que já tiveram — e concluam seus cursos com a mesma concepção.

A formação inicial não deve gerar "produtos acabados" mas, sim, deve ser encarada como a primeira fase de um longo processo de desenvolvimento profissional onde *a reflexão*, a *cooperação* e a *solidariedade* sejam fatores sempre presentes na vida do *professor pesquisador*.

Ao professor de Matemática cabe o papel de valorizar essa disciplina tornando-a prazerosa, criativa e, mais ainda, tornando-a útil, garantindo, assim, a participação e o interesse, da parte dos alunos, assim como da comunidade, a fim de proporcionar um aprendizado eficiente e de qualidade.

É necessário conceber Educação em um sentido amplo, como compromisso político (não necessariamente partidário), e não apenas Educação como recebimento de conteúdos específicos nos bancos da escola (Perez, 1991: cap. 1 e 2; 1995).

Somente assim é que conseguiremos "criar ambientes" como descrito no início deste texto.

Utopia? Idealismo? Não! Temos certeza que não! É preciso acreditar no professor e na escola!

Bibliografia

CANAVARRO, A. P.; ABRANTES, P. Desenvolvimento Profissional de Professores de Matemática: Uma Experiência num Contexto de Formação. In: MOURÃO, A. P. et al. *V Seminário de Investigação em Educação Matemática — Actas*. Portugal: Associação de Professores de Matemática, 1994.

CANDAU, Vera Maria F. Formação Continuada de Professores: Tendências Atuais. In: REALI, A. M. M. R. et al. *Formação de Professores*: tendências atuais. São Carlos: Ed. UFSCar, 1996.

COSTA, G. L. M. *A Formação do Professor de Matemática na Perspectiva do Desenvolvimento Profissional*: o caso do Programa Magister de Santa Catarina. Dissertação de Mestrado. IGCE/UNESP-Rio Claro, 1999.

HUBERMAN, H. *The Life of Teachers*. London/New York: Teachers' College Press, 1993.

IMBERNÓN, F. *La formación y Desarrollo Profesional del Profesorado*: Hacia una Nueva Cultura Profesional. Barcelona: Graó Editorial, 1994.

LEI DE DIRETRIZES E BASES DA EDUCAÇÃO NACIONAL. LDB n. 9394/96.

MIZUKAMI, M. G. N. "Docência, Trajetórias Pessoais e Desenvolvimento Profissional". In: REALI, A. M. M. R.; MIZUKAMI, M. G. N. *Formação de Professores*: tendências atuais. São Carlos: Ed. UFSCar, p. 59-91, 1996.

NÓVOA, A. "Formação de Professores e Profissão Docente". In: NÓVOA, A. (Coord.). *Os professores e a sua formação*. 2. ed. Lisboa: Dom Quixote, 1995.

PENTEADO, M. G. *O Computador na Perspectiva do Desenvolvimento Profissional do Professor*. Tese de doutorado. FE/UNICAMP, 1997.

PEREZ, G. *Pressupostos e Reflexões Teóricas e Metodológicas da Pesquisa Participante no Ensino de Geometria, para as Camadas Populares*. Tese de doutorado. FE/UNICAMP, 1991.

PEREZ, G. "Competência e Compromisso Político na Formação do Professor de Matemática". *Temas e Debates*, Blumenau: SBEM, n. 7, 1995.

______. "Formação de Professores de Matemática sob a Perspectiva do Desenvolvimento Profissional". In: BICUDO, M. A. V. (Org.). *Pesquisa em Educação Matemática*: concepções e perspectivas. São Paulo: Ed. da UNESP, p. 263-282, 1999.

PEREZ, G.; COSTA, G. L. M.; VIEL, S. R. "Desenvolvimento Profissional e Prática Reflexiva", *Boletim de Educação Matemática (BOLEMA)*. Rio Claro, v. 15, n. 17, p. 59-70, 2002.

PEREZ GOMEZ, A. "O Pensamento Prático do Professor: A Formação do Professor Como Profissional Reflexivo". In: NÓVOA, A. *Os Professores e sua Formação*. 2. ed. Lisboa: Dom Quixote, 1995.

POLETTINI, A. de F. F. "História de Vida Relacionada ao Ensino da Matemática no Estudo dos Processos de Mudanças e Desenvolvimento dos Professores". *Revista Zetetiké*. Campinas: Faculdade de Educação, UNICAMP, v. 4, n. 5, jan./jun. 1996.

PONTE, J. P. "Perspectivas de Desenvolvimento Profissional de Professores de Matemática". In: PONTE, J. P. et al. *Desenvolvimento Profissional dos Professores de Matemática*: que formação? 1. ed. Sociedade Portuguesa de Ciência da Educação, 1996.

______. "Conferência Plenária Apresentada no Encontro Nacional de Professores de Matemática ProfMat. 98". In: *Actas do ProfMat. 98*. Lisboa: APM, p. 27-44, 1998.

SCHÖN, D. A. "Formar Professores como Profissionais Reflexivos". In: NÓVOA, A. *Os Professores e a sua Formação*. 2. ed. Lisboa: Dom Quixote, 1995.

TEIXEIRA, M. T. *A Educação como Criação de Ambientes*. Departamento de Matemática, Faculdade de Filosofia, Ciências e Letras de Rio Claro, 1974. (manuscrito)

VIEL, S. R. *A Formação do Licenciando em Matemática da UNESP, Campus de Rio Claro*: um estudo de caso. Dissertação de mestrado. IGCE/UNESP-Rio Claro, 1999.

ZEICHNER, K. M. *A Formação Reflexiva de Professores*: ideias e práticas. Lisboa: Educa, 1993.

Construcionismo:

pano de fundo para pesquisas em informática aplicada à Educação Matemática

*Marcus Vinicius Maltempi**

1. Introdução

Este capítulo trata da pesquisa em informática aplicada à Educação Matemática, um tema que relaciona duas áreas cuja ligação está cada vez mais forte, dadas as reflexões que a informática origina quando aplicada à educação. Utilizarei o Construcionismo como elo de ligação entre essas áreas, apresentando-o como um conjunto de ideias norteadoras para o desenvolvimento de pesquisas em informática aplicada à Educação Matemática. Apresentarei um exemplo de pesquisa realizada e, no final, caminhos que podem ser seguidos tendo o Construcionismo como pano de fundo.

De forma geral, o Construcionismo estuda o desenvolvimento e o uso da tecnologia, em especial, do computador, na criação de ambientes

* Professor do Departamento de Estatística, Matemática Aplicada e Computação e Professor do Programa de Pós-Graduação em Educação Matemática. Membro do Grupo de Pesquisa em Informática, outras Mídias e Educação Matemática (GPIMEM) da UNESP de Rio Claro-SP. E-mail: maltempi@rc.unesp.br

educacionais. Foi criado por um matemático, Seymour Papert, e, embora seja de âmbito geral, muitos trabalhos de pesquisa construcionistas tiveram a Matemática como tema central. Trata-se de uma síntese da teoria de Piaget e das oportunidades oferecidas pela tecnologia para uma educação contextualizada, na qual os aprendizes trabalham na construção de produtos que lhes sejam significativos, e através da qual determinados conhecimentos e fatos podem ser aplicados e compreendidos.

2. O Construcionismo

Influenciado pelos anos em que trabalhou ao lado de Piaget em Genebra e pelos conceitos da Inteligência Artificial que floresciam no MIT (*Massachusetts Institute of Technology*), Papert deu início, na década de 60, a um conjunto de ideias que hoje é chamado de Construcionismo. É tanto uma teoria de aprendizado quanto uma estratégia para a educação, que compartilha a ideia construtivista de que o desenvolvimento cognitivo é um processo ativo de construção e reconstrução das estruturas mentais, no qual o conhecimento não pode ser simplesmente transmitido do professor para o aluno. O aprendizado deve ser um processo ativo, em que os aprendizes "colocam a mão na massa" (*hands-on*) no desenvolvimento de projetos, em vez de ficarem sentados atentos à fala do professor.

De acordo com Resnick (1991), as atividades *hands-on* não são suficientes, pois geralmente são limitadas a sequências de passos repetidos pelo aprendiz. Tais atividades podem ser *hands-on*, mas são *head-out*, ou seja, o aprendiz não se envolve com o que faz quando metas e resultados são definidos por outras pessoas. A abordagem construcionista vai além de atividades *hands-on* ao deixar para o aprendiz mais controle sobre a definição e resolução de problemas. A ideia é criar um ambiente no qual o aprendiz esteja conscientemente engajado em construir um artefato público e de interesse pessoal (*head-in*). Portanto, ao conceito de que se aprende melhor fazendo, o Construcionismo acrescenta: aprende-se melhor ainda quando se gosta do que se faz, se pensa e se conversa sobre isso.

No bojo dessas ideias, Papert posiciona o computador como algo que viabiliza a criação de situações mais propícias, ricas e específicas para a construção de conhecimento. Estas situações geralmente estão relacionadas com o desenvolvimento de projetos, pois o aprendiz tem mais oportunidade de aprender quando está ativamente engajado na construção de um artefato sobre o qual possa refletir e mostrar a outras pessoas.

Atualmente, o resultado prático mais conhecido do Construcionismo é o Logo Gráfico — um exemplo concreto de como as ideias de Papert podem ser aplicadas na educação, principalmente na Matemática (Papert, 1985). Neste ambiente o aprendiz interage com uma *tartaruga*, um *cursor* na tela do computador, por meio de simples comandos relacionados com conceitos de geometria (como "parafrente 10", que move a tartaruga 10 passos para frente, ou "paradireita 45", que gira a tartaruga 45 graus para a direita).

Por meio do Logo Gráfico, o aprendiz pode "ensinar" comandos cada vez mais complexos para a tartaruga (como "desenhe_quadrado", que combina diversos "parafrente" e "paradireita"), que envolvem conceitos de Geometria. Nesse ambiente, novas ideias são incorporadas como forma de satisfazer uma necessidade pessoal de realizar algo que não se conseguia fazer antes.

Na utilização do Logo Gráfico, segundo as ideias construcionistas, o aprendiz assume uma postura ativa frente ao seu aprendizado e ao computador e vai, através do desenvolvimento de projetos pessoais, explorando novos conceitos e progredindo em seu próprio ritmo. Além disso, todos os comandos "ensinados" para a tartaruga ficam registrados e podem ser manipulados por meio do computador; o aprendiz tem à sua disposição um recurso bastante concreto que lhe permite visualizar o que foi feito e aprimorar seus projetos. Este tipo de potencial, propiciado pela tecnologia, é um ponto-chave enfatizado pelo Construcionismo.

O ambiente Logo é apenas um dos materiais utilizados na construção de ambientes construcionistas. Mesmo essa ferramenta, dependendo da forma como for utilizada, pode levar a resultados completamente diferentes do esperado. Da mesma forma, diversas ferramentas computacionais existentes podem ser consideradas construcionistas se forem empregadas de maneira adequada. Isso pode ocorrer, por exemplo, no uso de processadores de texto, planilhas eletrônicas, ou qualquer outro ambiente que favoreça a aprendizagem ativa, isto é, que propicie ao aprendiz a possibilidade de fazer algo e, com isso, poder construir conhecimentos a partir de suas próprias ações.

É importante frisar que, embora a tecnologia seja realmente importante e constitua um dos focos centrais da pesquisa construcionista, para o Construcionismo um ambiente educacional efetivo exige muito mais do que o aprendiz e um computador. É preciso um ambiente acolhedor que propicie a motivação do aprendiz a continuar aprendendo, um ambiente que seja rico em materiais de referência, que incentive a discussão e a descoberta e que respeite as características específicas de cada um. Nesse ambiente, o professor é o regente que, em parceria com toda a comunidade escolar, deve desempenhar a difícil tarefa de fazer com que tudo funcione a contento.

3. Características dos ambientes educacionais construcionistas

A partir de aproximadamente 20 anos de estudos realizados com o ambiente Logo, foram estabelecidas cinco dimensões que formam a base do Construcionismo e que, portanto, devem ser buscadas quando da criação de ambientes de aprendizagem baseados no Construcionismo (Papert, 1986, p. 14):

1. *Dimensão pragmática*: refere-se à sensação que o aprendiz tem de estar aprendendo algo que pode ser utilizado de imediato, e não em um futuro distante. O despertar para o desenvolvimento de algo útil coloca o aprendiz em contato com novos conceitos. O domínio destes conceitos traz uma sensação de praticidade e poder, incentivando cada vez mais a busca pelo saber. Segundo Papert (1994, p. 127), as construções mentais devem ser apoiadas por construções concretas ("no mundo"), cujo produto pode ser "mostrado, discutido, examinado, sondado e admirado", favorecendo a troca de ideias e opiniões que podem auxiliar e impulsionar o aprendiz a desenvolver projetos mais complexos que envolvam novos conhecimentos.
2. *Dimensão sintônica*: ao contrário do aprendizado dissociado, normalmente praticado em salas de aula tradicionais, a construção de projetos contextualizados e em sintonia com o que o aprendiz

considera importante fortalece a relação aprendiz-projeto, aumentando as chances de que o conceito trabalhado seja realmente aprendido. Nesse sentido, é importante dar ao aprendiz a oportunidade de participar da escolha do tema do projeto a ser desenvolvido — o professor deve mediar o processo de escolha, a fim de se chegar a algo, ao mesmo tempo, factível e desafiador. O computador, muitas vezes, viabiliza projetos que seriam impossíveis no ambiente real devido a limitações físicas de materiais e do meio.

3. *Dimensão sintática*: diz respeito à possibilidade de o aprendiz facilmente acessar os elementos básicos que compõem o ambiente de aprendizagem e progredir na manipulação destes elementos de acordo com a sua necessidade e desenvolvimento cognitivo. Portanto, não basta que os materiais estejam disponíveis e que o aprendiz se relacione com eles. O ideal seria que os materiais usados pudessem ser acessados sem nenhum pré-requisito e que também oferecessem um escopo de desenvolvimento ilimitado. Na prática isso é difícil de se obter, mas é um ideal que deve ser perseguido o máximo possível.
4. *Dimensão semântica*: refere-se à importância de o aprendiz manipular elementos que carregam significados que fazem sentido para ele, em vez de formalismos e símbolos. Para que, através da manipulação e construção, os aprendizes possam ir descobrindo novos conceitos, é necessário que os materiais usados carreguem significados múltiplos. Além de serem psicologicamente evocativos para o aprendiz, eles também devem trazer dentro de si conceitos e ideias que sejam representativos do assunto que está sendo estudado.
5. *Dimensão social*: aborda a integração da atividade com as relações pessoais e com a cultura do ambiente no qual ela se encontra. O ideal é criar ambientes de aprendizagem que utilizem materiais valorizados culturalmente. Nesse sentido, a programação de computadores e o domínio da tecnologia em geral representam bons materiais a serem aproveitados, uma vez que são bem valorizados na sociedade atual. A questão é aproveitá-los de modo educacionalmente produtivo.

Na prática, as cinco dimensões apresentadas servem para nortear a criação de ambientes de ensino-aprendizagem que tenham o desenvolvimento de projetos como contexto para a utilização de ferramentas e construção de conhecimentos. Elas indicam que o Construcionismo vai além do aspecto cognitivo, incluindo também as facetas social e afetiva da educação. Assim, ele abre espaço para o estudo das questões de tecnologia, gênero, cultura, personalidade, motivação, entre outras.

4. A importância dos projetos

As ideias construcionistas sugerem uma forte relação entre projetar e aprender. Essa relação torna-se óbvia quando analisamos as características que cercam um projeto e as comparamos com tais ideias.

A elaboração de um projeto envolve a construção de artefatos ou objetos, que podem ser concretos ou abstratos (uma escultura, uma tese, um programa de computador). Esses artefatos são frutos de ideias e do meio usado para expressar e materializar essas ideias — justamente o que fazemos quando resolvemos um problema do dia a dia.

Projetar compreende, portanto, uma atividade completamente diferente daquelas em que se resolvem problemas dissociados da realidade cotidiana, normalmente encontradas no sistema de ensino tradicional. Geralmente o objetivo a ser atingido é mal definido, sendo que definir o problema faz parte do trabalho do projetista. Além disso, o resultado de uma atividade de projeto depende do meio, não é único, e pode variar de acordo com o projetista, ou seja, segundo os critérios que ele definiu como sendo uma solução satisfatória. Assim, o que pode ser uma ótima solução para um indivíduo, pode não satisfazer um outro.

Por outro lado, na atividade de solução de problemas, como os encontrados nos livros-textos, estes são bem definidos, exigindo do aprendiz, por exemplo, a aplicação de um único conceito apresentado em aula. Portanto, o problema tende a ser fabricado e não é algo real, do dia a dia, pois isso envolveria outros conceitos que atrapalhariam o exercício do conceito específico. Além disso, o problema proposto tem uma única solução e, em geral, uma única maneira de resolvê-lo, que independe do meio.

De acordo com Schön (1990), projetar não inclui somente a criação de objetos físicos, mas também organização, planos, políticas, estratégias de ação, comportamentos e construções teóricas. Esse processo é visto como um diálogo com os elementos envolvidos, de modo que novas experiências são normalmente baseadas no aprendizado de experiências anteriores. Esta atividade é vista como um processo social no qual os projetistas constroem soluções diferentes para um problema, e são capazes de discutir (aprendem) sobre soluções divergentes.

Os ambientes de aprendizagem via projetos têm sido explorados e recomendados por diversos pesquisadores, entre eles Resnick (1996). As características apontadas por esses pesquisadores, que tornam a atividade de projeto educacionalmente interessante e que fortalecem a relação com as cinco dimensões definidas no Construcionismo, são resumidas a seguir:

- o aprendiz torna-se um participante ativo no processo de aprendizagem, tendo controle e responsabilidade sobre o mesmo;
- reflexão e discussão são estimuladas pela presença do artefato que está sendo desenvolvido;
- a tarefa de projetar pode ser abordada de diferentes formas, satisfazendo estilo e preferências do aprendiz. Uma vez que a dicotomia certo/errado é evitada, múltiplas estratégias e soluções são possíveis;
- as atividades de projeto geralmente são interdisciplinares;
- a relação aprendiz-artefato é facilitada e fortalecida pelo fato de o aprendiz ser o agente criador do artefato; e
- o aprendiz é estimulado a considerar a reação de outras pessoas perante o artefato que criou.

Para que todas essas características realmente ocorram em um ambiente de aprendizagem, é necessário que a tarefa de projeto não seja limitada ou reduzida a uma sequência de passos predefinidos. Também é preciso que o aprendiz tenha tempo suficiente para se relacionar com a tarefa e, assim, executá-la. Além disso, é vital a participação ativa do professor como problematizador e mediador do processo de aprendizagem.

5. A possibilidade de explicitar raciocínios favorece a construção de conhecimentos

A razão de o Construcionismo propor que os aprendizes construam produtos que possam ser mostrados a outras pessoas e sobre os quais se possa conversar (dimensão pragmática) baseia-se na concepção de que dessa forma o aprendiz pode explicitar suas ideias e gerar um registro de seus pensamentos, os quais podem ser utilizados para se atingir níveis cognitivos mais elevados.

É justamente por este motivo que a programação de computadores, especialmente em Logo, é um dos aspectos mais enfatizados pelos construcionistas, pois possibilita visualizar e manipular as estratégias e ideias (o metaprocesso) empregadas na solução de um problema. A atividade cognitiva de um aprendiz ao programar o computador pode ser representada por um ciclo que começa quando o aprendiz deseja implementar um projeto (Valente, 1993). As ideias que concretizam o projeto devem ser passadas para o computador na forma de uma sequência de comandos da linguagem de programação, que representa a *descrição* da solução do problema.

O computador realiza a *execução* da sequência de comandos, apresentando na tela, por exemplo, o resultado. Observando o resultado sendo gerado e sua forma final, o aprendiz faz uma *reflexão*, comparando-os com o que havia planejado. Neste ponto podem ocorrer duas situações, sendo que em uma delas o resultado fornecido é o esperado e a atividade está concluída. A outra situação ocorre quando o resultado fornecido pelo computador não corresponde ao esperado e o aprendiz necessita depurar o programa (*debugging*), ou seja, rever o processo de representação da solução do problema. A *depuração* pode ser em termos da lógica (estratégia) empregada na solução, de conceitos sobre comandos da linguagem de programação, ou sobre algum conteúdo envolvido no problema em questão. A revisão do programa leva o aprendiz a buscar as informações que lhe faltam e requer também reflexões sobre os erros cometidos e as formas possíveis de corrigi-los.

A depuração é facilitada pela existência do programa (sequência de comandos), pois este contém a descrição das ideias do aprendiz em termos de uma linguagem precisa e formal. Após depurar o programa, uma nova descrição é gerada e o ciclo *descrição-execução-reflexão-depuração* se repete em um novo nível até que o aprendiz esteja satisfeito com o resultado obtido — a figura a seguir, adaptada de Valente (1993), mostra a espiral de aprendizagem resultante desse processo.

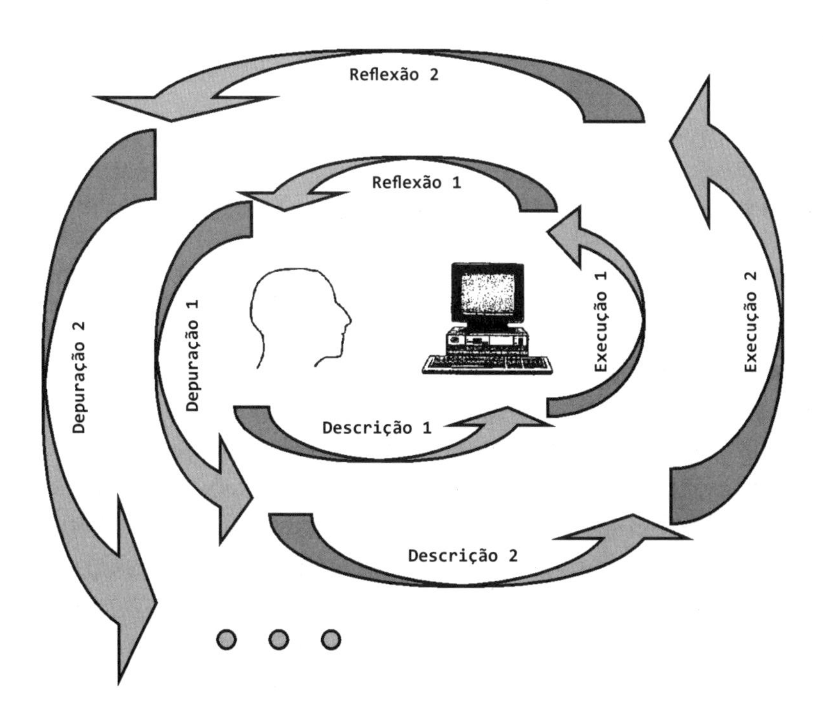

A atividade de depuração tem sua origem no erro, e este está intimamente relacionado com a construção de conhecimento, pois atua como um motor que desequilibra e leva o aprendiz a procurar conceitos e estratégias para melhorar o que já conhece. Nessa busca, novas informações são processadas e agregadas ao conhecimento já existente. Portanto, o aprendizado se dá através da construção de uma série de teorias transitórias. Esse processo ocorre via tentativas e erros, no qual o aprendiz parte dos aspectos já conhecidos da solução do problema e segue construindo suas próprias teorias. As teorias que não forem adequadas vão sendo descartadas ou alteradas até se tornarem cada vez mais estáveis.

A construção de conhecimento é auxiliada pelo projeto, que serve de contexto para que o novo conhecimento seja empregado e adaptado a outros já existentes. Sendo assim, e em harmonia com as ideias construcionistas, é interessante que o aprendiz desenvolva projetos de interesse pessoal que contextualizem o conhecimento e facilitem o engajamento do aprendiz no processo.

A depuração é, portanto, uma atividade fundamental para a construção de conhecimentos, que pode ser facilitada em ambientes baseados no computador.

6. Análise do ciclo descrição-execução-reflexão-depuração

A situação descrita na seção anterior é ideal, e certamente não ocorre simplesmente colocando o aprendiz em interação com o computador. Mesmo em um ambiente construcionista, no qual o aprendiz esteja desenvolvendo algo com significado pessoal, as atividades geralmente são árduas e demandam um grande esforço e concentração do mesmo. O aprendiz sozinho dificilmente teria sucesso em transformar o ciclo em uma espiral estimulante e rica em termos de construção de conhecimento.

Para que a espiral de aprendizagem tenha mais chances de ocorrer de forma efetiva, é necessário estimular as cinco dimensões definidas no Construcionismo, o que demanda a presença de um professor acompanhando o aprendiz. O professor, junto com a comunidade escolar, necessita se empenhar em dar suporte computacional, pedagógico e psicológico ao aprendiz, mediando o processo de descrição, reflexão e depuração que o aprendiz realiza por meio do computador.

A programação de computadores, especialmente na linguagem Logo, possui características que favorecem a prática das ideias construcionistas, pois permite o desenvolvimento de projetos pessoais que podem facilmente ser testados, corrigidos e mostrados a outras pessoas. A ideia do aprendiz mostrar o projeto a outras pessoas está relacionada com receber *feedback*, que o favoreça a progredir no processo de construção de conhecimento e compreensão de ideias. Nesse sentido, a programação é singular, pois a execução pelo computador oferece um *feedback* imediato e fiel, desprovido de qualquer interferência intelectual ou emocional. Além disso, provê o registro das ideias que constituem a solução do problema em questão.

Em outros aplicativos, como os editores de texto, normalmente há prejuízos às fases de descrição e/ou execução, o que pode comprometer seriamente a fase de depuração. Por exemplo, o resultado da execução pelo computador de um texto digitado não provê o *feedback* necessário para o aprendiz depurar o conteúdo do texto (suas ideias), pois a execução se restringe à formatação escolhida para o texto, visto que o computador não interpreta o texto. Entretanto, não devemos descartar outras atividades, além da programação, que fazem uso do computador como ferramenta pedagógica. Muito menos abandonar o ciclo de aprendizagem, que se mostra modelo para o *design* de ambientes educacionais baseados na construção de conhecimento.

Para contornar os problemas decorrentes de uma descrição pobre, sugerimos a elaboração de relatórios e diagramas que acompanhem todo o processo de construção do projeto em questão, estimulando o planejamento e a explicitação das ideias do aprendiz. Para enriquecer a fase de execução apostamos na realização de apresentações do projeto em desenvolvimento a outros aprendizes da turma, a toda comunidade escolar e a pessoas que tenham noção das ideias que norteiam o ambiente de aprendizagem e que, assim, possam contribuir com um *feedback* pertinente.

A seguir apresentamos uma pesquisa que corrobora as sugestões já mencionadas e mostra ser possível adotar o ciclo de aprendizagem em atividades que não envolvem a programação de computadores. Nesta pesquisa foi criado um ambiente de aprendizagem construcionista que tinha por contexto a criação de páginas Web, que é uma atividade que impõe restrições, tanto à fase de descrição quanto à de execução, pois, diferentemente da programação, o aprendiz não necessita descrever todas as suas ideias sobre a solução enquanto seleciona uma determinada informação ou a mídia na qual ela será apresentada, e o computador executa a sequência de informações, não as informações.

7. A depuração na criação de páginas *Web*

No segundo semestre de 1998, realizamos uma pesquisa em uma escola particular, da cidade de Campinas (SP), chamada Escola do Sítio, com o objetivo de investigar, entre outras coisas, a depuração na atividade de construção de páginas Web. Durante nove semanas, com duas sessões de trabalho semanais, um grupo de 17 estudantes da 5ª série, e um grupo inicial de seis estudantes da 6ª série, trabalharam no desenvolvimento de *Websites* sobre temas diversos (Maltempi, 2000).

Os estudantes foram convidados a participar do estudo e o fizeram voluntariamente. Não eram remunerados, trataram tal atividade como uma oportunidade para aprender sobre Internet e essa atividade não era uma exigência da escola. As sessões do estudo foram realizadas fora do horário de aula.

Durante a execução da pesquisa os estudantes trabalhavam em duplas. A forma de trabalho era bastante livre, os grupos eram encorajados a colaborar uns com os outros e a se enxergarem como colaboradores no estudo e na coleta de dados. Os estudantes tinham a responsabilidade e total liberdade para escolher a forma como representar e trabalhar as informações que iriam colocar em suas páginas. Portanto, tinham liberdade para decidir os conceitos que abordariam dentro do assunto escolhido, o *design* das páginas, a estrutura do *site*, os *links* externos e tudo mais relacionado. Dadas as características do ambiente de pesquisa criado e dos objetivos a serem alcançados, o estudo teve como opção metodológica a pesquisa qualitativa.

8. Atividades de estímulo à depuração

Como foi mencionado, a atividade de construção de páginas *Web* impõe limitações ao processo de depuração. Para superar estas limitações, desenvolvemos algumas atividades para auxiliar os estudantes no registro, execução e reflexão de suas ideias. Essas atividades podem ser divididas em três grupos:

1. Atividades planejadas para os estudantes documentarem e refletirem sobre seus problemas, planos e ideias:
   - preenchimento do Diário de Bordo, que era uma pasta com três folhas de papel a serem preenchidas em cada sessão. Estas folhas continham enunciados elaborados para induzir os es-

tudantes a pensarem sobre seus planos, problemas e alterações de rumos;
  - planejamento do *site* efetuado em cartolina. Na cartolina eles esboçavam as páginas e a estrutura do *site* (os *links* entre as páginas).
2. Atividades que visavam a analisar e criticar as ideias dos estudantes, fornecer *feedback* e estimular a discussão:
  - apresentação dos *sites* a estudantes e professores;
  - *e-mails* recebidos e enviados pelos grupos de alunos a outras pessoas;
  - visita e análise dos *sites* por estudantes. Neste caso, os estudantes da 6ª série assumiram o papel de usuários e críticos dos *sites* dos grupos da 5ª série.
3. Atividades programadas para que os estudantes aguçassem o senso crítico (tomada de consciência) com relação a Web *design*, e desta forma analisassem e revissem seus planos:
  - visita a diversos *sites* pré-selecionados por nós;
  - definição de critérios de Web *design* efetuada pelos estudantes. Ao final da visita a diversos *sites* os estudantes se reuniram em grandes grupos e levantaram critérios referentes à construção de páginas *Web*.

Todas essas atividades foram implementadas e testadas ao longo da pesquisa. A intenção era verificar a eficácia das mesmas no processo de criação e depuração das páginas — enriquecimento das fases de descrição e execução.

9. Alguns resultados

Durante cerca de 38 horas de duração do estudo os estudantes estiveram envolvidos em várias situações que requeriam discussão de ideias, *design*, reflexão, pesquisa e teste de suas páginas. Mas estas ações dos estudantes não aconteciam espontaneamente. Na verdade, em geral, os estudantes desenvolviam as páginas de forma linear, ou seja, sem revisar ou alterar coisas que já haviam feito, considerando-as prontas. Isso ocorria até que os desequilíbrios surgiam, graças à ação de fatores externos: intervenção do investigador e, principalmente, a execução das atividades de estímulo à depuração. O sucesso ou fracasso dessas atividades variava de acordo com o estudante, mas todas elas mostraram-se úteis na medida em que alguns estudantes eram despertados a rever o que estavam fazendo.

Ao final do estudo, as duas turmas juntas haviam produzido 128 páginas *Web* (versão final dos *sites*), contendo texto, fotos, figuras e animações — um grupo também incluiu som em suas páginas. Vários grupos utilizaram figuras como fundo de páginas, tabelas invisíveis para organizar os elementos da composição, e texto colorido. Alguns grupos utilizaram *frames* para dividir a janela do navegador (*browser*) e montar um menu fixo. A partir da demanda dos estudantes, nós ensinávamos como realizar certos procedimentos no editor de páginas; outras vezes, os estudantes buscavam ajuda externa.

A análise das observações que documentamos mostra que a tarefa não foi simples. Os estudantes trabalhavam e aprendiam diversos conceitos novos ao mesmo tempo: funcionalidades do sistema operacional e dos *software* com os quais interagiam (navegador, editor de imagens e páginas); o processo de digitalização de imagens e som; sobre a Internet, *Web* e correio eletrônico; a ideia de hipertexto e hipermídia; e sobre o conteúdo que representavam em suas páginas. Além disso, tinham um prazo a cumprir e viviam situações importantes e difíceis para alguns, tais como, realizar atividades em grupo e expor o trabalho que desenvolviam.

O fato de os estudantes estarem aprendendo a trabalhar com o editor de páginas, ao mesmo tempo em que projetavam páginas *Web*, representava um contexto autêntico para o aprendizado, mas também limitava a expressão dos estudantes a páginas de *design* simples, principalmente no início do estudo.

Analisando as respostas dos estudantes a uma entrevista realizada no final do estudo, observamos que eles passaram a conhecer a maioria dos objetos e conceitos que fizeram parte do ambiente do estudo, tais como Internet, *Web*, *hardware* e *software*. Além desse aprendizado, os estudantes afirmaram ter aprendido sobre o conteúdo trabalhado nas páginas e sobre

Web design. A experiência adquirida no desenvolvimento dos projetos também lhes proporcionou um aprendizado sobre planejamento e estratégia, pois vários estudantes tinham um plano definido quando foi levantada a hipótese de reiniciar o trabalho.

Na declaração de vários estudantes, foi possível notar o grande valor que atribuíam ao produto criado e à oportunidade de colocar esse produto em uso, ou seja, colocar o *site* na *Web*. Para vários estudantes, essas características do estudo eram a principal fonte de estímulo. Na verdade, essas características seguem as ideias construcionistas, favorecendo a construção de projetos pessoais significativos que envolvem o aprendizado de conceitos de uso imediato.

10. Análise das atividades de estímulo à depuração

A eficácia do Diário de Bordo (DB) foi comprometida pelo comportamento dos estudantes diante dele. Poucos estudantes o preenchiam com seriedade e muitas vezes era uma tarefa incômoda para eles. Por isso, a reflexão sobre ideias quase não ocorreu no DB, ele servia mais como registro do que deveria ser feito. Analisando a atividade e o DB, concluímos que há uma incompatibilidade entre o processo de construção de páginas e o que esperávamos dele. O tipo de informação trabalhada não favorece a expressão de ideias por meio de texto, além disso, os grupos registravam somente suas intenções para a sessão e não ideias e reflexões. Cerca de 50% dos estudantes afirmaram ser desfavoráveis ao uso do DB caso iniciassem um novo projeto.

O planejamento do *site* em cartolina foi outra situação criada para promover o registro e reflexão de ideias, por meio da representação do conteúdo das páginas e da estrutura do *site*. No entanto, esta atividade serviu apenas para os grupos planejarem alguns passos futuros, pois nenhum grupo atualizou a cartolina ao longo do desenvolvimento dos projetos — caso isso tivesse ocorrido, acreditamos que a reflexão de ideias teria sido mais bem incentivada.

As apresentações foram extremamente importantes no estímulo da reflexão e depuração das páginas que os estudantes construíam. Graças a elas os estudantes interrompiam a forma linear com que desenvolviam seus projetos, raciocinavam e refaziam coisas que consideravam prontas. Isso ocorria após discussões e troca de ideias entre os estudantes e as pessoas que estavam analisando os *sites*. Por exemplo, na quinta sessão com a turma da 5ª série, o grupo que desenvolvia o tema "Jogos" anunciou que havia terminado o projeto. Neste momento o *site* deles constava de três páginas, sendo que uma tinha dois *links* e as outras páginas nenhum *link*. Na sessão seguinte, durante uma apresentação dos trabalhos para os outros grupos da turma, estes estudantes foram criticados e reconheceram que o *site* estava pobre, passando a enxergá-lo como um projeto ainda inacabado. A apresentação fez com que eles mudassem de comportamento com relação ao projeto. A apatia deles foi superada e eles passaram a buscar formas de melhorar o que estavam fazendo. É possível que tivessem perdido o interesse ou finalizado o projeto caso não ocorresse a apresentação. Ao final do estudo, o *site* sobre Jogos era formado por oito páginas com diversos *links*, figuras e animações.

Após as apresentações, aumentava a disputa pelo digitalizador de imagens e acesso a *Web*, e os grupos nos assediavam em busca da solução de dúvidas sobre as ferramentas que utilizavam. Este comportamento dos estudantes, somado às alterações que realizavam nos projetos, indicava que eles buscavam atualizar o que já haviam feito.

Além de incentivar a discussão e depuração de ideias, as apresentações envolveram toda a comunidade escolar, incluindo professores, diretores e pais. Este envolvimento é de notável importância para que atividades, assim como a realizada, tenham sucesso e possam promover mudanças no sistema educacional vigente.

Nem todos os estudantes conseguiam aproveitar as apresentações para rever planos e páginas já criadas. Alguns estudantes, por razões diversas, opunham-se aos comentários e críticas recebidos, desconsiderando-os. Especialmente para estes estudantes, mas também para os outros, o correio eletrônico mostrou-se um canal de comunicação alternativo, agradável e eficiente no estímulo da reflexão e depuração do *site* que construíam. A maioria dos estudantes iniciava mudanças no *site* logo após ler e imprimir a mensagem contendo críticas e sugestões.

O maior problema a ser enfrentado, para que o uso do correio eletrônico se torne um canal de comunicação que favoreça a ocorrência de situações de depuração, é a criação de uma comunidade que visite os *sites* dos estudantes via Internet e troque ideias com eles via correio eletrônico. As atividades de visitar os *sites* e enviar sugestões demandam tempo e dedicação das pessoas, e, por isso, dificilmente alguém se engaja nessa atividade com espontaneidade. Além disso, é importante que os membros dessa comunidade estejam familiarizados com o estudo para que a comunicação tenha efeito, caso contrário, o *feedback* não tem sentido.

A visita e análise dos *sites* dos estudantes da 5ª série, realizadas pelos estudantes da 6ª série, mostraram-se importantes fontes de depuração para a turma da 5ª série e de autocrítica para a turma da 6ª série. Tanto os estudantes da 5ª série como os da 6ª série puderam colocar seus conhecimentos em prática, na argumentação e defesa de pontos de vista. Sendo assim, foi uma atividade que colaborou para o incentivo da reflexão e depuração das páginas que os estudantes construíam.

Na atividade de visita a diversos *sites* pré-selecionados, alguns estudantes da 5ª e 6ª séries demonstraram senso crítico e acuidade na análise dos mesmos. Até mesmo *sites* feitos por profissionais e de destaque na *Web* não escaparam de críticas pertinentes, como as seguintes: "Tem muito *link* para chegar na informação, e isso é ruim"; "O *site* é bem-feito, mas não está bom porque tem muita escrita e a letra é pequena". Portanto, esta atividade foi importante para a tomada de consciência e, consequentemente, para a depuração.

Após a visita aos *sites* os estudantes se reuniram em grupos e elaboraram listas de critérios e sugestões relativos a páginas *Web*. As duas turmas definiram diversos critérios de *Web design* semelhantes. A seguir apresentamos os critérios definidos pela 6ª série:

1. Não pode ter texto grande com letras pequenas, principalmente na primeira página. Na primeira página é ruim porque o visitante desiste logo. Depois é ruim porque a pessoa espera encontrar animação e figuras e acaba encontrando textos. É preferível animação do que texto.
2. O fundo não pode ser de cor muito forte. O fundo tem que ter relação com o tema da página. O fundo tem que ser escuro, e não precisa ser uma imagem (necessariamente).
3. A página tem que combinar com o público. Nossos públicos alvos são escolas e pessoas, no geral, mais velhas do que nós.

4. O texto tem que ser dividido em tópicos. Se o texto for grande, é melhor dividi-lo usando *links* para outras páginas ou para a mesma página (âncoras).
5. É preferível fazer *frames*. Principalmente se o *site* for muito grande.
6. Imagens têm que estar relacionadas com o tema. Numa página pessoal isso não é tão rigoroso. Mas no nosso tema é necessário.
7. A foto não pode ser muito grande, senão demora a carregar. Pode-se colocar fotos pequenas com *links* para uma página que tenha a foto em tamanho maior.
8. Tem que haver recursos que facilitem a navegação. Por exemplo: *links*, ícones, *frames* e imagens mapeadas.
9. Imagens que atraem o público são imagens bem-feitas.
10. É bom ter *links* para fora do *site*.
11. É importante ter explicação do *link* ou endereço.
12. A verificação ortográfica é fundamental.
13. É bom ter páginas interativas. Por exemplo, colocar *e-mail* para contato e livro de visitas.

Estudantes de ambas as turmas foram capazes de gerar uma lista de critérios de *Web design* que fazem parte da lista de *guidelines* criada por especialistas da área, demonstrando bom senso e conhecimento do assunto. Esta atividade serviu de estímulo à depuração para a maioria dos grupos, pois podiam confrontar o que haviam feito com os critérios definidos.

11. Considerações finais e perspectivas de pesquisas

Apesar de pouco conhecido, o Construcionismo possui ideias poderosas e úteis para o desenvolvimento de pesquisas em informática aplicada à educação, incluindo-se aí a Educação Matemática. Nas últimas décadas, a linguagem Logo foi o "produto" construcionista mais explorado por matemáticos e pedagogos, mas devido às dificuldades impostas pela programação, à inaptidão do Logo em trabalhar certas áreas do conhecimento e às novas ferramentas e oportunidades que o avanço tecnológico vem oferecendo a cada ano, o que impele pesquisas em novas direções, atualmente o Logo não atrai mais o interesse de tantos pesquisadores e professores.

Entretanto, as ideias norteadoras do Construcionismo não se restringem ao Logo e, portanto, podem ser muito úteis na pesquisa dessas novas oportunidades, incluindo jogos eletrônicos, treinamento corporativo, educação a distância e formação de professores. Da mesma forma, o surgimento de novas tecnologias é fundamental à própria evolução das ideias construcionistas, pois adaptações e novos desdobramentos são necessários.

Dentre as possibilidades atuais, a que mais nos chamou a atenção foi o jogo eletrônico. Conforme afirmou Emerique (1999), "jogo é uma situação privilegiada *afetiva, social* e *cognitivamente*" (p. 195). Nesse texto, Emerique mostra a importância e as vantagens de se utilizar o lúdico na educação. Pensamos que ao unir o potencial dos jogos com a informática, tendo por referência as ideias construcionistas, poderemos criar um terreno fértil para pesquisas em Educação Matemática. Nesse sentido, iniciamos um trabalho com o *software* RPG Maker (Rosa e Maltempi, 2003), e pretendemos dar continuidade a isso com novos projetos que envolvam alunos de pós-graduação. Estes projetos poderão lidar tanto com a aplicação quanto com o desenvolvimento e teste de jogos eletrônicos em ambientes de aprendizagem que tenham a Matemática por contexto.

O ciclo descrição-execução-reflexão-depuração mostra-se um modelo que facilita a construção de ambientes de ensino-aprendizagem construcionistas. Neste ciclo, a fase de depuração é a mais importante para a construção de conhecimentos, e para que ela ocorra a contento, devemos enriquecer o processo de desenvolvimento do projeto com atividades que estimulem a explicitação e registro de ideias, além de propiciar *feedback* adequado ao aprendiz a respeito de seu trabalho. É interessante notar também que o ciclo transcende ao computador, embora tenha sido idealizado a partir de uma atividade executada sobre ele, e que o estímulo a todas as fases do ciclo não é uma tarefa trivial. Dessa forma, pesquisas pautadas no ciclo, tendo ou não o computador como ferramenta, são necessárias. Tais pesquisas podem envolver o desenvolvimento de novas ferramentas computacionais ou de novas funcionalidades para ferramentas existentes. Por exemplo, no projeto de construção de *Websites*, seria muito interessante que a ferramenta de autoria de páginas oferecesse facilidades para registrar o histórico de desenvolvimento das páginas e para analisar uma página segundo critérios de *Web design* definidos pelo próprio autor. Além disso, dando continuidade ao exemplo de pesquisa apresentado, vislumbramos possibilidades de pesquisas, em nível de mestrado, que lidem com a construção de *Websites* sobre conteúdos matemáticos.

O exemplo dado pela pesquisa, envolvendo a construção de páginas *Web*, acompanhado do bom desempenho, no geral, dos estudantes que participaram, mostra que é possível o emprego do ciclo de aprendizagem em outros contextos, além da programação, como nos jogos eletrônicos, e aponta caminhos para superar as dificuldades impostas às fases de descrição e execução.

Agradecimento

Agradeço ao Maurício Rosa, membro do GPIMEM, pela leitura atenta e sugestões realizadas durante a elaboração deste capítulo.

Bibliografia

EMERIQUE, P. S. Isto e Aquilo: Jogo e "Ensinagem" Matemática. In: BICUDO, M. A. V. (Org.). *Pesquisa em Educação Matemática*: Concepções & Perspectivas. São Paulo: Editora da Unesp, p. 185-198, 1999.

MALTEMPI, M. V. *Construção de Páginas Web*: depuração e especificação de um ambiente de aprendizagem. Tese de doutorado. Faculdade de Engenharia Elétrica e de Computação, Unicamp, 2000.

PAPERT, S. *Logo*: computadores e educação. São Paulo: Editora Brasiliense, 1985.

______. *Constructionism*: a new opportunity for elementary science education. Massachusetts Institute of Technology, The Epistemology and Learning Group, 1986.

PAPERT, S. *A Máquina das Crianças*: repensando a escola na era da informática. Porto Alegre: Editora Artes Médicas, 1994.

RESNICK, M. Xylophones, Hamsters, and Fireworks: The Role of Diversity in Constructionist Activities. In: HAREL, I.; PAPERT, S. (Eds.). *Constructionism*. New Jersey: Ablex Publishing Corporation, p. 151-158, 1991.

______. Toward a Practice of "Constructional Design". In: SCHAUBLE, L.; GLASER, R. (Eds.). *Innovations in Learning*: new environments for education. New Jersey: LEA, p. 161-174, 1996.

ROSA, M.; MALTEMPI, M. V. RPG Maker: Uma Proposta para Unir Jogo, Informática e Educação Matemática. In: *II Seminário Internacional de Pesquisas em Educação Matemática (SIPEM)*, 2003.

SHÖN, D. A. The Design Process. In: *Varieties of thinking*. New York: Routledge, cap. 7. p. 110-141, 1990.

VALENTE, J. A. Por Que o Computador na Educação? In: VALENTE, J. A. (Org.). *Computadores e Conhecimento*: repensando a educação. Campinas: Editora da Unicamp, p. 24-44, 1993.

Redes de Trabalho:

Expansão das Possibilidades da Informática na Educação Matemática da Escola Básica

*Miriam Godoy Penteado**

1. Introdução

No livro anterior[1] sobre a pesquisa produzida no âmbito do Programa de Pós-Graduação em Educação Matemática da UNESP-Rio Claro fui autora do capítulo "Novos Atores, Novos Cenários: Discutindo a Inserção dos Computadores na Profissão Docente". Nele, a partir da análise da dinâmica da sala de aula informatizada, discuto as implicações do uso de Tecnologia da Informação e Comunicação (TIC) para o professor da escola básica. A implementação do uso de computadores na escola, especialmente as da Rede Estadual de Ensino, e sua relação com os professores continua sendo o tema das pesquisas em que estou envolvida e é disso que trata esta minha contribuição para mais um livro sobre as pesquisas desenvolvidas em nosso programa de pós-graduação.

---

* Professora do Departamento de Matemática e do Programa de Pós-Graduação em Educação Matemática da UNESP, campus de Rio Claro-SP. As pesquisas que deram base para este texto recebem apoio do CNPq e Fundunesp — núcleo de ensino.

1. Bicudo, 1999.

Aqui, avanço um pouco em relação à análise das demandas sobre os professores e discuto a possibilidade de se criarem espaços que sirvam de suporte para aqueles que queiram fazer uso de tecnologia em sua escola. Mais especificamente, falo sobre o engajamento de professores numa rede, a Rede Interlink, que visa a favorecer o movimento do professor no processo de incorporação de TIC em sua prática profissional.

Antes de apresentar detalhes da Rede Interlink, trago as ideias que me conduziram para esse tipo de atividade.

2. Computadores na escola: implicações para o professor e sua formação

Falar da inserção de TIC na escola significa considerar que ela mobiliza os atores normalmente presentes no seu cenário e traz consigo muitos outros atores. O movimento, a velocidade, o ritmo acelerado com que a Informática imprime novos arranjos na vida fora da escola caminham para a escola, ajustando e transformando esse cenário e exigindo uma revisão dos sistemas de hierarquias e prioridades tradicionalmente estabelecidos na profissão docente.

São alterações que, muitas vezes, perturbam o trabalho daqueles que estão acostumados a atuar em situações de ensino com alto grau de previsibilidade. O uso de TIC exige movimento constante, por parte do professor, para áreas desconhecidas. É preciso atuar numa zona de risco[2] onde a perda de controle é algo que ocorre constantemente. Além dos problemas técnicos que frequentemente perturbam o andamento das atividades propostas, há as perguntas imprevisíveis que, para grande parte dos professores, são a parte mais difícil de lidar na interação com os alunos. Uma combinação de teclas pode levar ao surgimento de situações que o professor nunca pensou antes. É possível que os alunos façam perguntas sobre matemática que o professor não previu. Muitas dessas situações requerem uma exploração cuidadosa e nem sempre o professor consegue uma resposta imediata. Para enfrentá-las é preciso uma dispo-

2. Para maiores detalhes ver Penteado, 2001 e Borba e Penteado, 2001.

nibilidade para buscar ajuda em livros, colegas, alunos, entre outros. Não dá para negar que a atuação numa zona de risco, como a caracterizada acima, pode ser uma contribuição muito grande no processo de constituição do professor enquanto pessoa e profissional. Ele se depara constantemente com a necessidade de buscar novos conhecimentos.

Porém, nem todos apreciam enfrentar situações dessa natureza. Alguns, ao perceberem a dimensão do que ocorre na atividade mediada por TIC, preferem não se arriscar e passam a evitar o seu uso. Outros a utilizam de forma "domesticada", ou seja, organizam situações com *softwares* fechados que permitem um maior controle e previsão da atuação dos alunos. São softwares do tipo tutorial em que as tarefas estão determinadas e ao aluno cabe seguir indicações para fazer isso ou aquilo. Eles servem bem aqueles que tentam enquadrar a TIC em práticas rotineiras. É claro que, ao fazerem tal escolha, os professores deixam de usufruir o potencial dessa tecnologia para enriquecer os ambientes de ensino e aprendizagem. Muitos sabem disso mas não conseguem fazer diferente porque não encontram apoio no enfrentamento das situações que caracterizam uma zona de risco. Ninguém há de discordar da dificuldade que é lidar sozinho com mudanças e inovações pedagógicas. Além de formação sobre como lidar com as máquinas, o professor precisa ter com quem discutir o que acontece em sua prática.

Sem o envolvimento de professores não é possível pensar na inserção de TIC na escola e, sem formação, esse envolvimento não acontece. Este fato já é reconhecido por aqueles que atuam nessa área e, em vista disso, existem diversas ações de universidades e órgãos governamentais que privilegiam o professor. Um exemplo é o Proinfo, programa do governo federal para inserção de TIC nas escolas públicas, que destina grande parte de sua verba para a formação de professor.[3]

A formação é tida como a condição de sucesso do programa. Porém, esse sucesso está longe de acontecer. Estudos recentes[4] apontam que uma das razões para isso é que a proposta de formação se concentra em cursos que são oferecidos aos professores. São ações fragmentadas. Cada curso

---

3. Detalhes podem ser encontrados no *site* www.proinfo.gov.br

4. Mestrado em desenvolvimento de Audria Bovo e Renata Moro no PGEM — UNESP de Rio Claro.

é uma turma nova, e nem sempre são professores de uma mesma escola. Isso impede a criação de vínculo e a constituição de um espaço para reflexão e discussão dos problemas encontrados quando se utiliza TIC na sala de aula. Em geral são cursos com duração média de 30 horas que não garantem, após sua conclusão, uma continuidade na interação entre a turma. Isso supre somente parte da necessidade dos professores. Eles passam a conhecer alguns softwares e possíveis formas de utilizá-los em atividades didáticas. Mas muitas questões surgem quando retornam para a sua escola e tentam colocar em prática aquilo que estudaram no curso e, em geral, não há com quem conversar sobre o assunto.

Os estudos acima mencionados fazem uma análise de depoimentos de professores da escola pública sobre o programa governamental de informática educativa e revelam que grande parte deles solicita, entre outras coisas, uma continuidade das ações iniciadas nos cursos. Isso pode ser entendido como a necessidade de um espaço de interação permanente entre aqueles que estão implementando o uso de TIC em sua prática. Quando tentamos conhecer quem são os professores que usam tecnologia informática na escola, verificamos que os que se arriscam são aqueles que estão em contato com grupo de pesquisa de alguma universidade ou da própria escola onde lecionam. Isso foi muito bem discutido na dissertação de mestrado de Zulatto (2002) e corrobora a afirmação de que inovação educacional é praticamente impossível de acontecer quando o professor se isola em seu ambiente de trabalho.

A qualidade da ação docente depende da capacidade do professor interagir com os colegas e outros profissionais. Gosto de pensar o professor como um nó de uma rede que conecta atores tais como: o projeto pedagógico da escola, o computador, outras mídias, os centros de pesquisas, os técnicos, os alunos, as famílias, as regras sociais, o professor, as imagens, os sons etc., de forma que o movimento de cada um deles ative outras redes e coloque em jogo o contexto e o seu sentido. O trabalho docente pressupõe o estabelecimento de conexões entre esses atores. É a imagem de uma rede, conforme expressa por Levy (1990).

Numa rede não existe um centro e, pela sua mobilidade, todos os nós podem constituir-se no centro. Neste caso, o professor, o projeto pedagógico, o computador, os alunos, a família, a direção, os demais professores, as regras institucionais etc., estarão em mais ou menos evidência de acordo com a configuração da rede. Para manter-se nesta rede, é preciso um ajuste constante nos diferentes *sites* (ou nós), criando-se *links*[5] (elos de ligação) para os novos *sites* que venham conectar-se a ela. Essa busca por fazer os ajustes é que provoca o movimento da rede. Levy (1990, p. 43) diz que são várias as possibilidades de percorrer uma rede, pois "cada nó pode, por seu turno, conter toda uma rede".

Dessa forma, ao mesmo tempo em que o professor contribui para dar sentido a todos os nós da rede, também o movimento da rede contribui para a sua atuação. O ritmo, a forma, as opções e as necessidades emergirão da situação e serão sempre locais, datadas e transitórias. Dependendo das ativações feitas, algumas conexões poderão ser reforçadas, enquanto outras cairão em desuso para sempre.

Essa ideia de ver o professor como um nó de uma rede mais ampla dá sustentação para a afirmação feita acima de que o uso do computador na escola não se consolidará com o apoio, apenas, de cursos esporádicos para professores provenientes de diferentes localidades e sujeitos a diferentes condições de trabalho. É preciso que, em nível de escola, o professor seja motivado a organizar e desenvolver atividades com o computador e, em parceria com os pesquisadores, técnicos em Informática, pais, alunos e demais educadores, possa criar estratégias para a resolução dos problemas locais.[6]

Ações no local de trabalho, neste caso, a escola; a colaboração entre professores, pesquisadores e futuros professores no planejamento e desenvolvimento de projetos para a sala de aula e a atitude de pesquisa sobre a própria prática são as principais recomendações das pesquisas sobre a formação de professores para o uso de TIC. É claro que não podemos negligenciar o grau de complexidade da atividade de formação no *locus* escolar e, como bem salienta Almeida (2000, p. 250), "seu sucesso depende diretamente de uma ação cooperativa que envolva um contingente considerável de professores e gestores educacionais comprometidos com esse processo".

---

5. *Link:* ponto de ligação entre partes diferentes de um hipertexto ou entre diferentes hipertextos. Em hipermídia, ponto de um texto ou imagem através do qual o usuário salta para outra fonte de informação relacionada. *Site*: localidade, qualquer endereço na Internet. (*Novo Dicionário Folha/Webster's*.)

6. Uma discussão mais detalhada sobre essas ideias pode ser encontrada em minha tese de doutorado (Penteado-Silva, 1997).

Acho importante ressaltar que essa ideia de vincular a formação ao ambiente de trabalho não é especificidade da área de informática educativa. Ela se faz presente nas pesquisas sobre formação de professores em geral e é muito bem fundamentada por colegas do nosso programa de pós-graduação já no livro anterior. Trata-se de uma perspectiva que fortalece a relação entre a teoria e a prática e que concebe o professor como autor de seu processo de formação profissional (Baldino, 1999; Polettini, 1999; Perez, 1999).

É esta perspectiva que orienta a constituição da Rede Interlink. Como perceberá o leitor, sua configuração e funcionamento buscam contemplar as atividades no *locus* escolar e favorecer/facilitar a integração entre agentes educacionais de dentro e de fora da escola.

3. Rede Interlink

A Rede Interlink surge com o objetivo de possibilitar novas conexões para o professor que está na escola. Não se trata de uma tentativa isolada. Trabalhos semelhantes estão sendo desenvolvidos em várias partes do mundo.[7]

Em funcionamento desde fevereiro de 2000, a Rede Interlink é constituída por professores de Matemática de escolas públicas dos níveis fundamental e médio, por alunos do curso de Licenciatura em Matemática e professores da Universidade. Essas pessoas buscam organizar e desenvolver atividades para a sala de aula que utilizem os recursos da tecnologia informática.[8]

A interação entre os diferentes membros da Rede ocorre de duas formas: presencial e virtual. A presencial acontece semanalmente no HTPC — horário de trabalho pedagógico coletivo dos professores em suas respectivas escolas. Vale ressaltar que esse é um horário que faz parte da jornada de trabalho remunerado do professor da Rede Oficial de Ensino

7. Existem iniciativas em larga escala, tais como projetos nacionais como o Proinfo no Brasil e Enlaces no Chile e iniciativas restritas a uma determinada região ou estado como, por exemplo, as realizadas por grupos em diversas universidades. Ver Penteado e Borba (2000).

8. Além de alunos da Licenciatura, contamos também com estudantes de mestrado e doutorado em Educação Matemática.

do Estado de São Paulo. Regularmente, toda semana ou a cada quinze dias, esses encontros contam com a presença da coordenadora da Rede[9] e/ou alguns futuros professores e outros pesquisadores. Esses encontros servem para explorar *softwares* para o ensino de Matemática, bem como discutir sobre atividades em que os mesmos possam ser utilizados com os alunos. Incluem-se aqui atividades com calculadoras simples e gráficas. Desses encontros participam somente os professores que querem conhecer mais sobre o uso de tecnologia. Não há obrigatoriedade, nem por parte da coordenação da Rede, nem pela direção da escola. A única condição para participar da Rede é que o professor queira conhecer mais e tenha disponibilidade para isso.

O outro tipo de interação possível é a virtual, usando a Internet. A Internet é um recurso fantástico para "aproximar" pessoas com interesses comuns, mas que estão em lugares diferentes. A Rede Interlink foi idealizada com vistas a tirar vantagem da comunicação eletrônica. Sendo assim, existe uma *homepage* onde o trabalho é disseminado,[10] fórum de discussão, bate-papo e lista de discussão via *e-mail*.

No seu início, em 2000, a Interlink contava com participantes residentes em regiões muito próximas. A maioria na mesma cidade. No último ano houve uma expansão com a conexão de dois grupos de cidades mais distantes. Esta expansão só foi possível através da interação virtual. A dinâmica de participação de grupos de cidades mais distantes é um pouco diferente daquela dos que estão próximos da cidade onde se localiza a universidade. A presença da coordenadora ou mesmo dos futuros professores na HTPC não ocorre com muita regularidade. A interação é quase que totalmente virtual e depende de um professor que lidera o grupo da escola. Duas vezes por ano acontece um encontro presencial com todos os integrantes. Neste encontro, grupos de professores de uma mesma escola compartilham o que foi estudado e produzido durante o semestre. Nesse dia há também palestras e atividades práticas dinamizadas por alguém da Rede.

Outra atividade, recentemente lançada, é o oferecimento de cursos de curta duração (em média 12 horas), que são realizados na universidade ou nas escolas e atendem professores, alunos ou pais. Esses cursos são

9. A autora deste capítulo.

10. htpp://www.igce.unesp.br/igce/matematica/interlk

ministrados pelos professores em parceria com um futuro professor e/ou pesquisador ou somente por um deles.

Mais do que promover o uso de tecnologia em sala de aula, o objetivo da Rede Interlink é promover a discussão sobre este uso. É importante que a opção ou não por utilizar tecnologia seja feita pelo professor com base em seu próprio conhecimento. E esse conhecimento será construído a partir do pensar e agir coletivamente.

4. O engajamento de professores na rede *Interlink*

Para falar do engajamento de professores, lanço mão de informações provenientes de reuniões presenciais e de arquivos contendo os registros da comunicação eletrônica, tais como: os *e-mails* enviados para a lista de discussão, as conversas no bate-papo, as mensagens no mural de discussão, entre outros. Nessas informações, destaco para análise aquelas que dizem respeito a:

- recursos utilizados: *softwares*, artigos, pessoas, página na Internet, entre outros. As dificuldades e as vantagens encontradas;
- atividades, apresentações, cursos que foram produzidos e como essa produção se relaciona com a sala de aula;
- a interação entre os diferentes membros da Rede. Quem interagiu com quem (professor-pesquisador; professor-futuro professor; professor-professor; futuro professor-pesquisador; futuro professor-diretor etc.)? O meio utilizado (encontros virtuais, lista eletrônica, encontros presenciais nas escolas) e o que facilitou e/ou dificultou essa interação.

A Rede Interlink oferece conexões com outros professores, com especialistas e pesquisadores. As próprias tecnologias, através da Internet, facilitam uma ampliação das conexões e diferentes configurações para a tal rede. É importante salientar que as ações efetuadas na escola pela Rede precisam contar necessariamente com o envolvimento do professor. Não são pessoas de fora com diferentes conhecimentos prestando serviços isolados para a escola. São professores que se engajam em ações que contam com a participação, em diferentes níveis, de pessoas que podem estar além dos muros da escola. O processo de estabelecer diferentes rotas nessa rede, de ampliar e de excluir nós, é um dos fatores importantes que promove a constituição profissional do professor. Na verdade, promove um movimento em todos os nós da rede e pode refletir na qualidade das oportunidades oferecidas aos alunos nas escolas.

É isso o que está acontecendo com os professores membros da Interlink. Ela tem se revelado um suporte essencial para eles. Desde suporte para introdução à informática básica, considerando que muitos não possuem nenhuma familiaridade com computadores, até um espaço de aperfeiçoamento para aqueles que já frequentavam a sala ambiente de informática da escola.

A grande maioria dos *softwares* disponíveis na escola é do conjunto que veio junto com os computadores enviados pela Secretaria de Educação quando do lançamento do Proinfo. A partir da interação na Rede, os professores conseguem informações sobre outros *softwares* e endereços na Internet, com atividades que podem ser desenvolvidas com seus alunos. Vejamos abaixo um exemplo de uma interação que trata disso na lista eletrônica da Rede:

D. pergunta para todos da lista:

> Olá, pessoal, gostaria de saber se alguém conhece *sites* que oferecem *softwares* matemáticos para instalar gratuitamente. Por favor, se souberem me avisem. D.

Logo recebe a resposta:

> Oi, D, no *site* da Rede Interlink, vc encontra vários sites com *softwares* gratuitos... na lista de *links*, dá uma olhada lá: A.P.

E ainda tem mais contribuições:

> Pessoal, no *site* abaixo é possível fazer um *download* de um programa para geometria, inclusive geometria espacial. Eu não explorei muito, mas parece ser interessante. Quem sabe alguém se anima a explorar e depois oferecer uma oficina para nós.
>
> http://www.psychology.nottingham.ac.uk/staff/nvl/Calques3D/main.html, abraços, M.

A lista eletrônica também veicula notícias de jornal que tratam do assunto do uso de tecnologia na educação. Quando alguém lê algo sobre o assunto na Internet, ela ou ele compartilha com os colegas da Rede via lista eletrônica. Essa lista tem sido o recurso virtual mais utilizado. Já o bate-papo, que é a interação em tempo real, aconteceu somente duas vezes ao longo desses quatro anos. Uma vez para um teste e uma outra para discutir um texto previamente combinado. Poucos participaram e, desses, alguns tiveram interrupções durante a conversa por conta de problemas na conexão que estavam utilizando. Atualmente a Rede está utilizando um novo ambiente virtual para tentar minimizar os problemas no bate-papo.

Além do acesso a vários tipos de informação, os professores constroem e difundem ideias de como desenvolver o trabalho com informática na escola. Assim, foi na Interlink que alguns professores difundiram a ideia dos alunos multiplicadores para lidar com a duplicidade de parte do grupo na sala de informática e parte na sala de aula normal. Essa ideia e a forma de implementá-la está, constantemente, sendo discutida. Entre outras coisas, é preciso levar em conta a atividade a ser desenvolvida e que tipo de tarefa será delegada ao aluno-multiplicador.

A Interlink também é um espaço onde os professores disseminam o que aprenderam nos cursos oferecidos pela Secretaria da Educação. Por exemplo, uma professora de uma escola fez um curso sobre um *software* de Geometria Dinâmica no núcleo regional de tecnologia educacional de sua região e utilizou várias reuniões da Rede em sua escola para desenvolver com as colegas o que estudou no curso. Uma outra fez um curso a distância sobre o uso de planilhas eletrônicas na Educação Matemática e compartilhou, via Internet, o que aprendeu. Ela enviava as contribuições pela lista eletrônica e também fornecia textos para a coordenadora da Rede, que por sua vez providenciava cópias e as distribuía para as demais escolas.

Da mesma forma, os futuros professores elaboram atividades para a sala de aula em conjunto com os professores e depois disponibilizam o material no ambiente virtual. Quando o professor está muito inseguro para desenvolver alguma atividade com os alunos, ele pode contar com o suporte de alguém da Rede, em geral um dos futuros professores ou estudante de pós-graduação, para acompanhá-lo. Com isso, a Interlink tem sido um espaço de formação para os que nela se engajam.

Além das atividades práticas, temos também a discussão de textos que tratam das tendências em informática e educação, e sobre sua integração na escola. O objetivo da leitura é criar um espaço para desencadear a reflexão sobre o trabalho que se realiza na escola. A ideia inicial era utilizar o ambiente virtual para a discussão de textos, mas, como já mencionei, esse ambiente não é muito utilizado pelos professores pelas limitações de acesso. Assim, procura-se discutir textos durante a HTPC. Vale observar que a leitura de textos não é muito apreciada pelos professores. O interesse é maior quando os textos estão relacionados com uma situação prática que estejam vivenciando. Por exemplo: se os professores estão organizando atividades para o uso do software Excel num projeto sobre a temática do consumo de água, então faz todo o sentido discutir um texto que relata experiência sobre o uso de Excel ou um que trata do trabalho de projeto com os alunos.

Quanto à comunicação eletrônica, ainda são poucos os que podem acessar Internet: seja na escola, seja em casa. Entretanto, já está havendo uma melhoria dos equipamentos e há o compromisso do governo do Estado de disponibilizar Internet 24 horas para as escolas. Para que esses equipamentos sejam utilizados, os futuros professores da Interlink estão sendo preparados para dar suporte aos professores que queiram interagir mais no espaço virtual.

A participação na Rede tem motivado muitos professores para a aquisição de seu computador pessoal. Porém, isso não é imediato. Temos o caso de uma professora que, somente após um ano de vinculação à Rede, passou a utilizar mais o seu computador pessoal e a ler e responder a algumas mensagens da lista eletrônica. Outras só leem, mas não se manifestam. Alguns comentários durante nossos encontros nos levam a conjecturar que a falta de manifestação no fórum virtual, por exemplo, se deve ao receio de opinar de forma escrita. A escrita tem uma permanência diferente da fala. A dificuldade de participação no bate-papo também parece estar relacionada com a escrita. Fica difícil participar de um bate-papo quando se quer corrigir a ortografia e a gramática antes de enviar a mensagem. Muitas pessoas sentem receio em cometer erros em ambientes desse tipo. Acredito que esse tipo de comportamento não acontecerá com as gerações mais novas que possuem maior familiaridade com interação virtual e outros critérios para julgarem erros e acertos.

5. Considerações finais

Com base no que foi dito nos parágrafos anteriores, afirmo que a Rede Interlink constitui um espaço de formação contínua para o professor, porque nela ele tem, simultaneamente, acesso a informações renovadas e suporte para agir com base nessas informações. O contato com pessoas além da escola serve de estímulo para o uso de tecnologia com os alunos. O professor tem muito mais confiança em se arriscar no desenvolvimento de uma atividade diferente quando sabe que um colega de uma escola parecida com a sua já fez algo similar. O estímulo vindo de um colega é muito mais forte do que o estímulo vindo de alguém da universidade.

Embora existam muitos pontos positivos a serem destacados, é importante lembrar que o engajamento de professores em atividades dessa natureza tem, ainda, um caráter de experimentação e novidade. Como é de se esperar, alguns são mais engajados do que outros e estimulam o trabalho do grupo de sua escola. Há, inclusive, professores da Interlink que já assumem cursos sobre informática educativa na Secretaria de Estado de Educação. Porém, reconheço que a interação está muito dependente e centralizada na pessoa da coordenadora. Tentativas estão sendo feitas de modo a estabelecer novas dinâmicas que minimizem essa centralização — a universidade não pode ser o centro. A primeira delas foi a realização do último encontro presencial numa das escolas da Rede.

A discussão aqui feita ilustra o nível de complexidade e dificuldade de um trabalho coletivo. Porém, acredito ser esse um caminho promissor de expansão das possibilidades de atuação do professor na escola. O trabalho individual contribui para que os professores não saiam da zona de conforto. O trabalho individual estimula a estagnação. É o pensar e agir coletivo que poderá impulsionar e manter o professor numa zona de risco de forma que ele possa usufruir o seu potencial de desenvolvimento.

Bibliografia

ALMEIDA, M. E. *O Computador na Escola: Contextualizando a Formação de Professores*: praticar a teoria, refletir a prática. Tese (Doutorado) — Pontifícia Universidade Católica, São Paulo, 2000.

BALDINO, R. R. Pesquisa-Ação para Formação de Professores: Leitura Sintomal de Relatórios. In: BICUDO, M. A. V. (Org.). *Pesquisa em Educação Matemática*: Concepções & Perspectivas. São Paulo: Editora da Unesp, 1999. p. 221-245.

BICUDO, M. A. V. (Org.). *Pesquisa em Educação Matemática*: Concepções & Perspectivas. São Paulo: Editora da Unesp, 1999.

BORBA, M. C.; PENTEADO, M. G. *Informática e Educação Matemática*. 2. ed. Belo Horizonte: Editora Autêntica, 2001, 104 p. (Col. Tendências em Educação Matemática.)

LÉVY, P. *As Tecnologias da Inteligência*: o futuro do pensamento na era da informática. Lisboa: Instituto Piaget, 1990.

PENTEADO, M. G. Novos Atores, Novos Cenários: Discutindo a Inserção dos Computadores na Profissão Docente. In: BICUDO, M. A. V. (Org.). *Pesquisa em Educação Matemática*: Concepções & Perspectivas. São Paulo: Editora da Unesp, 1999, p. 297-313.

______. Computer-Based Learning Environments: Risks and Uncertainties for Teachers. *Ways of Knowing Journal*, v. I, n. 2, p. 23-25, Autumn 2001.

PENTEADO, M. G.; BORBA, C. M. (Org.). *A Informática em Ação*: formação de professores, pesquisa e extensão. São Paulo: Editora Olho d'Água, 2000.

PENTEADO-SILVA, M. G. *O Computador na Perspectiva do Desenvolvimento Profissional do Professor*. Tese de doutorado. Universidade Estadual de Campinas, 1997.

PEREZ, G. Formação de professores de Matemática sob a perspectiva do desenvolvimento profissional. In: BICUDO, M. A. V. (Org.). *Pesquisa em Educação Matemática*: Concepções & Perspectivas. São Paulo: Editora da UNESP, 1999, p. 263-282.

POLETTINI, A. F. F. Análise das Experiências Vividas Determinando o Desenvolvimento Profissional do Professor de Matemática. In: BICUDO, M. A. V. (Org.). *Pesquisa em Educação Matemática*: Concepções & Perspectivas. São Paulo: Editora da Unesp, 1999, p. 247-261.

ZULATTO, R. B. A. *Professores de Matemática que Utilizam Softwares de Geometria Dinâmica*: suas características e perspectivas. Dissertação de mestrado. Unesp-Rio Claro, 2002.

Dimensões da Educação Matemática a distância*

*Marcelo C. Borba***

Em Borba (1999) apresentei uma visão teórica de como a informática, vista enquanto mídia qualitativamente diferente do lápis e papel, reorganiza o pensamento. Foi também apresentada uma noção na qual o conhecimento nunca é produzido somente por humanos, mas sim por unidades formadas por seres humanos e não humanos. O conhecimento é, portanto, sempre condicionado por mídias como a oralidade, a escrita ou a informática.

Neste capítulo lidarei com um novo aspecto de tal reorganização. A Internet e as interfaces associadas a ela criaram uma nova forma de pensarmos a Tecnologia Informática (TI) em Educação Matemática. De tecnologia que transformou a Educação Matemática ao mudar a relação com a informação, a informática agora oferece novas possibilidades ao ter modificado a noção de espaço e tempo, permitindo novas possibilidades

---

* Este capítulo é resultado do projeto integrado de pesquisa "Novas e Velhas Tecnologias da Informação em Educação Matemática", financiado pelo CNPq (processos 520033/95-7 e 471697/2003-6).

** Professor do Programa de Pós-Graduação da UNESP, campus de Rio Claro-SP.

de comunicação, as quais são discutidas com base na experiência de quatro cursos a distância oferecidos de 2000 a 2003.

De forma inicial, dimensões da Educação Matemática a Distância são analisadas. A primeira delas é a institucional, na qual são apresentadas algumas questões que têm permeado o debate sobre Educação a Distância (EaD) nas universidades. Em seguida, é abordada a dimensão epistemológica, na qual apresento um aspecto da relação entre tecnologia e seres humanos que embasa as transformações na produção de conhecimento. Com base em tal visão, são discutidas questões relativas à pesquisa envolvendo mudança do foco, metodologia qualitativa e procedimentos de análise, além de particularidades da Matemática na EaD. Finalmente, será tratada a dimensão social desta modalidade de Educação, com a retomada da discussão institucional.

1. Educação presencial ou educação a distância? Será esta a pergunta correta?

Desde meados da década de 90 o debate referente à EaD tem se intensificado à medida que novas interfaces para a Internet têm surgido. Em particular, a WWW aproximou bem mais as tecnologias informáticas do usuário por ter eliminado passos intermediários que teriam que ser dados para que a comunicação se efetuasse. Mas as mudanças não se deram só neste nível. Esta nova faceta possibilitou a consagração da terminologia Tecnologias da Informação e Comunicação (TIC), transformando-se em um exemplo "clássico" de como as interfaces modificam as tecnologias e as próprias possibilidades humanas. Permitiu, também, que cada vez mais sons, imagens, fotos e filmes fizessem parte desse ambiente de comunicação, mostrando-se como alternativa e complemento ao texto usual escrito.

Com todas estas transformações que a informática sofreu, nossas vidas também se modificaram — em relação às noções de tempo e espaço — solapando certezas que tínhamos em relação às nossas possibilidades. Como não poderia deixar de ser, tais questões afetaram a Educação de forma mais rápida que a "primeira onda" da informática, a que trouxe para o cenário de nossas discussões os aplicativos gerais como editor de texto e planilhas eletrônicas, além de outros específicos para a Educação (Matemática) como o winplot,[1] geometricks[2] e derive,[3] voltados para áreas específicas da Matemática, respectivamente, funções, geometria e cálculo diferencial e integral.

A presente "segunda onda", provocada pela Internet e suas interfaces, trouxe imensas mudanças para um tema que não era central nas discussões em Educação. A EaD, que no Brasil tinha então como o seu programa mais popular os telecursos oferecidos pela Fundação Roberto Marinho, ganhou uma dimensão inteiramente nova com as possibilidades criadas pelas novas interfaces associadas aos computadores, hoje já familiares (em diferentes níveis) para a imensa maioria de leitores de um capítulo como este. Rapidamente, a Internet permitiu que diversos níveis e setores da Educação fossem tomados por propostas de EaD. Houve uma grande oferta de cursos de doutorado a distância por instituições do exterior, assim como alguns de mestrado e doutorado *stricto sensu* por instituições nacionais. Licenciaturas para professores têm se tornado frequentes, não só aquelas patrocinadas por consórcios de universidades públicas, como no caso do estado do Rio de Janeiro (www.portaldaeducacao.rj.gov.br), mas também as que são voltadas para professores de primeira a quarta série da rede pública do estado de São Paulo (www.educacao.sp.gov.br). Especializações para profissionais da Educação têm sido oferecidas em quantidade cada vez maior, se considerarmos apenas os diversos anúncios que circulam nas listas eletrônicas de que participo ou sítios (*sites*) que visito. Cursos de extensão para professores, como os que são oferecidos por mim em conjunto com membros do GPIMEM,[4] que eram pioneiros há quatro anos, já são encontrados em diversos formatos no mundo virtual.

Nestes cursos, o *chat*, ou sala de bate-papo, acabou se tornando o instrumento fundamental. Durante três horas semanalmente, durante um

1. Desenvolvido pelo Prof. Dr. Richard Parris, da Philips Exeter Academy, 1985.

2. *Software* em CD-ROM: Desenvolvimento: Viggo Sadolin (The Royal Danish of Education Studies, Kopenhagen, Denmark). Tradução: Miriam Godoy Penteado e Marcelo de Carvalho Borba, UNESP, Rio Claro. Editora da UNESP, 2001.

3. Maiores informações em www.derive.com

4. Grupo de Pesquisa em Informática, Outras Mídias e Educação Matemática. Departamento de Matemática, IGCE, UNESP, Rio Claro. www.rc.unesp.br/igce/pgem/gpimem.html

semestre letivo, 20 professores, um técnico, um monitor (aluno de mestrado, doutorado ou de iniciação científica) e eu participávamos de uma aula virtual na qual eram discutidos textos previamente agendados. Os participantes debatiam diferentes aspectos de questões geradas por mim ou por eles. Além disso, havia uma lista de correio eletrônico, usada para enviar mensagens mais longas para todos os participantes no intervalo entre uma sessão e outra. Completando a estrutura virtual do curso, havia um sítio onde eram armazenadas diversas informações sobre os participantes, além de resumos das discussões acontecidas em aulas anteriores e questões para aulas futuras. Em 2003, esta estrutura foi enriquecida, embora não tenha mudado no fundamental, já que passamos a utilizar o TeLeduc[5], um ambiente gratuito, para nossas atividades virtuais. De todo modo, a parte central do modelo do curso era a garantia de atividades síncronas, como a sala de bate-papo, onde todos "se encontravam", e assíncronas, em que cada um desenvolvia as atividades do curso em tempo escolhido pelos participantes, como no caso da lista de correio eletrônico.[6]

Neste capítulo não pretendo analisar os diversos cursos oferecidos, com exceção dos ministrados por mim, dos quais disponho de dados e experiência para oferecer reflexões mais aprofundadas. Pretendo sim, por outro lado, debater questões gerais que têm permeado a discussão sobre EaD e envolvido vários membros da comunidade de Educação. Uma oposição importante neste debate parece ser aquela que confronta Educação a Distância com Educação Presencial. Assim, surgem posições que confrontam o "aligeiramento" de cursos a distância com a qualidade dos presenciais. Os cursos a distância estariam sendo desenvolvidos somente para aligeirar a formação do educador e seriam reflexo direto das políticas do Banco Mundial. O discurso do "aligeiramento" foi utilizado no debate que permeou o estado de São Paulo, no período 2000-2002, referente a um curso oferecido para graduar em pedagogia professores da rede estadual que não possuíam tal título. Este foi oferecido por instituições importantes na área de Educação e pesquisa, embora tenha

---

5. http://teleduc.nied.unicamp.br/teleduc

6. Para uma descrição detalhada do modelo do primeiro curso oferecido, ver Gracias (2003) e Borba e Penteado (2001). Para um debate mais amplo de diversos modelos utilizados em EAD, ver Valente (2003), Axt (2003), Maltempi (2003) e Moran (2003).

contado com fortes resistências de docentes das instituições envolvidas e de outras inicialmente convidadas para participar do projeto. O curso era baseado em videoconferências nas quais professores ministravam palestras para diferentes turmas, via linhas dedicadas. Os alunos-professores também podiam propor atividades, e havia possibilidade que perguntas fossem feitas pelos alunos-professores envolvidos. Em cada "tele-sala", onde estavam os alunos-professores, havia monitores que coordenavam as atividades. Nos períodos de férias letivas e finais de semana, ocorriam atividades presenciais. Para os proponentes do curso, não havia aligeiramento e aquela era a única forma de graduar os professores da rede estadual que possuíam apenas a formação em nível de Ensino Médio para ministrar aulas para as primeiras séries do Ensino Fundamental.

De novo, devo lembrar que a breve descrição deste curso não serve para avaliá-lo, o que creio ser uma tarefa que se faz urgente. Serve, entretanto, para dar sustentação à ideia de que o debate Educação Presencial X Educação a Distância pode não ser adequado. Por exemplo, a possibilidade que esses alunos-professores tiveram de ouvir palestras ou interagir com docentes convidados desta instituição de forma "direta", via videoconferência, é algo que boa parte dos alunos de Pedagogia dos cursos presenciais não tem. Por outro lado, pode se dizer que um professor, ministrando uma palestra para quatro turmas com quarenta alunos-professores em cada, vai gerar espaço para menos perguntas por parte dos alunos-professores do que em uma sala usual com 50 alunos.

Há, entretanto, o fato inegável de que a discussão pedagógica persiste. Como se deu a prática pedagógica dos professores e monitores? Deu-se basicamente seguindo o modelo da Educação Tradicional Vigente, com a sequência teoria, exemplo e exercícios, no caso de ensino e aprendizagem de Matemática? Ou houve outras propostas alternativas que têm se caracterizado como Tendências em Educação Matemática?[7] O fato de ser presencial ou a distância não invalida esta discussão. Podemos listar outros argumentos semelhantes que sugerem que a oposição entre Educação a Distância e Educação Presencial não seja uma polarização apro-

7. Ver, por exemplo, Coleção Tendências em Educação Matemática, publicada pela Editora Autêntica. www.autenticaeditora.com.br

priada para este debate. Pode-se, sim, perguntar: Há vertentes pedagógicas que se adequam mais às possibilidades da WWW?

Por outro lado, acredito que parte das críticas feitas à Educação a Distância pode ajudar a analisar a própria qualidade da Educação Presencial. Muitos criticam o fato de os monitores não terem doutorado ou mesmo mestrado em boa parte dos casos, ou o fato de a Educação a Distância não permitir um contato olho no olho, ou os contatos usuais da Educação Presencial. Se é verdade que boa parte dos monitores não tinha a qualificação considerada adequada hoje nas universidades públicas, é também verdade que até dez anos atrás boa parte das principais instituições universitárias do país não possuía mais do que 60% de seus docentes com doutorado, e um número, longe do desprezível, não tinha mestrado tampouco. Tais instituições eram, e são, consideradas líderes na formação de professores e na formação de outros profissionais.

A noção do contato pessoal, face a face, utilizada para desqualificar a EaD, é um argumento forte e demanda maiores investigações. Entretanto, minha experiência como gestor — como coordenador de programa de pós-graduação (www.rc.unesp.br) por mais de cinco anos[8] nos últimos dez anos — em conjunto com afirmações como esta me levam a refletir sobre a própria Educação Presencial e as interações que nela acontecem. Este programa mantém, desde suas primeiras turmas, uma forte "vida cultural", aqui entendida como toda a interação que transcende as partes obrigatórias do programa como disciplinas, exames e defesas. Desde o início, há vinte anos, ele promove seminários semanais, organiza conferências, produz periódico científico (BOLEMA)[9] e proporciona trabalho e estudo coletivo, ajuda mútua entre estudantes, festas, jantares, passeios, programações culturais no sentido usual e um sem-número de outras atividades. É claro que, se pensarmos em um programa de pós-graduação totalmente a distância, tal questão não aconteceria, e essa parte do programa é considerada importante por todos, embora não haja pesquisa sugerindo o porquê de tal importância. Há evidências, entretanto, de que quase todos que participam desse cotidiano do programa aprendem algo além de sua tese

---

8. Nos períodos de 1994 a 1995 e de 2000 a 2004.

9. *Boletim de Educação Matemática*, UNESP, IGCE, Departamento de Matemática, Programa de Pós-Graduação em Educação Matemática. www.rc.unesp.br/matamatica/bolema.

ou dissertação, terminam mais rápido, continuam a interagir com professores do programa após formados etc. Embora realce que uma pesquisa sobre isto precisa ser feita, para a discussão deste capítulo, vale a constatação de que essa vida cultural não é usual em todos os programas. Há diversos programas de pós-graduação (presenciais), em especial aqueles localizados nas grandes metrópoles, nos quais tal interação acontece em menor grau ou praticamente não existe. É comum se ouvir sobre programas nos quais grande parte dos alunos vai quinzenalmente à instituição, sendo estas as únicas ocasiões em que acontecem contatos entre docente e discente. Ressalto que temos também alunos com esse perfil em nosso programa, embora eles não sejam maioria. O que importa aqui é ressaltar que a qualidade da interação e contato pessoal pode não ocorrer também em alguns cenários educacionais presenciais e pode também acontecer em diversos modelos de Educação a Distância, que incluem encontros presenciais em períodos especificamente demarcados.

Uma terceira vertente deve ser considerada para abalarmos mais ainda a dicotomia Educação Presencial e Educação a Distância. Em nosso programa temos uma lista eletrônica que reúne boa parte dos discentes e docentes, que se tornou um fator de incremento da vida cultural do programa, não só para os que não moram em Rio Claro, mas também para aqueles que moram e optam por se expressar na lista, ou os que preferem trabalhar em casa. Já há disciplinas, em nosso programa e fora dele, que utilizam listas e mesmo ambientes como o TeLeduc, como complemento das atividades usuais presenciais. Levantamentos na Internet podem ser feitos, dependendo das possibilidades técnicas da sala de aula do programa, durante a aula. Ou seja, diversos meios tecnológicos, que foram desenvolvidos voltados para a comunicação entre aqueles que não dividem o mesmo espaço físico, têm transformado também as relações presenciais e as vidas culturais dos programas. Há relatos de discussões em lista que têm levado a debates mais próximos do que aqueles em reuniões.

É razoável, então, pensar que a dicotomia entre Educação a Distância e Educação Presencial não é a maneira mais adequada para basear a discussão. Mesmo no caso da Educação voltada para crianças, embora não haja ninguém propondo Ensino Fundamental a distância, esta alternativa já tem se mostrado muito importante para crianças que têm que despender grande parte de suas vidas em hospitais, por exemplo. Deve ser discutida a proposta pedagógica dos cursos, o grau de interatividade e as possibilidades técnicas tanto da sala de aula virtual quanto da sala de aula presencial. Deve-se ter claro que, na imensa maioria das vezes, Educação a Distância também significa Educação Presencial, já que quase todos os cursos a distância, que conferem certificados de graduação ou pós-graduação, têm um grau de Educação Presencial. E onde há estrutura técnica para tal, a Educação Presencial já é totalmente impregnada, dentro e fora da sala de aula, por interfaces como a WWW.

Considero, portanto, que as tecnologias oferecem possibilidades que transformam a Educação, acontecendo o mesmo em relação às formas de construção de conhecimento. Como já afirmado em outros artigos (Borba, 2002; Borba, 1999) e ilustrado com resultados oriundos de pesquisas, considero que o conhecimento é sempre produzido por coletivos formados por seres-humanos-com-mídias, ou seja, por seres humanos e não humanos. De forma recíproca, como nos lembra Kenski (2003) "ao conjunto de conhecimentos e princípios científicos que se aplicam ao planejamento, à construção e à utilização de um equipamento em um determinado tipo de atividade, nós chamamos de 'tecnologia'" (p. 18). Desta forma, conhecimento e tecnologias, em particular, as mídias, se constituem mutuamente.

2. Educação a distância e a produção do conhecimento

Há anos foi publicado um artigo intitulado "Informática Trará Mudanças à Educação Brasileira?" (Borba, 1996). Naquele artigo, a questão da Internet não era tratada, dentre outros motivos porque ela era acessível para poucos, e interfaces como WWW estavam apenas iniciando o seu processo de impregnação em nossas vidas. Uma questão que era lá tratada, entretanto, estava ligada à domesticação das mídias. Lá afirmei que poderia haver uma tentativa de utilizar uma nova mídia, no caso a informática, da mesma forma como se utiliza o lápis e papel. Tal discussão era baseada fundamentalmente na noção de que as novas tecnologias — entendidas então como computadores com aplicativos ou calculadoras gráficas — apresentavam um potencial de "experimentação" que possibilitava trabalhos exploratórios realizados em atividades abertas, diferentes das usualmente oferecidas em livros de Matemática voltados para práticas em sala de aula com lápis e papel. Desta forma, os próprios tópicos a serem tratados em sala de aula poderiam ser modificados ou abolidos, à medida que, por exemplo, o trabalho com gráficos de funções se transforma completamente com a disponibilidade de *softwares* que geram gráficos com rapidez e com escalas diversas. Trabalhar com mudanças de tópicos com um enfoque experimental criava demandas para a formação de professores voltadas para a informática, que já então era apontada como uma questão central. Naquele artigo, e em outros, discuti, a partir de minha experiência como professor que utiliza informática em cursos regulares, como as mudanças descritas traziam uma enorme complexidade para a formação de professores, além de outras como a capacidade de o professor dizer "não sei", já que com os *softwares* presentes em sala de aula aumenta a probabilidade de que ele não saiba algo, como, por exemplo, qual o gráfico de uma dada expressão algébrica que o aluno acaba de plotar, envolvendo quocientes, multiplicações, adições e subtrações de funções.

Este breve sumário do artigo acima serve de inspiração para vermos como estas questões podem ser retomadas na presente "segunda onda de informática", baseada nas novas possibilidades oferecidas pela Internet, no sentido de que mudam as interfaces e também a rede física, possibilitando relações cada vez mais amigáveis e mais rápidas entre os usuários, computadores e toda a rede formada por páginas, outros usuários, servidores, máquinas e demais atores que participam da Internet. Sendo assim, não podemos pensar em cursos melhores ou piores via Internet, mas analisar que tipo de transformação ocorre quando esta mídia é utilizada.

Devemos considerar que o curso virtual não pode ser igual àquele apresentado em sala de aula usual. Parece coerente pensar sobre transformações na forma de produção de conhecimento — e não em melhora ou piora — como em uma reta numerada; se haverá mudanças em tópicos, ou na própria noção de conteúdo a ser ensinado; e em questões relativas ao papel dos professores em tal modalidade de Educação. Mas como é vista a relação tecnologia e ser humano de forma a embasar as afirmações e dúvidas acima? Na verdade, trata-se de uma visão sobre tecnologia, cognição e produção de conhecimento. Ela parte da noção que diferentes mídias, como a informática, reorganizam o nosso pensamento (Tikhomirov, 1981), ou seja, a utilização de uma mídia qualitativamente distinta de mídias como a oralidade e a escrita não é apenas justaposta a seres humanos. As mídias, então, não são apenas externas a estes, elas transpassam as fronteiras do ser biológico, estando fora e dentro das mesmas, reorganizando nossa forma de pensar. De fato, o conhecimento produzido está sempre impregnado de escrita, de oralidade e não somente de informática, que é o caso mais fácil de ser visto. Gracias (2003) ilustra com diversos exemplos aspectos de tal reorganização em cursos a distância apoiados na Internet. Ela pontua aspectos como comunicação em rede, não linearidade e velocidade da comunicação, já discutidos em outros trabalhos, mas avança ao discutir, tomando por base Lévy (1999), como a sala de bate-papo, principal suporte do curso a distância analisado por ela, serve como espaço de significação. Gracias (2003) defende que a Internet colabora mais ainda para que a noção de espaço se plastifique, à medida que há uma nova noção de proximidade, baseada nas regiões de interesse dos participantes de um ambiente virtual.

É neste sentido que o "multiálogo" descrito em Borba e Penteado (2001) e Gracias (2003) acontece. Por multiálogos entendo o acontecimento de diversos diálogos entrecruzados, como os ocorridos em salas de bate-papo, com membros envolvidos em várias discussões, e um dado aluno "saltando" de um para outro, ou participando de mais de um diálogo. É esta natureza da sala de bate-papo que modifica a natureza da produção do conhecimento neste ambiente. É diferente da interação na sala de aula, tendo em vista que, por exemplo, eu, na posição de professor, no referido curso a distância, me engajava em uma discussão sobre modelagem em Educação Matemática e, "ao mesmo tempo", já tinha que me confrontar com uma outra questão de cunho administrativo feita por outros participantes do Curso em um diálogo paralelo. Este multiálogo, não linear, chegou a ser chamado de "Torre de Babel" por um dos participantes do curso que gostaria de encontrar neste ambiente uma reprodução daquele com o qual a maioria de nós está mais familiarizado. De 2000, época da primeira realização deste curso, para 2003, já há mudanças em relação a esta questão. Demonstrando uma maior familiaridade dos participantes do curso com ambientes como a sala de bate-papo, o tipo de interação e de mobilidade nas diversas aproximações entre participantes já era vista com mais naturalidade.

A análise dos cursos já ofertados ilustra também como o construto seres-humanos-com-mídias, apresentado com mais detalhes em Borba

(1999; 2002), mostra-se apropriado como ponto de partida para entender a produção do conhecimento neste ambiente, mas também como meio de descrever o tipo de mudança ocorrido neste processo. Tal visão da relação de tecnologia com conhecimento é baseada na análise de Lévy (1993) em que a história do conhecimento, produzido pela humanidade, é permeada e condicionada pelas diferentes tecnologias da inteligência, oralidade, escrita e informática. Para este autor, o conhecimento nunca é produzido somente por humanos, mas também por atores não humanos. As tecnologias são produtos humanos, e são impregnadas de humanidade, e reciprocamente o ser humano é impregnado de tecnologia. Neste sentido, o conhecimento produzido é condicionado pelas tecnologias e, em particular, pelas tecnologias da inteligência, denominadas mídias por mim para enfatizar o aspecto comunicacional. O tipo de conhecimento produzido em sociedades que têm a oralidade como principal ferramenta é distinto daquele de sociedades que têm algum tipo de escrita. De forma análoga, ao estarmos lidando com uma tecnologia da inteligência, qualitativamente diferente como a informática, novos coletivos, incluindo humanos e não humanos, são formados. Ou seja, novos coletivos seres-humanos-com-mídias se constituem como atores desta produção do conhecimento.

Identificar o papel de novas tecnologias, em dados coletivos pensantes, tem sido o foco de boa parte das pesquisas do GPIMEM, nesses dez anos de existência. Foi assim que já discutimos de que forma as calculadoras gráficas condicionaram a produção do conhecimento matemático em sala de aula, já que dificilmente ele aconteceria da forma apresentada caso elas não estivessem presentes nas práticas dos estudantes (*e.g.* Borba e Villarreal, 1998). Desta maneira, pode ser dito que o construto seres-humanos-com-calculadoras foi constituído. De forma análoga, a constituição deste espaço virtual, formado nos diferentes cursos que oferecemos para professores de Matemática, gera coletivos que só seriam possíveis a partir da Internet, e das diferentes interfaces utilizadas nos diferentes cursos. A Internet permitiu que professores da Bahia, Maranhão, Paraná, Argentina e Estados Unidos participassem de aulas em uma noite na semana sem terem que se locomover até Rio Claro-SP. Mais ainda, a escolha das salas de bate-papo pelo professor, recurso possível graças à interface WWW, como principal meio de comunicação, permite "diálogos" simultâneos, que não ocorreriam por exemplo em videoconferências, também utilizadas em EaD, nem em um ambiente presencial. Sendo assim, este coletivo seres-humanos-com-Internet-sala-de-bate-papo... produz conhecimento com dinâmica própria e gera o que seria uma "escrita secundária" e uma "oralidade terciária" na Internet. Essas denominações dariam continuidade às expressões utilizadas por Lévy (1993) que diferenciam a oralidade primária utilizada para comunicação oral e a secundária, que se origina da leitura da escrita. Na Internet, temos aspectos de escrita e oralidade mesclados que provisoriamente denominei da forma acima.

Lévy (1993), no já clássico *As Tecnologias de Inteligência: O Futuro do Pensamento na Era da Informática*, argumenta que não só estas, mas todas as coisas que nos cercam são também coautoras do conhecimento. Neste sentido, as cidades e suas bibliotecas são também componentes de tal produção. A Internet e suas diversas interfaces, em seu estágio atual, já são exemplos de novas formas de estruturas que estão modificando as cidades, as bibliotecas e os próprios mecanismos de fluxo de informação. Se alguém quiser saber sobre as sequências de Fibonacci, bastará digitar tal nome em um sítio de busca, e rapidamente encontrará páginas com definições, discussões sobre o tema, atividades didáticas etc. É claro que um curso que já se apoia e é moldado pela Internet incentiva este tipo de procura e redefine os papéis que as bibliotecas usuais desempenham. Por outro lado, algumas bibliotecas não são mais usuais e assinam periódicos eletronicamente, possuem sistemas de busca totalmente informatizados para acervos internos, compartilhados ou acervos virtuais.

É neste sentido que temos nos esforçado ao longo destes anos para pensar em desenhos de cursos que se baseiem em livros, mas também em sítios, além de artigos científicos no sentido usual, mas que também gerem artigos coletivos destes novos ambientes que ressignificam as nossas noções de espaço, tempo e de produção do conhecimento.

3. Pesquisa e educação a distância

Em Penteado e Borba (2000) foi discutido de que forma a mudança de foco de pesquisa do grupo — de experimentos mais ligados à epistemologia para um tipo de pesquisa que envolvia extensão — colocou novas questões relativas à metodologia de pesquisa, e como a mudança de infraestrutura física do laboratório que hospeda o GPIMEM influenciou na consolidação de um modelo de inteligência coletiva, baseado na troca, na aprendizagem mútua. Processo semelhante tem ocorrido a partir do peso maior que a EaD ganhou dentro do GPIMEM. Inicialmente, ainda em 1999, três membros do grupo se debruçaram sobre questões técnicas tentando ver quais as opções gratuitas que tínhamos para poder oferecer um curso a distância. Tal energia despendida não ficou presa a este momento, já que durante todos os anos fizemos modificações, não só na bibliografia e "webgrafia" discutidas, mas também no próprio ambiente informático utilizado. Localizar anualmente salas de bate-papo eficientes, que convivessem com as diversas *firewall*[10] dos participantes, não era tarefa simples, ainda mais porque os servidores modificaram bastante suas defesas contra vírus e outros aspectos indesejáveis. Mesmo com a nossa última versão, a utilização do TeLeduc, hospedado no servidor da UNESP, não impediu que alguns participantes tivessem problemas com o acesso devido a restrições do servidor de origem.

De forma semelhante ao movimento anterior do GPIMEM, a Internet e seu desenvolvimento tem possibilitado a condição para que tenhamos pesquisadores associados que não vivem na região de Rio Claro. Há, também, novas questões de pesquisa que são geradas e, muitas delas, ainda sem uma resposta inicial. Assim, se já avançamos algo em termos do modelo do curso que queremos ofertar, e apostamos que esta modalidade é adequada para a formação continuada de professores, estamos convencidos de que ainda não há uma resposta para a pergunta *como formar o professor que ministrará cursos a distância?* No momento, não há esta formação, e os que se aventuram em tal empreitada, como Telma Gracias, Geraldo Lima[11] e o autor deste capítulo, fazem-no de forma autodidata. E, embora não pudesse ser de outro jeito, já que não havia geração anterior para "passar" como se processa a Educação em coletivos do tipo seres-humanos-com-Internet, respostas a esta pergunta terão que ser buscadas se não quisermos vivenciar uma domesticação total da Internet, com a reprodução de padrões pré-Internet em cursos ministrados desta forma, e se quisermos ampliar o uso da Internet em processos de Educa-

---

10. *Firewall* é um *software* utilizado por provedores para filtrar o tráfico de dados e impedir acessos indesejados que provoquem danos aos usuários.

11. http://www.rc.unesp.br/igce/pgem/gpimem.html

ção a Distância e Presencial. Menos ainda sabemos sobre como um professor formado a distância se comportará se obter seus primeiros empregos em situações presenciais; ou como deve ser o estágio deste professor formado a distância? De forma análoga podemos fazer o mesmo tipo de perguntas para o professor que está experimentando Educação Presencial e que venha a obter o seu emprego em Educação a Distância.

Mas há outros problemas em aberto: nos cursos oferecidos pelo GPIMEM, o conteúdo central tem sido as tendências em Educação Matemática. Ou seja, são discussões com ênfase em aspectos educacionais relativos à visão da Matemática que deve ser praticada em sala de aula, à postura do professor e às formas alternativas de se organizar o currículo na escola em seus diferentes níveis. Entretanto, nos últimos dois anos, passamos a investigar de que maneira os problemas matemáticos podem ser discutidos em nossos cursos a distância. Tentamos trabalhar a partir de problemas apresentados pelo professor dentro do enfoque denominado experimental-com-tecnologia, no qual os educandos (professores, neste caso) tentam — em conjunto com *softwares* dedicados à geometria ou funções — gerar conjecturas e apresentar soluções para problemas em aberto. Discutimos e estudamos, em outra ocasião, a partir de um livro (Barbosa, 2002), os fractais, assunto com o qual todos tinham pouca familiaridade. Ainda falta uma análise em nível de pesquisa para que tal problema seja abordado de forma adequada, mas inicialmente pode ser dito que, na turma deste ano, houve uma aluna que sentiu falta da relação presencial. Foi proposto um problema envolvendo construção geométrica, que poderia ser pensado em conjunto com qualquer dos *softwares* especializados em geometria. Eliane,[12] uma professora participante do curso, reagiu da seguinte forma após o início da discussão coletiva: "confesso que pela primeira vez senti logo uma necessidade profunda de um encontro presencial... que falta faz uma explicação olho no olho" (aula 6, 29 de abril de 2003, 19:24). A discussão da Matemática fez emergir a necessidade de um contato presencial e também das mídias com as quais usualmente fazemos Matemática, o lápis-e-papel, o quadro-e-giz. Ainda não sabemos como interpretar isso, mas já sentimos que plataformas como o TeLeduc não conseguem ser atores que permitam trocas de "fazer Matemática",

---

12. Eliane Matesco Cristovão, professora da rede pública e privada de Ensino Fundamental e Médio.

talvez por serem ainda, como quase todas, bem "alfabéticas", feitas para o desenvolvimento da escrita usual e que não permitam manipulações em figuras no estágio em que se encontram, ou da forma que conseguimos utilizá-las. Se a falta do contato físico (tato em comum) e de um cheiro que possa ser compartilhado (olfato), não possibilitados em cursos de EaD, já parecem trazer desconforto a participantes em vários momentos, o fazer Matemática parece produzir o mesmo efeito, além de gerar para pesquisadores da área de Educação Matemática problemas ligados à natureza de incômodos como o de Eliane.

Fazer pesquisa em EaD também levanta novas questões em nível de uma metapesquisa, ou seja, da própria metodologia de pesquisa qualitativa. Em Borba e Penteado (2001) ou em Gracias (2003), mostra-se como que os multiálogos sugerem procedimentos de análise e de exposição diferenciados. O uso de fontes diferentes ou de cores se torna fundamental para que a maioria dos leitores possa acompanhar a análise feita por pesquisadores, já que a sequência linear de falas, como aparece no programa que grava as conversas da sala de bate-papo, não permite construir um sentido do que se está discutindo, na maioria das vezes.

Se para este tipo de problema, de cunho mais procedural, já encontramos soluções, ainda não está claro o que significa um "ambiente natural", onde a pesquisa se realiza. A pesquisa qualitativa, e suas origens na Antropologia, sugere a necessidade de trabalharmos em ambientes naturais de Educação (Lincoln e Guba, 1985), mas como lidar com esta desconstrução de nossas experiências de espaço e de tempo? Até o momento, temos utilizado apenas a análise das "transcrições" da sala de bate-papo e listas eletrônicas que, ao contrário da pesquisa usual gravada, não necessitam de transcrições, já que a "fala" já é naturalmente transcrita. Mas se entendo que a natureza deste texto produzido é diferenciada, é um misto de fala e escrita, que consequências tem para a pesquisa o fato de ainda não levarmos em consideração esta diferenciação? Temos, então, utilizado o "espaço virtual eletrônico" como nosso ambiente de pesquisa, mas o que dizer dos vinte espaços físicos diferentes de onde as pessoas acessam o sítio ou a sala de bate-papo do curso? Não teríamos que estar investigando isso? Alguns nos dizem que comem sanduíche durante a aula (Gracias, 2003), e outros propuseram que brindássemos, cada um com o seu copo de vinho, a última aula do curso, de forma semelhante ao que várias vezes acontece em uma festa no final de um curso presencial, e que fica mais natural para aqueles que estão participando da EaD a partir de computadores instalados em suas casas. *O que significa uma "entrevista" via correio eletrônico ou sala de bate-papo? Como fazer a triangulação proposta por Lincoln e Guba (1985) há quase 20 anos como forma de distanciarmos mais ainda nossas afirmações de uma mera opinião?* Perguntas como essas estão em aberto, e encontram-se neste capítulo como forma de provocar um debate coletivo sobre estes temas. Por outro lado, pode ser que indiquem que este pesquisador caiu na cilada que tenta evitar e está querendo reproduzir na Internet as mesmas práticas de pesquisa que costumava utilizar e não está se abrindo para o novo. Esta é uma outra questão em aberto, que espero que seja abordada por alguns dos leitores-professores-pesquisadores.

4. Dimensão social da EaD

Embora perguntas de metapesquisa e de pesquisa estejam em aberto, conforme afirmado anteriormente, isso não impede que a procura por EaD continue a crescer. Há uma demanda social por cursos em diversos níveis, em particular por aqueles que não podem se locomover ou estão longe dos centros que concentram a produção de Educação (Matemática). No nosso caso, desde 2000, ele atendia a uma demanda forte de pessoas que vivem em regiões do país sem programas de pós-graduação em Educação Matemática, ou em locais onde há programas em áreas afins, mas, por motivos diversos, há um interesse em se aproximar de Rio Claro, seja por causa de nosso programa de pós-graduação *stricto sensu*, com vinte anos de existência, ou devido à tradição que o Departamento de Matemática da UNESP já representava. São professores, tanto de capitais, que ainda concentram a maior parte dos centros de Educação e pesquisa do país, como também do interior. São pessoas com formação em Matemática, ou que se formaram em Educação Matemática, mas que, por um motivo ou por outro, estavam afastadas das discussões e veem em cursos como este, com cerca de 150 páginas de leitura por semana ou problemas de Matemática para resolver, uma possibilidade de atualização. Há doutorandos que estão em programas na área de Educação, e que usam este curso de extensão como um veículo para interlocução em Educação Matemática que não encontram em seu habitat presencial. Pôde ser observado que havia um grupo que queria viver a experiência a distância, por curiosidade ou porque estava estudando modelos para implementar seus próprios cursos no futuro. Há, também, professores do Ensino Médio, que não têm uma clara visão do que seja pesquisa em Educação Matemática, mas que já chegaram a tal ponto de desconforto em sua experiência profissional, que já se dispõem a explorar possibilidades como esta, mesmo com a já usual agenda exaustiva do professor da Educação Básica. Há também recém-formados, às vezes das grandes universidades do país, mas que sentem que não tiveram uma chance de refletir e discutir sobre as principais tendências em Educação Matemática. Finalmente, há também aqueles do exterior que querem se aprofundar em seus estudos de Educação Matemática, ou entrar em contato com parte das discussões que ocorrem no Brasil. Dentre esses três últimos grupos, podia-se notar que, também, eles viviam esta experiência como meio para um possível futuro ingresso no Programa de Pós-Graduação da UNESP, Rio Claro. Efetivamente, há casos de duas professoras da Rede Estadual de Ensino, que foram alunas do curso e que ingressaram posteriormente em nosso programa.

Esta sucinta análise demográfica dos profissionais da Educação interessados em nosso curso dá uma dimensão do impacto que este exerce em professores e monitores que estavam descobrindo o que era a EaD. As análises realizadas até o momento indicam que EaD pode se adequar à Educação Continuada não só devido aos aspectos epistemológicos já discutidos aqui, e em mais detalhes em Gracias (2003), mas também porque professores estão em sala de aula, com grandes cargas horárias de modo geral, e a locomoção não é uma questão simples. Parece ser a Internet, com modelos de discussão síncronas e assíncronas como este, ideal para aumentar a interatividade e combater o espírito de cursos "de fim de semana" que muitas vezes, embora presenciais, têm um grau de interatividade muito pequeno. Não entrarei aqui na discussão sobre cursos de graduação, já que não desenvolvi pesquisas sobre os mesmos, embora elas sejam urgentes, já que existem Licenciaturas em Matemática a distância (com interações presenciais). Mas é possível afirmar que, em nível de pós-graduação *stricto sensu*, deveríamos incentivar os docentes a terem intensa vida virtual acoplada a cursos presenciais, conforme proposto por Kenski (2003), e considero que já deveríamos ter disciplinas a distância, de forma semelhante ao curso de extensão ofertado, embora com um componente presencial. Creio que isso serviria para incrementar a vida cultural do programa e expandir as possibilidades de alunos especiais (não aceitos ainda no programa) cursarem disciplinas em nível de pós-graduação, que possam no futuro ser (parcialmente) aceitas em algum programa de pós-graduação *stricto sensu*.

Creio que esse seria um passo intermediário, que de novo deveria ser acompanhado de pesquisa e avaliação, para avançarmos em meio à discussão dos que percebem toda EaD como aligeiramento, e aqueles que veem a necessidade urgente de gerar cursos totalmente a distância, em um sistema que já vem tendo crescimentos estupendos, o de pós-graduação (mestrado e doutorado) do país.

A dimensão social da EaD pode transformar a universidade, como entendemos hoje, em algo obsoleto, de acordo com autores como Michel Serres (Serres, 2000), à medida que apenas uma minoria estará na universidade nos moldes atuais, caso se consolide a tendência de explosão da EaD. Creio que, embora exista uma possibilidade de isso acontecer, é necessário que ajamos com cautela, porque, prioritariamente, devemos discutir a formação dos professores a distância, e tomar cuidado para não domesticarmos a nova mídia e as novas possibilidades, reproduzindo conteúdos e pedagogias arcaicas no ensino presencial, e que irão se tornar cada vez mais insuportáveis para estudantes que são formados em meio a uma cultura cada vez mais digital, não linear, com *links* e hipermídia como novos dicionários e textos.

Por outro lado, é importante que seja combatida uma postura antitecnologia, semelhante a que também ocorreu na década de 80, quando os primeiros computadores chegavam à Educação e começavam a impregnar nosso cotidiano. É necessário que entendamos e que briguemos contra a tendência comercial que tenta se apoderar da EaD (mas que já se apoderou de boa parte da presencial) e ao mesmo tempo que enfrentemos uma tentativa reacionária de impedir que o conhecimento seja produzido por formas diferentes daquelas que a maior parte de nós vivenciou como aluno. Neste sentido, da mesma forma que as bibliotecas são agentes em seres-humanos-com-mídias que produzem conhecimento na cidade, as novas "webotecas", e a transformação que já ocorre nas bibliotecas permitirão que novos atores humanos sejam incorporados na produção do conhecimento, possibilitando que a noção de inteligência coletiva de Lévy

(1999), em que a colaboração está diretamente ligada à noção de inteligência, possa ser transformada em relação às colaborações que ocorrem no ambiente presencial.

5. Sotaques e língua materna na Internet

Há mais de 10 anos escrevi sobre a metáfora do bilinguismo como uma forma de atribuir significado à relação entre Matemática acadêmica, vista como Etnomatemática, e outras formas de expressão matemática, também entendidas desta forma (Borba, 1992). Da mesma maneira, alguém que aprenda inglês não deve deixar de saber português, mas acaba por criar uma relação entre ambas e se torna bilíngue. Assim, ao mesmo tempo que deveríamos, em processos pedagógicos, valorizar a Matemática de grupos culturais, favelados, agricultores sem-terra, estudantes etc., deveríamos também apresentar e ensinar Matemática acadêmica e escolar. Desde os anos 80, muito já tem sido falado na literatura sobre Matemática da sala de aula, sobre a matemática do professor de Matemática e de outros grupos mais próximos da cultura da classe média, acesso a bens culturais como a escola com ou sem Internet. Nem sempre foi utilizada a noção de cultura, como no caso de Etnomatemática, para se falar de tais questões. Eu mesmo, que já utilizei a noção de cultura para discussões em Etnomatemática, não a utilizei em Borba (1999) para discutir de que maneira a Matemática produzida se modifica quando tecnologias da informação são incorporadas a coletivos pensantes. Em comum, entretanto, há o desafio de não se pensar a Matemática acadêmica como intocável e imutável, podendo, portanto, ser transformada por diferentes formas de expressão cultural ou por mídias como a oralidade, escrita e interfaces informáticas.

É possível que retomemos a metáfora do bilinguismo, mas transformando-na e pensando no sotaque que temos ao aprendermos uma língua nova quando já não somos crianças. Vivemos um momento em que a Internet transforma a Educação, e é possível que, em breve, expressões como Educação a Distância e Presencial sejam coisas do passado, visto que há uma tendência para um tipo de Educação na qual a Internet desempenhará forte papel em cursos presenciais e vários processos de Educação a Distância estarão permeados por diferentes acepções de presença. Ao mesmo tempo, as diferentes gerações que hoje ensinam no Brasil tiveram sua Educação Básica com pouca ou nenhuma utilização da informática e, em particular, da Internet com suas diversas interfaces. Se pensarmos, metaforicamente, que há uma nova linguagem sendo gerada na Internet, poderemos concluir que os professores, inclusive o que escreve este capítulo, aprenderam a falar a língua quando já não eram mais crianças e, provavelmente, como na maioria dos casos, falam tal linguagem com forte "sotaque", oriundo de nossa Educação em nossas "línguas maternas": oralidade e escrita. Levamos para os ambientes permeados por esta nova mídia as estruturas fonéticas de nossa língua materna, gerando sotaques e práticas baseados em nossas experiências com novas línguas. Este problema, que já era percebido por professores quando da primeira onda informática na educação — a costumeira maior habilidade e capacidade de adaptação dos educandos às mídias informáticas — tende a se agravar no caso da Internet. Não só porque ela tem se entranhado na escola e na vida dos educandos com mais rapidez do que quando comparada com a primeira onda da informática; mas porque em breve já estarão chegando às escolas, e, em seguida, às universidades, gerações *sem sotaque*, que, nascidas, criadas e impregnadas destes textos "internetizados", hipermidiáticos, em sua maioria, com sotaque, vão esperar que os educadores falem sua língua. É possível que tais educandos tenham dificuldade de aceitar brasileiros dando aula de gramática inglesa com sotaque, quando eles já cresceram falando inglês sem sotaque. Cada vez menos será aceito que pessoas utilizem práticas associadas à oralidade primária em ambientes que geraram a oralidade terciária ou escrita secundária. O texto assume a forma hipermidiática, na qual há ligações entre escrita, sons, imagens e fotos.

A natureza do texto "escrito" na Internet é diferenciada, à medida que junta aspectos da oralidade e da escrita — já que apresenta a rapidez e informalidade da primeira e a ausência de explicação por gestos, olhares e sentidos da segunda — com uma linguagem cada vez mais multimídia, caracterizada pela inclusão de filmes, fotos e *links* variados. Tal forma de texto já ultrapassa este próprio meio e chega às publicações. Por exemplo, há os videoartigos,[13] que são novas formas de publicações de artigos que

---

13. Um número de um periódico científico, editado por Ricardo Nemirovsky e Marcelo Borba, somente com videoartigos, está em fase final de publicação. Alguns destes videoartigos

juntam textos usuais, fotos e filmes, modificando a forma de produção de artigos. Se pensarmos que a Matemática que nos foi ensinada foi sempre impregnada pela participação de atores como lápis e papel e oralidade, e que a mesma foi sempre ensinada em ambientes presenciais com os tipos de interação característicos de tais ambientes, nosso sotaque deverá ser tal a ponto de, talvez, não podermos ser compreendidos (ou aceitos) por nossos alunos do futuro se não avançarmos coletivamente com nossas reflexões sobre estas discrepâncias. Entender a geração que já traz uma cultura hipermidiática que estrutura nossas emoções antes mesmo da razão (Kerckhove, 1997) é, portanto, fundamental. A expectativa das gerações sem sotaque será a de encontrar Matemática em forma de hipermídia. Teremos cada vez mais uma Matemática sendo produzida na academia com forte influência das mídias informáticas, a Matemática que é ensinada já está impregnada de tais mídias, mesmo que os processos de domesticação das mesmas, conforme denunciado em Borba e Penteado (2001), continuem com a tentativa de reproduzir práticas neste novo ambiente que não abalem em nada as estruturas das práticas docentes e da própria estrutura do conhecimento matemático considerado como legítimo. Este processo, que também não modifica a forma do que é ensinado, não utilizando as novas possibilidades das interfaces da Internet, tenta reduzir a produção de conhecimento de seres humanos-com-Internet-www-lápis-e-papel àquelas de seres-humanos-com-lápis-e-papel.

Teremos, portanto, na educação a distância, presencial ou combinações que surjam entre elas, ambientes com fácil acesso à informação, bancos de teses e dissertações, listas e páginas especializadas em diversos temas. Tal processo já tem transformado nosso cotidiano em universidades com acesso à Internet, lançando questionamentos sobre o que deve ser considerado aprendizagem e sobre o que deve ser aprendido em geral. O perigo de tal "cultura da Internet" colidir com uma visão linear de Matemática, com força na universidade, é grande. Cultura videoclipe, buscas instantâneas na Internet não parecem combinar com a apresentação formal linear de uma demonstração ou com noções de Matemática como um edifício a ser construído a partir de axiomas para se chegar a verdades intocáveis. Portanto, os desafios que estão colocados com a presença cada

---

já tiveram versões reduzidas publicadas no formato usual (*e.g.* Nemirovsky e Borba, 2003; Borba e Scheffer, 2003).

vez mais constante de Internet, TV digital e EaD, que já são grandes em qualquer área de conhecimento, parecem se tornar enormes no caso específico da Matemática. Para lidar com tal problema será necessário, no mínimo, que saibamos articular nossa experiência anterior e nosso sotaque com a experiência e a língua materna da nova geração nascida já com as mídias informáticas. Sotaques e domínio perfeito da língua poderão então conviver.

6. Agradecimentos

Embora não sejam responsáveis pelas posições aqui expressas, gostaria de agradecer aos membros do GPIMEM que criticaram versões preliminares deste artigo: Ana Paula dos Santos Malheiros, Telma de Souza Gracias, Francisco Benedetti, Rúbia Zulatto, Norma Allevato, Sueli Javaroni, Antonio Olímpio, Audria Bovo, Fernanda Bonafini, Maurício Rosa, Mónica Villarreal, Simone Lírio, Sandra M. Barbosa e Adriana Richit. O GPIMEM é, na prática, um exemplo do que teorizo acima sobre inteligência coletiva.

Bibliografia

AXT, M. Educação (a Distância): Apontamentos para Pensar Modos de Habitar a Sala de Aula. Revista *Interface, Comunicação, Saúde, Educação*. Botucatu, v. 7, p. 143-145, 2003.

BARBOSA, R. M. *Descobrindo a Geometria Fractal — para a Sala de Aula*. Belo Horizonte: Editora Autêntica, 2002.

BORBA, M. C. What is New in Mathematics Education: "Challenging the Sacred Cow of Mathematical Certainty?". *Heldret Publications*. Washington: The Clearing House, v. 65, n. 6, p. 332-333, 1992.

______. A Informática Trará Mudanças na Educação Brasileira? Revista *Zetetiké*. Campinas: Faculdade de Educação, UNICAMP, n. 6, p. 123-134, 1996.

BORBA, M. C. Tecnologias Informáticas na Educação Matemática e Reorganização do Pensamento. In: BICUDO, M. A. V. (Org.). *Pesquisa em Educação Matemática*: Concepções & Perspectivas. São Paulo: Editora da UNESP, 1999, p. 285-295.

______. O Computador é a Solução: Mas Qual é o Problema? In: SEVERINO, A. J.; FAZENDA, I. C. A. (Orgs.). *Formação Docente*: rupturas e possibilidades. Campinas: Editora Papirus, p. 141-162, 2002.

______; PENTEADO, M. G. *Informática e Educação Matemática*. 2. ed. Belo Horizonte: Editora Autêntica, 2001.

______; SHEFFER, N. F. Sensors, Body, Technology and Multiple Representations. *Proceedings of 27th PME, Joint Meeting of PME and PMENA*. International Group for the Psychology of Mathematics Education. Honolulu: v. I, p. 121-126, 2003.

______; VILLARREAL, M. Graphing Calculators and Reorganization of Thinking: The Transition from Functions to Derivative. *Proceedings of the 22nd Conference of the International Group for the Psychology of Mathematics Education (PME)*. South Africa: v. 2, p. 136-143, 1998.

GRACIAS, T. A. S. *A Reorganização do Pensamento em um Curso a Distância sobre Tendências em Educação Matemática*. Tese de doutorado. Programa de Pós-Graduação em Educação Matemática. Rio Claro: UNESP, 2003.

KENSKI, V. M. *Tecnologias e Ensino Presencial e a Distância*. Campinas: Editora Papirus, 2003.

KERCKHOVE, D. *A Pele da Cultura*. Lisboa: Relógio d'Água, 1997.

LÉVY, P. *As Tecnologias da Inteligência*: o futuro do pensamento na era da informática. Rio de Janeiro: Editora 34, 1993.

______. *A Inteligência Coletiva* — por uma Antropologia do Ciberespaço. São Paulo: Edições Loyola, 1999.

LINCOLN, Y. S.; GUBA, E. G. *Naturalistic Inquiry*. Califórnia: Sage Publications, Inc., 1985.

MALTEMPI, M. V. Educação a Distância... Revista *Interface, Comunicação, Saúde, Educação*. Botucatu, v. 7, p. 146, 2003.

MORAN, J. M. Contribuições para uma Pedagogia da Educação a Distância no Ensino Superior. Revista *Interface, Comunicação, Saúde, Educação*. Botucatu, v. 7, p. 147, 2003.

NEMIROVSKY, R.; BORBA, M. C. *RF1*: Perceptuo-Motor Activity and Imagination in Mathematics Learning. *Proceedings of 27th PME, Joing Meeting of PME and PMENA*. International Group for the Psychology of Mathematics Education. Honolulu: v. I, p. 103-104, 2003.

PENTEADO, M. G.; BORBA, M. C. (Orgs.). *A Informática em Ação*: formação de professores, pesquisa e extensão. São Paulo: Olho d'Água, 2000.

SERRES, M. Novas Tecnologias e Sociedade Pedagógica: Uma Conversa com Michel Serres. Entrevista concedida para Ricardo Teixeira. Revista *Interface, Comunicação, Saúde, Educação*. Botucatu, v. 4, n. 6, p. 129-143, 2000.

TIKHOMIROV, O. K. The Psychological Consequences of Computerization. In: WERTSCH, J. V. (Org.). *The Concept of Activity in Sovietc Psychology*. New York: M.E. Sharpe, 1981, p. 256-278.

VALENTE, J. A. Educação a Distância no Ensino Superior: Soluções e Flexibilizações. Revista *Interface, Comunicação, Saúde, Educação*. Botucatu, v. 7, p. 139-142, 2003.